Springer-Lehrbuch

Florian Scheck

Theoretische Physik 5

Statistische Theorie der Wärme

 Springer

Professor Dr. Florian Scheck

Fachbereich Physik, Institut für Physik
Johannes Gutenberg-Universität, Staudingerweg 7
55099 Mainz
e-mail: scheck@thep.physik.uni-mainz.de

ISBN 978-3-540-79823-1   e-ISBN 978-3-540-79824-8

DOI 10.1007/978-3-540-79824-8

Springer-Lehrbuch ISSN 0937-7433

Bibliografische Information der Deutschen Nationalbibliothek
Die Deutsche Nationalbibliothek verzeichnet diese Publikation in der Deutschen Nationalbibliografie;
detaillierte bibliografische Daten sind im Internet über http://dnb.d-nb.de abrufbar.

Einbandgestaltung: WMXDesign GmbH, Heidelberg
Satz und Herstellung: le-tex publishing services oHG, Leipzig, Germany

9 8 7 6 5 4 3 2 1

springer.com

Vorwort
zur Theoretischen Physik

Mit diesem mehrbändigen Werk lege ich ein Lehrbuch der Theoretischen Physik vor, das dem an vielen deutschsprachigen Universitäten eingeführten Aufbau der Vorlesungen folgt: die Mechanik und die nichtrelativistische Quantenmechanik, die in Geist, Zielsetzung und Methodik nahe verwandt sind, stehen nebeneinander und stellen die Grundlagen für das Hauptstudium bereit, die eine für die klassischen Gebiete, die andere für Wahlfach- und Spezialvorlesungen. Die klassische Elektrodynamik und Feldtheorie und die relativistische Quantenmechanik leiten zu Systemen mit unendlich vielen Freiheitsgraden über und legen das Fundament für die Theorie der Vielteilchensysteme, die Quantenfeldtheorie und die Eichtheorien. Dazwischen steht die Theorie der Wärme und die wegen ihrer Allgemeinheit in einem gewissen Sinn alles übergreifende Statistische Mechanik.

Als Studentin, als Student lernt man in einem Zeitraum von drei Jahren fünf große und wunderschöne Gebiete, deren Entwicklung im modernen Sinne vor bald 400 Jahren begann und deren vielleicht dichteste Periode die Zeit von etwas mehr als einem Jahrhundert von 1830, dem Beginn der Elektrodynamik, bis ca. 1950, der vorläufigen Vollendung der Quantenfeldtheorie, umfasst. Man sei nicht enttäuscht, wenn der Fortgang in den sich anschließenden Gebieten der modernen Forschung sehr viel langsamer ist, diese oft auch sehr technisch geworden sind, und genieße den ersten Rundgang durch ein großartiges Gebäude menschlichen Wissens, das für fast alle Bereiche der Naturwissenschaften grundlegend ist.

Die Lehrbuchliteratur in Theoretischer Physik hinkt in der Regel der aktuellen Fachliteratur und der Entwicklung der Mathematik um einiges nach. Abgesehen vom historischen Interesse gibt es keinen stichhaltigen Grund, den Umwegen in der ursprünglichen Entwicklung einer Theorie zu folgen, wenn es aus heutigem Verständnis direkte Zugänge gibt. Es sollte doch vielmehr so sein, dass die großen Entdeckungen in der Physik der zweiten Hälfte des zwanzigsten Jahrhunderts sich auch in der Darstellung der Grundlagen widerspiegeln und dazu führen, dass wir die Akzente anders setzen und die Landmarken anders definieren als beispielsweise die Generation meiner akademischen Lehrer um 1960. Auch sollten neue und wichtige mathematische Methoden und Erkenntnisse mindestens dort eingesetzt und verwendet werden, wo sie dazu beitragen, tiefere Zusammenhänge klarer hervortreten zu lassen und gemeinsame Züge scheinbar verschiedener Theorien erkennbar zu machen. Ich verwende in diesem Lehrbuch in einem ausgewogenen Maß moderne mathematische Techniken und traditionelle, physikalisch-intuitive Methoden, die ersteren vor allem dort, wo sie die Theorie präzise fassen, sie effizienter formulierbar und letzten Endes einfacher und transparenter machen – ohne wie ich hoffe in die trockene Axiomatisierung und Algebraisierung zu verfallen, die manche neueren Monographien der Mathematik so schwer lesbar machen; außerdem möchte ich dem Leser, der Leserin helfen, die Brücke zur aktuellen physikalischen Fachliteratur und zur Mathematischen Physik zu schlagen. Die traditionellen, manchmal etwas vage formulierten physikalischen Zugänge andererseits sind für das veranschaulichende Verständnis der Phänomene unverzichtbar, außerdem spiegeln sie noch immer etwas von der Ideen- und Vorstellungswelt der großen Pioniere unserer Wissenschaft wider und tragen auch auf diese Weise zum Verständnis der Entwicklung der Physik und deren innerer Logik bei. Diese Bemerkung wird spätestens dann klar werden, wenn man zum ersten Mal vor einer Gleichung verharrt, die mit raffinierten Argumenten und eleganter Mathematik aufgestellt ist, die aber nicht zu einem *spricht* und verrät, wie sie zu interpretieren sei. Dieser Aspekt der *Interpretation* – und das sei auch den Mathematikern und Mathematikerinnen klar gesagt – ist vielleicht der schwierigste bei der Aufstellung einer physikalischen Theorie.

Jeder der vorliegenden Bände enthält wesentlich mehr Material als man in einer z. B. vierstündigen Vorlesung in einem Semester vortragen kann. Das bietet den Dozenten die Möglichkeit zur Auswahl dessen, was sie oder er in ihrer/seiner Vorlesung ausarbeiten möchte und, bei Wiederholungen, den Aufbau der Vorlesung zu variieren. Für die Studierenden, die ja ohnehin lernen müssen, mit Büchern und Originalliteratur zu arbeiten, bietet sich die Möglichkeit, Themen oder ganze Bereiche je nach Neigung und Interesse zu vertiefen. Ich habe den Aufbau fast ohne Ausnahme „selbsttragend" konzipiert, so dass man alle Entwicklungen bis ins Detail nachvollziehen und nachrechnen kann. Die Bücher sind daher auch für das Selbststudium geeignet und „verführen" Sie, wie ich hoffe, auch als gestandene Wissenschaftler und Wissenschaftlerinnen dazu, dies und jenes noch einmal nachzulesen oder neu zu lernen.

Bücher gehen heute nicht mehr, wie noch vor zwei Jahrzehnten, durch die klassischen Stadien: handschriftliche Version, erste Abschrift, Korrektur derselben, Erfassung im Verlag, erneute Korrektur etc., die zwar mehrere Iterationen des Korrekturlesens zuließen, aber stets auch die Gefahr bargen, neue Druckfehler einzuschmuggeln. Der Verlag hat ab Band 2 die von mir in LaTeX geschriebenen Dateien (Text und Formeln) direkt übernommen und bearbeitet. Auch bei den neueren Auflagen von Band 1 (ab der siebten), der vom Fotosatz in LaTeX konvertiert wurde, habe ich direkt an den Dateien gearbeitet. So hoffe ich, dass wir dem Druckfehlerteufel wenig Gelegenheit zu Schabernak geboten haben. Über die verbliebenen, nachträglich entdeckten Druckfehler berichte ich, soweit sie mir bekannt werden, auf einer Webseite, die über den Hinweis *Buchveröffentlichungen/book publications* auf meiner homepage zugänglich ist. Die letztere erreicht man über http://wwwthep.physik.uni-mainz.de

Dies gilt auch für die englischsprachigen Bücher „Quantum Physics" und „Mechanics – From Newton's Laws to Deterministic Chaos", die ebenfalls im Springer-Verlag erschienen sind.

Den Anfang hatte die zuerst 1988 erschienene, seither kontinuierlich weiterentwickelte *Mechanik* gemacht. Ich würde mich sehr freuen, wenn auch die anderen Bände sich so rasch etablieren würden und dieselbe starke Resonanz fänden wie dieser erste Band. Dass die ganze Reihe überhaupt zustande kam, daran hatten die Herren Dr. Hans J. Kölsch und Dr. Thorsten Schneider vom Springer-Verlag durch Rat und Ermutigung wesentlichen Anteil. Beiden möchte ich an dieser Stelle hierfür ganz herzlich danken.

Mainz, Mai 2008   *Florian Scheck*

Vorwort zu Band 5

Die Theorie der Wärme spielt eine Sonderrolle in der Theoretischen Physik. Wegen ihrer Allgemeinheit erfüllt sie eine Art Brückenfunktion zwischen so verschiedenen Gebieten wie der Theorie der Kondensierten Materie, der Elementarteilchenphysik, der Astrophysik und der Kosmologie. Als klassische Thermodynamik beschreibt sie überwiegend gemittelte Eigenschaften von Materie, angefangen mit Systemen aus wenigen Teilchen, über die Aggregatzustände der uns umgebenden Materie bis hin zu stellaren Objekten, ohne auf die Physik der elementaren Bausteine einzugehen. Diese Facette der Theorie reicht weit in die klassische Physik der kondensierten Materie hinein. In ihrer statistischen Interpretation umfasst sie dieselben Themen und Gebiete, geht aber in größere Tiefe und vereinheitlicht die klassische statistische Mechanik mit der Quantentheorie von Vielteilchen-Systemen.

Im ersten Kapitel beginne ich mit den Grundbegriffen der Thermodynamik und den empirischen Variablen, die man zur Beschreibung thermodynamischer Systeme im Gleichgewicht braucht. Solche Systeme leben auf niederdimensionalen Mannigfaltigkeiten. Die Variablen, die auf vielerlei Weise gewählt werden können, sind Koordinaten auf diesen. Die Definitionen der wichtigsten thermodynamischen Gesamtheiten, die sich an den im Labor vorgegebenen Randbedingungen orientieren, werden durch einfache Modelle illustriert. Das zweite Kapitel behandelt die thermodynamischen Potentiale und deren Zusammenhang über Legendre-Transformation, stetige Zustandsänderungen, über Kreisprozesse bis hin zu den Hauptsätzen der Thermodynamik.

Kapitel 3 beleuchtet einige geometrische Aspekte der Thermodynamik von Systemen im Gleichgewicht. Der erste und der zweite Hauptsatz erhalten in ihrer geometrischen Interpretation eine besonders einfache und transparente Gestalt. Auch der Begriff der latenten Wärme wird in diesem Rahmen klarer verständlich. Bei Systemen, die nur von zwei thermodynamischen Variablen abhängen, stellt sich eine interessante Parallele zu Lagrange'schen Mannigfaltigkeiten der Mechanik heraus.

In Kapitel 4 behandle ich die wichtigsten Begriffe der statistischen Theorie der Wärme, darunter Wahrscheinlichkeitsmaße und Zustände in der Statistischen Mechanik, die durch die drei Statistiken illustriert werden, die klassische, die fermionische und die bosonische. Besonders instruktiv ist der direkte Vergleich der klassischen Statistik und der Quantenstatistik, der in diesem Rahmen möglich wird.

Kapitel 5 behandelt zunächst Phasengemische und Phasenübergänge, sowohl im Rahmen der Gibbs'schen Thermodynamik als auch mit Methoden der Statistischen Mechanik. Der letzte große Abschnitt des Kapitels behandelt – als Novum – das Problem der Stabilität der Materie, das erst relativ spät, rund ein halbes Jahrhundert nach Entdeckung der Quantenmechanik, gelöst wurde. Hier begegnen sich klassische Mechanik, Quantentheorie und Thermodynamik zu einer schönen Synthese anhand einer grundlegenden Frage, die wir ohne deren positive Beantwortung gar nicht hätten stellen können.

Den Stoff dieses Bandes habe ich in Kursen an der Johannes Gutenberg-Universität erprobt. Ich danke den teilnehmenden Studenten und Studentinnen, sowie den betreuenden Assistenten für Diskussionen, für ihre kritischen Fragen und mancherlei Anregungen.

Die Zusammenarbeit mit dem Springer-Verlag in Heidelberg und mit der LE-TeX GbR in Leipzig war wie immer ausgezeichnet und effizient. Hierfür danke ich besonders Herrn Dr. Thorsten Schneider bei Springer, der die ganze Reihe umsichtig und konstruktiv betreut, sowie Herrn Tom Schmidt von der LE-TeX Gruppe für viele Tipps und technische Hilfe vor der Erarbeitung der Originaldateien.

Mainz, Juni 2008   *Florian Scheck*

Inhaltsverzeichnis

Grundbegriffe der Theorie der Wärme

Einführung

Dieses Kapitel stellt alle Grundbegriffe und die empirischen Variablen zusammen, die für die Beschreibung von thermodynamischen Systemen im Gleichgewicht wesentlich sind. Die empirische Temperatur, sowie verschiedene Temperaturskalen werden definiert, der sog. „Nullte Hauptsatz" wird formuliert: Systeme, die miteinander im Gleichgewicht stehen, haben dieselbe Temperatur. Die thermodynamischen Gesamtheiten, die unterschiedlichen makroskopischen Randbedingungen entsprechen, werden eingeführt und an einfachen Modellen und insbesondere am Idealen Gas illustriert. Auch die Entropie tritt zum ersten Mal auf, einmal in ihrer statistischen, das andere Mal in ihrer thermodynamischen Bedeutung. Die Gibbs'sche Fundamentalform wird eingeführt, die beschreibt, auf welche Weisen ein gegebenes System Energie mit seiner Umgebung austauschen kann.

1.1 Erste Definitionen und Aussagen

Die Theorie der Wärme und die statistische Mechanik behandeln in der Regel *makroskopische* physikalische Systeme, bei denen die Zahl der Freiheitsgrade sehr groß gegen 1 ist. Ein Neutronenstern, ein Stück kondensierter Materie, Gas oder Flüssigkeit in einem Gefäß, ein Wärmereservoir bei Kreisprozessen oder ein Schwarm von Photonen enthalten so viele elementare Bausteine, dass es nicht in sinnvoller Weise möglich ist, deren Dynamik im Einzelnen zu verfolgen.

Ein Sachverhalt, der in der Physik auf atomaren oder subatomaren Skalen fast selbstverständlich erscheint, muss in diesem Rahmen postuliert und durch die Erfahrung getestet werden: Während es sinnvoll und in sehr guter Näherung möglich ist, ein Wasserstoffatom ohne Rücksicht auf den Zustand des „Rests des Universums" zu studieren, müssen im Bereich der großskaligen Physik Randbedingungen experimentell realisierbar sein, die physikalische Systeme definieren ohne die umgebende Natur einzuschließen. Deshalb stellen wir an den Anfang die folgenden Definitionen:

Definition 1.1   Thermodynamische Systeme

1. Ein abtrennbarer Teil des physikalischen Universums, der durch fest gewählte makroskopische Randbedingungen definiert ist, soll *System* heißen. Man nennt ein soches System *einfach,* wenn es *homogen, isotrop* und *elektrisch ungeladen* ist und wenn Oberflächeneffekte vernachlässigbar sind.

2. Bei den *geschlossenen* Systemen unterscheidet man
   – *materiell abgeschlossene Systeme* als solche, bei denen kein Austausch von Materieteilchen mit der Umwelt stattfindet;
   – *mechanisch abgeschlossene Systeme* als solche, mit denen keine Arbeit ausgetauscht wird;
   – *adiabatisch abgeschlossene Systeme* als solche, die von thermisch isolierenden Wänden umgeben sind.

3. Ein thermodynamisches System soll *abgeschlossen* heißen, wenn es materiell, mechanisch und adiabatisch abgeschlossen ist.

4. Wenn keine dieser Voraussetzungen erfüllt ist, spricht man von einem *offenen System.*

Da thermodynamische Systeme – bis auf Ausnahmen – makroskopisch groß sind, sind die messbaren Observablen i. Allg. ebenfalls makroskopisch definiert. Es ist zum Beispiel nicht möglich, die ca. $3 \cdot 10^{23}$ oder mehr Koordinaten $q_i(t)$ und ebenso vielen Impulse der Moleküle in einem Gas zu bestimmen. Sinnvoller ist es dagegen, das Gas als Ganzes mithilfe von pauschalen, gemittelten *Zustandsvariablen* zu charakterisieren, die sich im Labor messen lassen. Solche Zustandsvariablen sind der *Druck p,* das vom System eingenommene *Volumen V,* die gesamte *Teilchenzahl N,* die *Energie E,* die *Entropie S* und viele andere, die wir im Laufe dieses Kapitels kennen lernen.

Im Folgenden werden wir nur *Gleichgewichtszustände* behandeln, das sind Zustände, die sich bei vorgegebenen stationären Randbedingungen nicht, oder nur adiabatisch verändern. Die Erfahrung zeigt, dass solche Zustände sich durch endlich viele Zustandsvariablen beschreiben lassen. In der Tat wird sich zeigen, dass einfache thermodynamische Systeme, die sich in einem Gleichgewichtszustand befinden, schon durch drei Zustandsvariablen charakterisierbar sind. Dies ist angesichts der Tatsache, dass das System eine sehr große Zahl von (inneren) Freiheitsgraden besitzt, eine erstaunliche Erfahrung.

Thermodynamische Systeme bezeichnen wir generell mit Σ, die Menge ihrer Zustände mit M_Σ, wobei M für „Mannigfaltigkeit" steht. In der Tat, die Menge M_Σ ist eine differenzierbare Mannigfaltigkeit, deren Dimension endlich ist und die mindestens C^1 ist. Ihre Dimension $f = \dim M_\Sigma$ ist die Zahl der Variablen, d. h. der Koordinaten, die man braucht, um die Gleichgewichtszustände des Systems zu beschreiben. Die Zustandsgrößen selbst sind i. Allg. stückweise stetige, oft sogar differenzierbare reelle Funktionen

auf M_Σ,

$$F \, : \, M_\Sigma \longrightarrow \mathbb{R} \,. \tag{1.1}$$

Als Beispiel betrachte man eine Mannigfaltigkeit von Zuständen im Gleichgewicht, die $f = \dim M_\Sigma = 3$ hat und durch die „Koordinaten" E (Energie), N (Teilchenzahl) und V (Volumen) beschrieben wird. Der Druck p und die Temperatur T, die in einem der Zustände auf M_Σ herrschen, sind Zustandsgrößen und somit Funktionen $p(E, N, V)$ bzw. $T(E, N, V)$ auf M_Σ. Hält man die Teilchenzahl fest, dann wird daraus eine zweidimensionale Mannigfaltigkeit, für die E und V Koordinaten sind.

Natürlich weiß man schon, dass *Temperatur* eine globale Zustandsgröße ist, die über die „Unruhe" im Kleinen mittelt und hinter der sich die ungeordnete Bewegung verbirgt, die die Konstituenden des Systems ausführen. Sie ist daher eine empirische Größe, deren Definition folgende Erwartungen erfüllen soll:

Definition 1.2   Temperatur

1. Es ist möglich zwei Systeme zu vergleichen und festzustellen, ob sie dieselbe Temperatur haben;
2. Es gibt eine Temperaturskala, mit deren Hilfe disjunkte Systeme verglichen werden können;
3. Temperatur ist eine lineare Größe;
4. Es gibt eine absolute Temperatur, die sich auf einen physikalisch ausgezeichneten Nullpunkt bezieht. Dieser Nullpunkt ist erreicht, wenn die Bewegungen der Konstituenden eingefroren sind (klassisch) bzw. auf einen Grundzustand reduziert sind, der gerade noch mit der Unschärferelation verträglich ist (quantenmechanisch).

Bemerkungen

1. Man setze zwei Systeme Σ_1 und Σ_2, die beide in Gleichgewichtszuständen sind, nebeneinander und ersetze die Wand, die sie trennt, durch eine diatherme Trennwand wie sie in Abb. 1.1 schematisch skizziert ist. Durch den jetzt möglichen thermischen Ausgleich stellt sich nach einiger Zeit ein neuer Gleichgewichtszustand Σ_{12} des vereinigten Systems ein. Die zugehörige Mannigfaltigkeit hat eine Dimension, die kleiner als die Summe der Dimensionen für die Einzelsysteme ist, $\dim \Sigma_{12} < \dim \Sigma_1 + \dim \Sigma_2$, und es gilt:

   Systeme, die miteinander im Gleichgewicht stehen, haben dieselbe Temperatur.

   Diese Aussage wird oft „Nullter Hauptsatz der Thermodynamik" genannt.

2. Klarerweise ist die Feststellung von thermischem Gleichgewicht transitiv: Wenn Σ_1 und Σ_2 im Gleichgewicht sind, und ebenso Σ_2 und Σ_3,

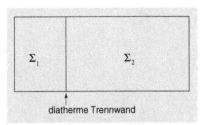

Abb. 1.1. Zwei zunächst unabhängige Systeme werden mittels einer diathermen Trennwand in thermischen Kontakt gebracht

dann gilt dies auch für Σ_1 und Σ_3. Symbolisch kann man das so andeuten,

$$\Sigma_1 \sim \Sigma_2 \quad \text{und} \quad \Sigma_2 \sim \Sigma_3 \Longrightarrow \Sigma_1 \sim \Sigma_3 \,.$$

3. Stellen wir uns vor, wir hätten drei oder mehr Systeme im Gleichgewicht vorliegen, $\Sigma_1, \Sigma_2, \ldots, \Sigma_n$, von denen jedes mit jedem in thermischem Kontakt steht. Nach einiger Zeit ist jedes Paar im Gleichgewicht; $\Sigma_i \sim \Sigma_j$. Hierdurch wird – mathematisch gesehen – eine Äquivalenzrelation $[\Sigma_i]$ von n Systemen im Gleichgewicht definiert, allen denen man dieselbe Temperatur zuordnet.

Wir denken uns einen festen Zustand $z_0 \in M_{\Sigma_0}$ eines Referenzsystems Σ_0 vorgegeben, mit dem wir die möglichen Zustände $z_i \in M_{\Sigma_i}$ eines anderen Systems vergleichen. Unter z_0 bzw. z_i kann man sich zum Beispiel das Tripel $z_0 = (E^{(0)}, N^{(0)}, V^{(0)})$ aus Energie, Teilchenzahl und Volumen vorstellen, die sich im Zustand z_0 einstellen. (Eine analoge Vorstellung gilt auch für z_i). Diejenigen Zustände $z_i \in M_{\Sigma_i}$ des von Σ_0 verschiedenen Systems, die im Gleichgewicht mit z_0 sind, liegen auf einer Hyperfläche in M_{Σ_i}, d. h. auf einer Untermannigfaltigkeit von M_{Σ_i} mit der Kodimension 1.[1] Diese werden *Isotherme* genannt. Jetzt kann man z_0 verändern und erhält auf diese Weise eine Schar von Isothermen der Art wie in Abb. 1.2 gezeigt. Mathematisch ausgedrückt, ist dies eine Faserung der Mannigfaltigkeit Σ_i.

Klarerweise hängt dieser Vergleich nicht vom gewählten Zustand z_0 auf Σ_0 ab. Der Nullte Hauptsatz sagt darüber hinaus, dass die Faserung von M_{Σ_i} in Kurven gleicher Temperatur auch nicht davon abhängt, welches Referenzsystem Σ_0 man ausgesucht hatte.

Als erstes Ergebnis dieser einfachen Überlegungen halten wir folgendes fest: Die Temperatur T, empirisch gesehen, ist eine Zustandsfunktion, die auf jeder Isothermen einen festen, konstanten Wert hat und die auf zwei verschiedenen Fasern verschiedene Werte annimmt.

Abb. 1.2. Kurven konstanter Temperatur im Druck-Volumen-Diagramm eines Systems – hier am Beispiel des idealen Gases, s. (1.31)

Bemerkung

Es ist noch nichts darüber ausgesagt, wie die verschiedenen Werte der Temperatur auf Isothermen wie die des Beispiels der Abb. 1.2 relativ zueinander angeordnet sind. Es wird der Erste Haupsatz der Thermodynamik sein, der festlegt, dass die Werte von T geordnet sind, also beispielsweise $T_1 < T_2 < \cdots$. Dass die Skala der möglichen Temperaturen sich nicht beliebig fortsetzt, sondern einen absoluten Nullpunkt besitzt, ist eine Folge des Zweiten Hauptsatzes.

In der Theorie der Wärme ist es besonders wichtig, *extensive*, d. h. additive Größen und *intensive* Größen sorgfältig zu unterscheiden. Daher hier die

Definition 1.3   Extensive und intensive Größen

Extensive Zustandsgrößen sind solche, die bei Vergrößerung (Verkleinerung) eines Systems sich additiv vergrößern (verkleinern). *Intensive*

---

[1] Die Kodimension ist die Differenz der Dimensionen der Mannigfaltigkeit und der Untermannigfaltigkeit.

Zustandsgrößen sind solche, die bei Vergrößerung oder Verkleinerung des Systems ungeändert bleiben.

Beispiele aus der Mechanik sind wohlbekannt: Die Masse eines ausgedehnten Körpers, ebenso wie der Trägheitstensor eines starren Körpers sind extensive Größen. Wenn man zwei Körper mit den Massen m_1 bzw. m_2 zusammenfügt, dann hat das entstehende Gebilde die Masse $m_{12} = m_1 + m_2$. Der Trägheitstensor eines starren Körpers, der aus zwei aneinander gefügten starren Körpern aufgebaut ist, ist die Summe der einzelnen Trägheitstensoren (s. Band 1, Abschn. 3.4). Auch der mechanische Impuls $\boldsymbol{p}$ ist eine extensive Größe.

Intensive Größen in der Mechanik sind dagegen die Dichte ϱ, oder das Geschwindigkeitsfeld $\boldsymbol{v}$ eines Schwarms von Teilchen. Wenn man das System nur vergrößert (oder verkleinert), dann ändern sich die Dichte oder das Geschwindigkeitsfeld nicht.

Beispiele für extensive Größen in der Theorie der Wärme sind das Volumen V, die Energie E, die Teilchenzahl N und die Entropie S. Sie vergrößern sich additiv, wenn das System vergrößert wird. Dagegen sind der Druck p, die Dichte ϱ und die Temperatur T intensive Größen. Es wird sich als sinnvoll herausstellen, die thermodynamischen Zustandsgrößen in sog. *energiekonjugierte Paare* einzuteilen, so zum Beispiel

$$(T, S), \qquad (p, V), \qquad (\mu_C, N), \tag{1.2}$$

(mit μ_C dem chemischen Potential), deren Produkt die physikalische Dimension (Energie) hat. Die jeweils erste von ihnen ist eine *intensive*, die zweite eine *extensive* Größe.

Bemerkung

Auch hier gibt es Analoga in der Mechanik: Die Paare $(\boldsymbol{v}, \boldsymbol{p})$ und $(\boldsymbol{K}, \boldsymbol{x})$, wo $\boldsymbol{K} = -\nabla U$ ein konservatives Kraftfeld ist, sind energiekonjugierte Paare. Dies folgt aus der Gleichung für die Änderung der Energie bei Änderung des Impulses und bei Verschiebung im Ortsraum,

$$\mathrm{d}E = \boldsymbol{v} \cdot \mathrm{d}\boldsymbol{p} - \boldsymbol{K} \cdot \mathrm{d}\boldsymbol{x} \, .$$

Die jeweils erste dieser Größen, $\boldsymbol{v}$ bzw. $\boldsymbol{K}$, ist eine intensive, die jeweils zweite eine extensive Größe. Allerdings gibt es auch wesentliche Unterschiede, um dies hier vorwegzunehmen: Da die Kraft nach Voraussetzung eine Potentialkraft ist, sind beide Anteile des mechanischen Beispiels totale Differentiale,

$$\boldsymbol{v} \cdot \mathrm{d}\boldsymbol{p} = \mathrm{d}E_{\mathrm{kin}} \quad \text{und} \quad -\boldsymbol{K} \cdot \mathrm{d}\boldsymbol{x} = \mathrm{d}E_{\mathrm{pot}} \, ,$$

und man kann zur Gesamtenergie $E = E_{\mathrm{kin}} + E_{\mathrm{pot}} + \text{const.}$ integrieren. In der Thermodynamik sind Ausdrücke der Art $T\,\mathrm{d}S$ oder $p\,\mathrm{d}V$ keine totalen Differentiale.

Makroskopische Systeme des Labors enthalten typischerweise einige Mol einer Substanz, d. h. einige 10^{23} elementare Teilchen. Auch wenn sie sehr groß und nicht wirklich bekannt ist, denken wir uns die Zahl N der Teilchen im System festgehalten. Man unterscheidet die *Makrozustände* des Systems, die durch wenige globale Variablen charakterisiert werden, von seinen *Mikrozuständen,* unter denen man sich die momentanen Bewegungszustände der konstituierenden Teilchen vorstellen kann. Es ist intuitiv einleuchtend, dass ein gegebener Makrozustand durch sehr viele, physikalisch zulässige Mikrozustände realisiert werden kann. Auch wenn diese selbst praktisch unmöglich zu beobachten oder zu messen sind, so ist es doch für das Verständnis des gegebenen Makrozustandes wichtig, die Mikrozustände – zumindest im Prinzip – abzählen zu können, die sich in ihm verbergen. Dies ist eine Aufgabe der Theorie, nicht der experimentellen Messkunst. Falls Quanteneffekte noch unwichtig sind, kann man die klassische kanonische Mechanik anwenden, in der ein Mikrozustand ein Punkt $x \in \mathbb{P}^{6N}$ im $6N$-dimensionalen Phasenraum ist,

$$
\begin{aligned}
x \equiv (q, p) &= \left(\boldsymbol{q}^{(1)}, \ldots, \boldsymbol{q}^{(N)}; \boldsymbol{p}^{(1)}, \ldots, \boldsymbol{p}^{(N)} \right) \\
&\equiv (q_1, \ldots, q_{3N}; p_1, \ldots, p_{3N}) \, .
\end{aligned}
\tag{1.3}
$$

Die Zahl der möglichen Mikrozustände, die ein und denselben Makrozustand ergeben, wird durch eine *Verteilungsfunktion* oder *Wahrscheinlichkeitsdichte* $\varrho(q, p)$ bestimmt, deren Eigenschaften in der nächsten Definition beschrieben werden.

Definition 1.4   Wahrscheinlichkeitsdichte

Die Wahrscheinlichkeitsdichte $\varrho(q, p)$ beschreibt die differentielle Wahrscheinlichkeit

$$
\mathrm{d}w(q, p) = \varrho(q, p) \, \mathrm{d}^{3N}q \, \mathrm{d}^{3N}p \, ,
\tag{1.4}
$$

das N-Teilchensystem zur Zeit $t = t_0$ im Volumenelement $\mathrm{d}^{3N}q \, \mathrm{d}^{3N}p$ um den Punkt (q, p) im Phasenraum anzutreffen. Sie hat folgende Eigenschaften

1. Sie ist auf die Eins normiert,

$$
\int \mathrm{d}^{3N}q \int \mathrm{d}^{3N}p \, \varrho(q, p) = 1 \, ;
\tag{1.5a}
$$

2. Der statistische Mittelwert einer über dem Phasenraum definierten Observablen $O(q, p)$ zur Zeit $t = t_0$ ist

$$
\langle O \rangle = \int \mathrm{d}^{3N}q \int \mathrm{d}^{3N}p \, O(q, p) \varrho(q, p) \, ;
\tag{1.5b}
$$

3. Die Zeitabhängigkeit der Wahrscheinlichkeitsdichte wird durch die Liouville'sche Gleichung bestimmt,

$$
\frac{\partial \varrho}{\partial t} + \{H, \varrho\} = 0 \, , \quad \text{(Liouville)}
\tag{1.5c}
$$

wo H die Hamiltonfunktion ist.

Bemerkungen

1. In (1.5c) steht die Poisson-Klammer, die hier wie in Band 1 definiert ist. Für zwei differenzierbare Funktionen $f, g : \mathbb{P} \to \mathbb{R}$ gilt

$$\{f, g\} = \sum_{i=1}^{3N} \left(\frac{\partial f}{\partial p_i} \frac{\partial g}{\partial q^i} - \frac{\partial f}{\partial q^i} \frac{\partial g}{\partial p_i} \right) . \tag{1.6}$$

2. Die Liouville-Gleichung (1.5c) sagt aus, dass die *Orbitalableitung* der Dichte ϱ, das ist ihre Ableitung entlang von Lösungen der Bewegungsgleichungen, gleich Null ist. Dies sieht man am klarsten in der kompakten Notation

$$x = \left(q^1, \dots, q^{3N}; p_1, \dots, p_{3N} \right)^T , \qquad x \in \mathbb{P} ,$$

der Punkte im Phasenraum: Verwendet man die kanonischen Gleichungen $\dot{q} = \partial H / \partial p$ und $\dot{p} = -\partial H / \partial q$, oder in der kompakten Notation $\dot{x} = \mathbf{J} H, x$, in der

$$\mathbf{J} = \begin{pmatrix} \mathbf{0} & \mathbb{1} \\ -\mathbb{1} & \mathbf{0} \end{pmatrix} \quad \text{und} \quad H, x = \left(\frac{\partial H}{\partial q}, \frac{\partial H}{\partial p} \right)^T$$

gilt, dann ist die Poisson-Klammer der Hamiltonfunktion und der Dichte gleich

$$\{H, \varrho\} = \sum_{i=1}^{3N} \left(\dot{q}^i \frac{\partial \varrho}{\partial q^i} + \dot{p}_i \frac{\partial \varrho}{\partial p_i} \right) \equiv \dot{x} \cdot \nabla_x \varrho(x) .$$

Die Orbitalableitung andererseits würde man wie folgt berechnen

$$\frac{\mathrm{d} \varrho}{\mathrm{d} t} = \frac{\partial \varrho}{\partial t} + \dot{x} \cdot \nabla_x \varrho(x)$$

Die Liouville'sche Gleichung (1.5c) sagt, dass diese Ableitung gleich Null ist. Dies bedeutet, dass ein mit der Strömung im Phasenraum mitbewegter Beobachter eine zeitlich konstante Dichte sieht, $\varrho(x(t), t) = \varrho(x(t_0), t_0)$.

3. Wenn die Hamiltonfunktion nicht von der Zeit abhängt, dann gilt

$$\nabla_x \varrho = \frac{\partial \varrho}{\partial H} \nabla_x H \quad \text{und} \quad \dot{x} \cdot \nabla_x H =$$

$$(\dot{q}_1, \dots, \dot{q}_{3N}; \dot{p}_1, \dots \dot{p}_{3N})^T (-\dot{p}_1, \dots, -\dot{p}_{3N}; \dot{q}_1, \dots, \dot{q}_{3N}) = 0 ,$$

und somit

$$\dot{x} \cdot \nabla_x \varrho = 0 \quad \text{und} \quad \frac{\partial \varrho}{\partial t} = 0 .$$

In diesem Fall ist die Verteilung sogar stationär.

4. Ein ruhendes und abgeschlossenes System hat verschwindenden Gesamtimpuls $\boldsymbol{P} = 0$ und verschwindenden Drehimpuls $\boldsymbol{L} = 0$. Außerdem ist die Energie E eine Konstante der Bewegung. Da dies aufgrund allgemeiner Aussagen der Mechanik die einzigen Konstanten der Bewegung

sind, ist die Wahrscheinlichkeitsdichte eine Funktion der autonomen Hamiltonfunktion,

$$\varrho(q, p) = f(H(q, p)) \ .$$

5. Man sagt, das System sei *ergodisch*,[2] wenn in Zuständen mit fester, gegebener Energie das zeitliche Mittel gleich dem mikrokanonischen Mittelwert ist. Eine Bahnkurve mit der festen Energie E kommt im Laufe der Zeit jedem Punkt der Untermannigfaltigkeit $E = $ const. beliebig nahe.

Wir beeilen uns die eben angesprochene mikrokanonische Gesamtheit zu definieren:

Definition 1.5 Mikrokanonische Gesamtheit

Ein Makrozustand sei durch Angabe der Variablen (E, N, V) festgelegt. Die Menge aller zu diesem Zustand gehörenden Mikrozustände wird *mikrokanonische Gesamtheit* genannt.

Bemerkung

Eine *mikrokanonische* Verteilung beschreibt ein isoliertes System, das feste Energie E besitzt. Wie wir weiter unten genauer ausführen werden, beschreibt im Vergleich hierzu eine *kanonische* Gesamtheit ein System, das in thermischem Kontakt mit einem sog. *Wärmebad* der Temperatur T steht. Eine *großkanonische* Verteilung schließlich beschreibt ein thermodynamisches System, das sowohl Temperatur mit einem Wärmebad als auch Teilchen mit einem Teilchenreservoir austauschen kann.

1.2 Mikrokanonische Gesamtheit und Ideales Gas

Wir haben festgestellt, dass die Verteilungsfunktion $\varrho(q, p)$ auf jeder Energiefläche im Phasenraum

$$\{q, p|\ H(q, p) = E\} \tag{1.7}$$

einen konstanten Wert hat. Da die Energie E konstant ist, sind alle Mikrozustände gleich wahrscheinlich, die mit dem durch E charakterisierten Makrozustand verträglich sind.

Es sei $\widetilde{\Omega}_\Delta$ das Volumen im Phasenraum, in dem alle Zustände liegen, deren Energie zwischen den Werten $E - \Delta$ und E liegt, wo Δ ein kleines Intervall bezeichnet. In diesem Intervall $E - \Delta \leq H(q, p) \leq E$ ist

$$\varrho(q, p) = \begin{cases} \varrho_0 & \text{für } E - \Delta \leq H \leq E \\ 0 & \text{sonst} \end{cases} ,$$

[2] Von $\varepsilon\rho\gamma o\nu$ = Arbeit, Energie, und $o\delta o\varsigma$ = Weg.

mit $\varrho_0 = 1/\widetilde{\Omega}_\Delta$.

Als instruktives Beispiel für eine mikrokanonische Gesamtheit untersuchen wir das sog. *Ideale Gas*. Dazu wird eine Hilfsformel benötigt, die wir als Erstes ableiten:

Volumen der Kugel in Dimension n:
Mit Polarkoordinaten in Dimension n lautet das Volumenelement

$$d^n x = r^{n-1}\, dr\, d\phi \prod_{k=1}^{n-2} \sin^k \theta_k \, d\theta_k \,. \tag{1.8a}$$

Das Volumen der Vollkugel D_R^n mit Radius R ist durch

$$V_R = \frac{\pi^{n/2}}{\Gamma\left(1+\frac{n}{2}\right)} R^n \tag{1.8b}$$

gegeben.

Der Winkel ϕ liegt im Intervall $[0, 2\pi]$, alle Winkel θ_k im Intervall $[0, \pi]$. Die Formel (1.8a), die ja für die Dimensionen $n = 2$ und $n = 3$ bekannt ist, beweist man mittels vollständiger Induktion, s. Aufgabe 1.1. Integriert man dann über das Innere des Balls D_R^n, so ist

$$I_1 := \int_0^R dr\, R^{n-1} = \frac{1}{n} R^n \,,$$

während das Integral über alle Winkel zu

$$I_2 := \int_0^{2\pi} d\phi \prod_{k=1}^{n-2} \int_0^{\pi} d\theta_k (\sin \theta_k)^k = 2\pi \prod_{k=1}^{n-2} \frac{\Gamma\left(\frac{k+1}{2}\right)}{\Gamma\left(1+\frac{k}{2}\right)} \Gamma\left(\frac{1}{2}\right)$$

berechnet wird. Um diese Integrale zu berechnen, kann man die bekannte Formel

$$\int_0^{\pi/2} dx\, (\cos x)^{2a-1} (\sin x)^{2b-1} = \frac{1}{2} \frac{\Gamma(a)\Gamma(b)}{\Gamma(a+b)} \,,$$

hier mit $a = 1/2$ und $b = (k+1)/2$, verwenden und, da der Cosinus gar nicht auftritt, auf das volle Intervall $[0, \pi]$ erweitern.

Setzt man die Gamma-Funktionen des Produkts ein und benutzt den Wert $\Gamma(1/2) = \sqrt{\pi}$, dann findet man

$$I_2 = 2\pi (\sqrt{\pi})^{n-2} \frac{\Gamma(\frac{2}{2})\Gamma(\frac{3}{2}) \cdots \Gamma(\frac{n-1}{2})}{\Gamma(\frac{3}{2})\Gamma(\frac{4}{2}) \cdots \Gamma(\frac{n-1}{2})\Gamma(\frac{n}{2})}$$

$$= \frac{2\pi^{n/2}}{\Gamma(\frac{n}{2})} \,.$$

Das gesuchte Volumen ist somit

$$V_R = I_1 I_2 = \frac{2\pi^{n/2}}{n\,\Gamma(\frac{n}{2})} R^n = \frac{\pi^{n/2}}{\Gamma(1+\frac{n}{2})} R^n \,.$$

Man verifiziert das Ergebnis (1.8b) für $n = 2$, der Ebene, in der sich die Fläche $V_R = \pi R^2$ des Kreises mit Radius R ergibt, und für $n = 3$, wo man das Volumen der Vollkugel im $\mathbb{R}^3$, $V_R = (4\pi/3)R^3$ findet.

Das gesuchte Volumen im Phasenraum ist das Integral

$$\widetilde{\Omega}_\Delta(E, N, V) = \int\limits_V d^{3N} q \int\limits_{E - \Delta \leq H \leq E} d^{3N} p \,,$$

das wie folgt berechnet wird. Jedes der Gasmoleküle soll auf ein räumliches Volumen V eingeschränkt sein. Dies kann man erreichen, wenn man die Hamiltonfunktion entsprechend festlegt, d. h.

$$H = \sum_{k=1}^N \frac{1}{2m} p^{(k)\,2} + U \quad \text{mit} \quad \begin{cases} U = 0 & \text{innerhalb } V \\ U = \infty & \text{an den Wänden} \end{cases}$$

wählt. Das Integral über die Variablen q gibt dann einfach einen Faktor V^N und man kann schreiben

$$\widetilde{\Omega}_\Delta(E, N, V) = V^N \omega(E) \,, \tag{1.9a}$$

wobei $\omega(E)$ das Volumen der Kugelschale im Raum der Impulse ist, das zwischen den Kugeln mit den Radien $R_E - \delta = \sqrt{2m(E - \Delta)}$ bzw. $R_E = \sqrt{\sum p^{(k)\,2}} = \sqrt{2mE}$ liegt. Hierfür verwendet man die Fomel (1.8b) mit $\delta = \sqrt{2mE} - \sqrt{2m(E - \Delta)}$ und $n = 3N$,

$$V(R_E) - V(R_E - \delta) = \frac{\pi^{3N/2} R_E^{3N}}{\Gamma\left(1 + \frac{3N}{2}\right)} \left[1 - \left(1 - \frac{1}{3N} \frac{(3N)\delta}{R_E}\right)^{3N}\right] \,.$$

Mithilfe der bekannten Gauß'schen Formel für die Exponentialfunktion

$$\lim_{n \to \infty} \left(1 + \frac{x}{n}\right)^n = e^x$$

sieht man, dass der zweite Term in der eckigen Klammer für große Werte von N praktisch gleich der Exponentialfunktion $\exp\{-(3N)\delta/R\}$ ist und für sehr große Zahlen von Molekülen vernachlässigbar wird. Dies ist gleichbedeutend damit, dass das zwischen den beiden Kugeln eingeschlossene Volumen in sehr guter Näherung gleich dem Volumen der Vollkugel ist. Man erhält somit das Resultat

$$\omega(E) \simeq \frac{\pi^{3N/2}}{\Gamma\left(1 + \frac{3N}{2}\right)} (2mE)^{\frac{3N}{2}} \,. \tag{1.9b}$$

Das gesamte Volumen im Phasenraum $\widetilde{\Omega}_\Delta$ hängt für großes N nicht wesentlich von Δ ab und ist proportional zu V^N und zu $E^{3N/2}$,

$$\widetilde{\Omega}_\Delta(E, N, V) \simeq \widetilde{\Omega}(E, N, V) \propto V^N (mE)^{3N/2} \,. \tag{1.9c}$$

Die physikalische Dimension dieser Größe ist

$$\left(\text{Länge}^3\right)^N \cdot (\text{Impuls})^{3N} = \text{Wirkung}^{3N} \,.$$

Natürlich müssen die Moleküle des Idealen Gases durch die Quantenmechanik und nicht durch klassische Mechanik beschrieben werden. Aufgrund der Heisenberg'schen Unschärferelation kann man das einzelne Molekül im Phasenraum sicher nicht schärfer als über ein Vergleichsvolumen der Größe $\omega_0 = h^3$ lokalisieren, wo h die Planck'sche Konstante ist. Daher ist es sinnvoll, das eben berechnete Phasenraumvolumen für N Moleküle in Relation zu $(\omega_0)^N$ zu setzen. Außerdem sollte man beim Abzählen der möglichen Mikrozustände der Tatsache Rechnung tragen, dass die Teilchen im Gas ununterscheidbar sind und dafür sorgen, dass Zustände, bei denen je zwei Teilchen vertauscht sind, die aber im Übrigen dynamisch identisch sind, nicht doppelt gezählt werden. Aus diesen Gründen definiert man folgende, jetzt dimensionslose Größe

$$\Omega(E, N, V) := \frac{1}{N! h^{3N}} \widetilde{\Omega}(E, N, V), \qquad (1.10)$$

mit $\widetilde{\Omega}(E, N, V)$ wie in (1.9c) angegeben.

1.3 Die Entropie, ein erster Zugang

Im Blick auf die Unschärferelation, die es unmöglich macht, ein Teilchen gleichzeitig im Ort und im Impuls zu lokalisieren, unterteilt man den Phasenraum $\mathbb{P}$ in elementare Zellen Z_i mit Volumen h^{3N} und berechnet die Wahrscheinlichkeit, den Mikrozustand in der Zelle Z_i vorzufinden. Diese ist

$$w_i = \int_{Z_i} dx\, \varrho(x), \qquad (1.11a)$$

mit $x = (q, p)^T \in \mathbb{P}$ einem Punkt im $3N$-dimensionalen Phasenraum. Für alle i liegt diese Wahrscheinlichkeit zwischen 0 und 1,

$$0 \leq w_i \leq 1 \quad \text{für alle } w_i. \qquad (1.11b)$$

Die Entropie der Wahrscheinlichkeitsverteilung wird wie folgt definiert:

Definition 1.6   Entropie

Die Funktion

$$\sigma := -\sum_i w_i \ln w_i \qquad (1.12)$$

wird die (statistisch-mechanische) Entropie der Wahrscheinlichkeitsverteilung $\varrho(q, p)$ genannt.

Die wesentlichen Eigenschaften dieser so definierten Funktion σ kann man modellmäßig gut verstehen, wenn man annimmt, dass die Zahl der Zellen Z_i endlich sei und dass diese von 1 bis k durchnummeriert seien. Um diese Annahme im Auge zu behalten, schreiben wir

$$\sigma^{(k)}(w_1, w_2, \dots, w_k) = -\sum_{i=1}^{k} w_i \ln w_i, \qquad (1.13a)$$

und notieren die Normierungsbedingung

$$\sum_{i=1}^{k} w_i = 1 \, .$$

(1.13b)

Anhand der Definition stellt man fest, dass $\sigma^{(k)}(w_1, w_2, \ldots, w_k)$ die folgenden Eigenschaften besitzt.

(i) Die Funktion $\sigma^{(k)}(w_1, w_2, \ldots, w_k)$ ist in allen ihren Argumenten vollständig symmetrisch,

$$\sigma^{(k)}(w_1, \ldots, w_i, \ldots, w_j, \ldots w_k)$$
$$= \sigma^{(k)}(w_1, \ldots, w_j, \ldots, w_i, \ldots w_k) \, .$$

(1.14a)

Die w_i können beliebig vertauscht werden, da es ja nicht darauf ankommt, wie man die Zellen nummeriert hat.

(ii) Ist eines der Gewichte w_i gleich 1, alle anderen aber gleich Null, dann verschwindet $\sigma^{(k)}$,

$$\sigma^{(k)}(w_1 = 1, 0, \ldots, 0) = 0 \, .$$

(1.14b)

Ein Zustand, der nach Maßgabe der Unschärferelation vollständig bekannt ist, hat die Entropie Null.

(iii) Fügt man dem System, das aus k Zellen bestand, noch eine $k+1$-ste Zelle hinzu, lässt aber nur solche Zustände zu, die mit Sicherheit nicht in der Zelle Z_{k+1} liegen, dann ändert sich die Entropie nicht,

$$\sigma^{(k+1)}(w_1, \ldots, w_k, 0) = \sigma^{(k)}(w_1, w_2, \ldots, w_k) \, .$$

(1.14c)

(iv) Wenn alle Gewichte gleich sind und wegen der Normierungsbedingung (1.13b) gleich $1/k$ sind, dann nimmt die Entropie ihren größten Wert an,

$$\sigma^{(k)}(w_1, w_2, \ldots, w_k) \leq \sigma^{(k)}\left(\frac{1}{k}, \ldots, \frac{1}{k}\right) \, .$$

(1.14d)

Das „Kleinerzeichen" $<$ gilt immer dann, wenn mindestens eines der Gewichte von $1/k$ verschieden ist.

(v) Betrachtet man zwei unabhängige Systeme (1) und (2), denen die Entropien

$$\sigma_1^{(k)} = -\sum_{i=1}^{k} w_i^{(1)} \ln w_i^{(1)}$$

$$\sigma_2^{(l)} = -\sum_{j=1}^{l} w_j^{(2)} \ln w_j^{(2)}$$

zugeordnet werden können, dann ist die Wahrscheinlichkeit dafür, dass das System (1) sich im Bereich $Z_i^{(1)}$ und gleichzeitig System (2) sich im Bereich $Z_j^{(2)}$ befinden, gleich dem Produkt $w_i w_j$. Die Entropie des Gesamtsystems ist

$$\sigma^{(k+l)} = -\sum_{i=1}^{k} \sum_{j=1}^{l} w_i^{(1)} w_j^{(2)} \left(\ln w_i^{(1)} + \ln w_j^{(2)}\right) = \sigma_1^{(k)} + \sigma_2^{(l)} \, , \quad (1.14e)$$

wobei die Normierungsbedingungen

$$\sum_{i=1}^{k} w_i^{(1)} = 1 \quad \text{und} \quad \sum_{j=1}^{l} w_j^{(2)} = 1$$

eingesetzt wurden. Solange die beiden Systeme voneinander unabhängig sind, addieren sich ihre Entropien.

Während die Eigenschaften (i) – (iii) und (v) an der Definition (1.12) ablesbar und somit offensichtlich sind, bedarf (iv) eines Beweises. Dieser geht folgendermaßen:

Man betrachtet die Funktionen $f_1(x) = x \ln x$ und $f_2(x) = x - 1$ mit reellem Argument und zeigt, dass

$$f_1(x) \geq f_2(x) \quad \text{für alle} \quad x \geq 0 \,,$$

gilt, wobei das Gleichheitszeichen zutrifft, wenn $x = 1$ ist, siehe Abb. 1.3. Es ist $f_1'(x) = \ln x + 1$, die Funktion f_1 hat ein absolutes Minimum bei $x_0 = \mathrm{e}^{-1}$. An dieser Stelle ist $f_1(x_0) = -1/\mathrm{e}$, was größer ist als $f_2(x_0) = 1/\mathrm{e} - 1$, da $1 > 2/\mathrm{e} \simeq 0{,}73576$. Für $x \leq 1$ ist $f_1'(x) \leq f_2'(x)$, wobei das Gleichheitszeichen bei $x = 1$ gilt. Für alle $x > 1$ ist $f_1'(x) > f_2'(x)$. Die zweite Ableitung von $f_1(x)$ ist $f_1''(x) = 1/x$ und ist für alle $x > 0$ positiv. Die Funktion $f_1(x)$ ist daher konvex, die Gerade $f_2(x)$ ist ihre Tangente von unten bei $x = 1$, womit die behauptete Ungleichung gezeigt ist.

Diese Ungleichung, in der Form

$$- \ln x \leq \frac{1}{x} - 1 \tag{1.15}$$

geschrieben, wendet man auf einen einzelnen Summanden in (1.12) an

$$-w_i \ln w_i - \left(-w_i \ln\left(\frac{1}{k}\right) \right) = w_i \left[-\ln\left(\frac{w_i}{1/k}\right) \right]$$

$$\leq w_i \left(\frac{1/k}{w_i} - 1 \right) = \frac{1}{k} - w_i \,.$$

Summiert man diese Ungleichung über alle Werte von i, so ergibt ihre rechte Seite Null,

$$\sum_{i=1}^{k} \frac{1}{k} - \sum_{i=1}^{k} w_i = 0 \,,$$

und es folgt

$$-\sum_{i=1}^{k} w_i \ln w_i \leq -\sum_{i=1}^{k} w_i \ln\left(\frac{1}{k}\right) = -\ln\left(\frac{1}{k}\right) = -\sum_{i=1}^{k} \frac{1}{k} \ln\left(\frac{1}{k}\right).$$

Dies ist die Aussage (1.14d).

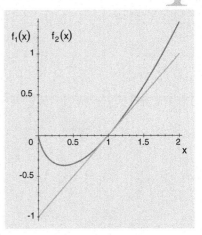

Abb. 1.3. Die Graphen der Funktionen $f_1(x) = x \ln x$ und $f_2(x) = x - 1$ im Beweis der Eigenschaft (iv) der Entropie

Bemerkungen

1. Die Eigenschaften (i) und (ii) lassen als Interpretation zu, dass $\sigma^{(k)}$ ein Maß für die Unordnung ist, in dem sich das System befindet. Anders

gesagt, drückt $\sigma^{(k)}$ unsere Unkenntnis über den Zustand des Systems aus. Dies ist verträglich mit den Eigenschaften (iii) und (iv), von denen die letztere aussagt, dass die Unkenntnis dann am größten ist, wenn alle Möglichkeiten, die das System wahrnehmen kann, gleich wahrscheinlich sind.

2. Die Zahl $\sigma^{(k)}(w_1, \ldots, w_k)$ kann man als Maß für die Unkenntnis interpretieren *bevor* man in einem Experiment feststellt, welche der insgesamt k Möglichkeiten vorliegt. Alternativ kann man $\sigma^{(k)}$ als Gewinn an Information deuten, wenn man eine solche Messung durchführt.

3. Die Eigenschaft (v) besagt: Bei zwei unabhängigen Messungen ist der Gewinn an Information gleich der Summe der Informationsgewinne aus den beiden Einzelmessungen.

Beispiel 1.1 Mikrokanonische Verteilung und Ideales Gas

Es sei ein Bereich im Phasenraum definiert, der alle Energien enthält, die zwischen den Werten $E - \Delta$ und E liegen. Dieser Bereich sei in k Zellen aufgeteilt. Für eine mikrokanonische Verteilung im Sinne der Definition 1.5 ist

$$w_i^{\mu\text{-kan.}} = \frac{1}{k} \quad \text{und} \quad \sigma_{\mu\text{-kan.}}^{(k)} = -\sum_{i=1}^{k} \frac{1}{k} \ln\left(\frac{1}{k}\right) = \ln k \,. \tag{1.16}$$

Im räumlichen Volumen V mögen N Teilchen vorhanden sein. Würde man das Ergebnis (1.9a) und (1.9b) verwenden, so wäre bei einer Zellengröße von h^3 die Zahl der Zellen

$$k = \frac{\widetilde{\Omega}_\Delta(E, N, V)}{h^{3N}} = \frac{\pi^{3N/2}}{\Gamma(1 + 3N/2)} \left(\frac{2mE}{h^2}\right)^{3N/2} V^N = N!\Omega \,,$$

mit Ω wie es in (1.10) definiert ist. Daraus würde man eine Formel für die Entropie $\sigma_{\mu\text{-kan.}}^{(k)}$ erhalten, die widersprüchlich ist. In der Tat, berechnet man

$$\ln k = N \ln \left(V \left(\frac{2\pi m E}{h^2}\right)^{3/2} \right) - \ln \Gamma \left(1 + \frac{3N}{2} \right) \,,$$

lässt N sehr groß werden und benutzt die aus der Stirling'schen Formel folgende Asymptotik für großes x,

$$\ln \Gamma(x) \sim x(\ln x - 1) + \mathcal{O}(\ln x) \qquad (x \to \infty) \,,$$

so folgt

$$\ln k = N \left\{ \ln V + \frac{3}{2} \ln \left(\frac{2\pi m E}{h^2}\right) \right\} - \left(1 + \frac{3N}{2} \right) \left\{ \ln \left(1 + \frac{3N}{2} \right) - 1 \right\}$$

$$= N \left\{ \ln \left(\frac{V}{N}\right) + \frac{3}{2} \ln \left(\frac{4\pi m E}{3h^2 N}\right) + \frac{3}{2} \right\} + N \ln N + \mathcal{O}(\ln N) \,.$$

Hält man das Volumen pro Teilchen V/N ebenso wie die Energie pro Teilchen E/N fest, so muss $\sigma_{\mu\text{-kan.}}^{(k)}$ proportional zu N sein, da die Entropie eine extensive Größe ist. Das eben erhaltene Resultat, das den zweiten Term $N \ln N$ enthält, widerspricht dieser einfachen Überlegung. Dieser Widerspruch wird *Gibbs'sches Paradoxon* genannt.

Dieses Paradoxon löst sich auf, wenn man statt $\widetilde{\Omega}_\Delta$ die modifizierte Größe $\Omega(E, N, V)$ verwendet, die in (1.10) definiert ist und die Ununterscheidbarkeit der Teilchen berücksichtigt. Berechnet man $\ln(k/N!)$, so wird noch ein Term $\ln N! = N(\ln N - 1) + \mathcal{O}(\ln N)$ vom oben angegebenen, widersprüchlichen Ergebnis abgezogen und es gilt

$$
\begin{aligned}
\sigma^{(k)}_{\mu\text{-kan.}} &= \ln \Omega(E, N, V) \\
&= N \left\{ \ln\left(\frac{V}{N}\right) + \frac{3}{2} \ln\left(\frac{4\pi mE}{3h^2 N}\right) + \frac{5}{2} \right\} + \mathcal{O}(\ln N) .
\end{aligned}
\tag{1.17}
$$

Dies ist in Übereinstimmung mit der Additivität der Entropie.

Satz 1.1

Die Entropie eines abgeschlossenen Systems ist genau dann maximal, wenn die Verteilung der Mikrozustände die mikrokanonische Verteilung ist.

Beweis: Wir bilden die Differenz der mikrokanonischen Entropie und der Entropie des abgeschlossenen Systems, (mit $\sum_{i=1}^{\Omega} w_i = 1$)

$$
\sigma^{(k)}_{\mu\text{-kan.}} - \sigma = \ln \Omega + \sum_{i=1}^{\Omega} w_i \ln w_i = \frac{1}{\Omega} \sum_{i=1}^{\Omega} (w_i \Omega) \ln (w_i \Omega) ,
$$

und benutzen die Nebenbedingung $\sum_{i=1}^{\Omega} w_i \Omega = \Omega$. Subtrahiert man diese in der Form

$$
\frac{1}{\Omega} \sum_{i=1}^{\Omega} (w_i \Omega - 1) = 0
$$

von $\sigma^{(k)}_{\mu\text{-kan.}} - \sigma$, so hat man

$$
\sigma^{(k)}_{\mu\text{-kan.}} - \sigma = \frac{1}{\Omega} \sum_{i=1}^{\Omega} \{ (w_i \Omega) \ln (w_i \Omega) - (w_i \Omega - 1) \} .
$$

In der geschweiften Klammer wird $x \ln x$ mit $x - 1$, $x = w_i \Omega$, verglichen. Da wir im Zusammenhang mit der Eigenschaft (iv) der Entropie, Gl. (1.14d), gezeigt haben, dass bei $x \geq 0$ stets $x \ln x \geq x - 1$ gilt, folgt $\sigma^{(k)}_{\mu\text{-kan.}} - \sigma \geq 0$. Das Gleichheitszeichen gilt, wenn $w_i = 1/\Omega$ ist. Somit ist der Satz bewiesen.

1.4 Temperatur, Druck und Chemisches Potential

Es seien zwei abgeschlossene Systeme Σ_1 und Σ_2 gegeben, die sich in den zunächst voneinander unabhängigen Gleichgewichtszuständen (E_1, N_1, V_1)

bzw. (E_2, N_2, V_2) befinden. Diese Systeme werden auf unterschiedliche Weisen miteinander in Kontakt gebracht.

1.4.1 Thermischer Kontakt

Es soll nur Austausch von Energie statt finden, die Volumina und die Teilchenzahlen der beiden Teilsysteme bleiben ungeändert, s. Abb. 1.1. Nach einiger Zeit, wenn sich im kombinierten System wieder Gleichgewicht eingestellt hat, gilt für die Gesamtenergie und -entropie

$$E = E_1 + E_2 = E_1' + E_2' \,, \tag{1.18a}$$

$$\ln \Omega_{12} = \ln \Omega_1(E_1', N_1, V_1) + \ln \Omega_2(E_2', N_2, V_2) \,. \tag{1.18b}$$

Hier sind die Zustandsgrößen nach Erreichen des neuen Gleichgewichtszustands mit Strichen bezeichnet. Das Maximum von $\ln \Omega_{12} = \sigma_1(E_1') + \sigma_2(E_2')$ ist leicht zu bestimmen. Es muss dort

$$\left[\frac{\partial \sigma_1}{\partial E_1} \, \mathrm{d}E_1 + \frac{\partial \sigma_2}{\partial E_2} \, \mathrm{d}E_2 \right]_{\mathrm{d}E_1 + \mathrm{d}E_2 = 0} = 0$$

sein, d.h.

$$\frac{\partial \sigma_1}{\partial E_1}(E_1', N_1, V_1) = \frac{\partial \sigma_2}{\partial E_2}(E_2', N_2, V_2) \,. \tag{1.18c}$$

Die partielle Ableitung von σ nach E, bei festgehaltenen Werten der Teilchenzahl N und des Volumens V definiert mutmaßlich eine weitere Zustandsgröße $\tau(E, N, V)$,

$$\frac{1}{\tau(E, N, V)} := \frac{\partial \sigma(E, N, V)}{\partial E} \,. \tag{1.19}$$

Da die statistisch-mechanische Entropie σ und die Energie E *extensive* Größen sind, muss τ eine *intensive* Größe sein. Die Bedingung (1.18c) lautet, etwas anders geschrieben,

$$\tau_1(E_1', N_1, V_1) = \tau_2(E_2' = E - E_1', N_2, V_2) \tag{1.20}$$

und sagt aus, dass im Gleichgewicht beide Systeme denselben Wert von τ angenommen haben. Bevor sich das Gleichgewicht einstellt, gilt für die infinitesimale Änderung der Entropie

$$\mathrm{d}\sigma_{12} = \left(\frac{1}{\tau_1} - \frac{1}{\tau_2} \right) (\mathrm{d}E_1) > 0 \,,$$

woraus die Ungleichungen

$$\tau_2 > \tau_1 : \mathrm{d}E_1 > 0 \,, \quad \text{bzw.} \quad \tau_2 < \tau_1 : \mathrm{d}E_1 < 0$$

folgen, die aussagen, dass das System mit dem höheren Wert von τ Energie an das System mit dem niedrigeren Wert dieser Zustandsgröße solange abgibt, bis sich in beiden Systemen derselbe Wert von τ eingestellt hat.

Diese einfachen Schlussfolgerungen legen nahe, die Variable $\tau(E, N, V)$ als Maß für die empirische Temperatur zu interpretieren. Es genügt, eine glatte, mit τ monoton wachsende Funktion $f(\tau)$ einzuführen, diese in einer durch Konvention festgelegten Weise zu eichen und eine geeignete Einheit zu wählen. Am einfachsten ist es sicherlich, die Funktion $f^{(A)}(\tau) =: T^{(A)}$ affin anzusetzen,

$$T^{(A)} = c^{(A)} \cdot \tau + d^{(A)}, \tag{1.21}$$

wobei der Buchstabe A die Definition symbolisieren soll und $c^{(A)}$ und $d^{(A)}$ dimensionsbehaftete Konstanten sind. Mit dem Ansatz (1.21) genügt es, zwei physikalisch ausgezeichnete Punkte F_1 und F_2 sowie die Unterteilung der Skala festzulegen. So werden z. B. in der bekannten *Celsius-Skala* der Gefrierpunkt des Wassers bei Normaldruck als erster Bezugspunkt $F_1 = 0\,^0\mathrm{C}$, der Siedepunkt des Wassers als zweiter Bezugspunkt $F_2 = 100\,^0\mathrm{C}$ und $\Delta T^{(C)} = (F_2 - F_1)/100$ als Skalenintervall festgelegt. In der in den U.S.A. noch vielfach gebräuchlichen *Fahrenheit-Skala* ist $F_1^{(F)} = 0\,^0\mathrm{F}$ die Temperatur einer Kältemischung (Eis, Wasser und Salz), die bei $-17,8\,^0\mathrm{C}$ liegt, und $F_2 = 96\,^0\mathrm{F}$ die Körpertemperatur eines gesunden Menschen, die bei $35,6\,^0\mathrm{C}$ angenommen wurde. Die Skaleneinheit der Fahrenheit-Temperatur ist $(F_2 - F_1)/96$. Aus diesen Angaben leitet man die Faustregel

$$T^{(F)} \simeq 1,8\,T^{(C)} + 32$$

her und stellt fest, dass die beiden Skalen sich beim Wert $-40\,^0\mathrm{C} = -40\,^0\mathrm{F}$ schneiden.

Die *absolute Temperatur*, die physikalisch ausgezeichnet ist, wird durch

$$\tau = kT \tag{1.22}$$

definiert, wo k die Boltzmann'sche Konstante ist,

$$k = 1,3806505(24) \cdot 10^{-23}\,\mathrm{JK}^{-1}. \tag{1.23}$$

Der Buchstabe K steht für die Temperaturskala Kelvin, die so definiert ist, dass der absolute Nullpunkt bei $F_1^{(K)} = 0\,\mathrm{K}$, der Tripelpunkt des Wassers bei $F_2^{(K)} = 273,16\,\mathrm{K}$ liegt, während die Skaleneinteilung dieselbe wie die der Celsius-Skala bleibt.

Bemerkungen

1. In der Celsius-Skala wird als Nullpunkt der Gefrierpunkt des Wassers bei Normaldruck, d. i. der mittlere Luftdruck auf Meereshöhe, gewählt. Dieser liegt $0,01\,\mathrm{K}$ unter der Temperatur des Tripelpunktes des Wassers.

2. In Frankreich war bis ins neunzehnte Jahrhundert die *Réaumur-Skala* in Gebrauch. Sie unterscheidet sich von der Celsius-Skala durch die Wahl des Siedepunkts des Wassers, $F_2^{(R)} = 80\,^0\mathrm{R}$ (der Schmelzpunkt bleibt derselbe) und des Skalenintervalls $(F_2^{(R)} - F_1^{(R)})/80$.

3. Der absolute Nullpunkt ist ein unterer Grenzwert der Temperatur, der nie erreicht werden kann. Eine sinnvolle Möglichkeit, die empirische Temperatur zu wählen, wäre es daher auch, eine logarithmische Skala zu verwenden, die diesen physikalisch ausgezeichneten Punkt nach minus Unendlich legt. Eine solche Skala wurde von R. Plank vorgeschlagen, hat sich aber nicht durchgesetzt.

Definition 1.7 Thermodynamische Entropie

Als *thermodynamische Entropie* ist

$$S := k\sigma \tag{1.24}$$

definiert, wo σ die statistisch-mechanische Entropie (1.12), k die Boltzmann'sche Konstante ist.

Bemerkung

Die Größe σ trägt keine physikalische Dimension. Deshalb ist $[S] = [k] =$ J/K. Weiterhin sieht man an (1.19), dass τ die Dimension einer Energie hat, $[\tau] = [E]$. Daraus folgt, dass kT eine Energie ist. Mit dem numerischen Wert (1.23) der Boltzmann'schen Konstanten kann man Energien kT in Einheiten eV usw. umrechnen. Es gilt

$$k = 8{,}617343(15) \cdot 10^{-5}\,\text{eVK}^{-1}\,. \tag{1.25a}$$

Dieser Wert folgt aus der Umrechnung von mechanischen zu elektromagnetischen Energieeinheiten,

$$1\,\text{eV} = 1{,}60217653(14) \cdot 10^{-19}\,\text{J}\,. \tag{1.25b}$$

So entspricht z. B. die kosmische Hintergrundstrahlung, deren Wert 2,725 K beträgt, einer Energie von 0,2348 meV. Kochendes Wasser, $T \simeq 373$ K, entspricht Energien von ca. 32 meV. Eine zu (1.25a) äquivalente Umrechnungsformel lautet:

$$\text{bei} \quad T = 300\,\text{K} \quad \text{ist} \quad kT = \frac{1}{38{,}682}\text{eV}\,. \tag{1.25c}$$

Die Definition (1.19) übersetzt sich in die Beziehung

$$\frac{1}{T} = \frac{\partial S}{\partial E} \tag{1.26}$$

für die Temperatur T in der Kelvin-Skala, die thermodynamische Entropie S und die Energie E. Sie gilt hier bei festgehaltenen Werten der Teilchenzahl N und des Volumens V.

Beispiel 1.2 Ideales Gas

Auf der Basis der Formel (1.17) ist die Entropie hier

$$S(E, N, V) = k \ln \Omega(E, N, V) = Nk \ln V + \frac{3}{2} Nk \ln E +$$

$$\text{von } V \text{ und } N \text{ unabhängige Terme.} \tag{1.27}$$

Aus der Beziehung (1.26) folgt die wichtige Relation

$$E = \frac{3}{2} NkT\,. \tag{1.28}$$

Bringt man zwei Ideale Gase in thermischen Kontakt, so ist die Entropie

$$S_{12} = \frac{3k}{2} \left(N_1 \ln E_1 + N_2 \ln E_2 \right) + \dots ,$$

wo alle Terme, die nicht von den Energien E_1 und E_2 abhängen, weggelassen sind. Die Entropie nimmt ihr Maximum ein, wenn

$$\frac{\partial S_{12}}{\partial E_1} = \frac{3k}{2} \left(\frac{N_1}{E_1} - \frac{N_2}{E_2} \right) = 0$$

ist, d. h. wenn

$$E_1^{(0)} = \frac{N_1}{N_1 + N_2} E , \qquad E_2^{(0)} = \frac{N_2}{N_1 + N_2} E .$$

Die Energien der Teilsysteme sind proportional zu ihren Teilchenzahlen.

1.4.2 Thermischer Kontakt und Austausch von Volumen

Wir wollen jetzt zulassen, dass nicht nur die Temperaturen der beiden Teilsysteme sich angleichen, sondern dass ihre Volumina sich so einstellen können, dass die Entropie

$$S = S_1 (E_1, N_1, V_1) + S_2 (E_2, N_2, V_2)$$

ein Maximum annimmt. Das Gesamtvolumen soll dabei unverändert bleiben. Das Maximum wird unter den Nebenbedingungen

$$dE_1 + dE_2 = 0 , \quad dV_1 + dV_2 = 0 \quad \text{und} \quad T_1 = T_2$$

angenommen; die dafür notwendige Bedingung ist

$$dS = \left(\frac{\partial S_1}{\partial V_1} - \frac{\partial S_2}{\partial V_2} \right) dV_1 + \left(\frac{\partial S_1}{\partial E_1} - \frac{\partial S_2}{\partial E_2} \right) dE_1 = 0 . \qquad (1.29a)$$

Bei Gleichgewicht sind die Temperaturen gleich. Daher und aufgrund von (1.26) verschwindet der zweite Summand und es bleibt die Bedingung

$$\frac{\partial S_1}{\partial V_1} = \frac{\partial S_2}{\partial V_2} . \qquad (1.29b)$$

Wenn die Volumina sich angleichen können, dann muss im Gleichgewicht überall derselbe Druck $p(E, N, V)$ herrschen. Die physikalische Dimension des Produkts von Entropie S und Temperatur T ist dieselbe wie die des Produkts von Druck p und Volumen V, $[S \cdot T] = [p \cdot V] = $ Energie. Diese Beobachtung, die Bedingung (1.29a) und die Beziehung (1.26) führen zu einer weiteren Definition:

Definition 1.8 Druck

Der *Druck* als Zustandsvariable $p(E, N, V)$ ist durch

$$p(E, N, V) := \frac{\partial S(E, N, V)}{\partial V} T(E, N, V) \qquad (1.30)$$

definiert, d. h. als Produkt der Temperatur und der partiellen Ableitung der Entropie nach dem Volumen.

Im Gleichgewichtszustand sind die Drücke gleich, $p_1(E_1, N_1, V_1) = p_2(E_2, N_2, V_2)$. Vor Erreichen dieses Zustands hat man z. B. $p_1 > p_2$ und somit

$$dS = \frac{1}{T}(p_1 - p_2)\,dV_1 > 0 \quad \text{sowie} \quad dV_1 > 0\,.$$

Das Teilsystem „1" dehnt sich auf Kosten des zweiten aus, solange bis in beiden der gleiche Druck herrscht.

Beispiel 1.3   Ideales Gas

Beachtet man nur die vom Volumen V abhängigen Terme in der Formel (1.17), dann ist $S(E, N, V) = k(N \ln V + \dots)$ und

$$\frac{p}{T} = \frac{\partial S(E, N, V)}{\partial V} = \frac{kN}{V}\,.$$

Etwas anders geschrieben ist dies die bekannte Beziehung

$$pV = k\,NT \tag{1.31}$$

für das Ideale Gas, für das die Isothermen Hyperbeläste sind (s. z. B. Abb. 1.2).

1.4.3 Austausch von Energie und Teilchen

Lässt man jetzt zu, dass Energie und Teilchen zwischen den beiden Teilsystemen ausgetauscht werden können, hält dabei aber die Gesamtzahl der Teilchen fest, dann lauten die Nebenbedingungen $dN_1 + dN_2 = 0$, $dE_1 + dE_2 = 0$ und die Maximumbedingung für die Entropie im Gleichgewicht nimmt die Form an

$$dS = \left(\frac{\partial S_1}{\partial N_1} - \frac{\partial S_2}{\partial N_2}\right) dN_1 + \left(\frac{\partial S_1}{\partial E_1} - \frac{\partial S_2}{\partial E_2}\right) dE_1 = 0\,. \tag{1.32a}$$

Da die Temperaturen gleich sind, $T_1 = T_2$, folgt die Aussage

$$\frac{\partial S_1}{\partial N_1} = \frac{\partial S_2}{\partial N_2}\,. \tag{1.32b}$$

Diese partielle Ableitung der Entropie definiert eine weitere Zustandsvariable, das *Chemische Potential* $\mu_C(E, N, V)$, wie folgt

Definition 1.9   Chemisches Potential

$$\mu_C(E, N, V) := -\frac{\partial S(E, N, V)}{\partial N}\, T(E, N, V)\,. \tag{1.32c}$$

Die Bedingung (1.32b) sagt aus, dass das Gleichgewicht hergestellt ist, wenn die chemischen Potentiale der beiden Systeme gleich sind,

$$\mu_C^1(E_1, N_1, V_1) = \mu_C^2(E_2, N_2, V_2)\,. \tag{1.32d}$$

Die Bezeichnungsweise und auch das Vorzeichen in (1.32c) werden plausibel, wenn man sich klar macht, dass das chemische Potential die physikalische Dimension einer Energie hat, $[\mu_C] = E$, und dass eine Differenz im chemischen Potential dazu führt, dass Teilchen vom Teilsystem mit dem höheren Potential zum Teilsystem mit dem kleineren Potential strömen: Wenn z. B. $\mu_C^2 > \mu_C^1$ und $T_2 = T_1$ ist, so ist

$$dS = \frac{1}{T}\left(\mu_C^2 - \mu_C^1\right) dN_1 > 0 \quad \text{und somit} \quad dN_1 > 0 .$$

Beispiel 1.4   Ideales Gas

Auch hier kann man die eben gewonnene Definition am Idealen Gas ausprobieren, indem man die von N abhängenden Terme in der Entropie (1.17) betrachtet,

$$S = kN\left\{\ln\left(\frac{V}{N}\right) + \frac{3}{2}\ln\left(\frac{4\pi m E}{3Nh^2}\right) + \frac{5}{2}\right\} + \mathcal{O}(\ln N) .$$

Aus der Definition (1.32c) folgt dann in führender Ordnung in der Teilchenzahl N

$$\mu_C = kT \ln\left(\frac{N}{V}\right) - \frac{3}{2}kT\left(\frac{4\pi m E}{3Nh^2}\right) . \tag{1.33}$$

Für große Werte der Teilchenzahl ist das chemische Potential proportional zum Logarithmus von N/V.

1.5 Die Gibbs'sche Fundamentalform

Für eine mikrokanonische Gesamtheit sei $\Omega(E, N, V)$ das Volumen im Phasenraum. Die Zustandsgrößen Temperatur, Druck und chemisches Potential lassen sich dann aus der Entropiefunktion $S(E, N, V) = k \ln \Omega(E, N, V)$ berechnen: Aus der Definition (1.19) bzw. (1.26) folgt $T^{-1} = \partial S/\partial E$, aus der Definition (1.30) bekommt man $p/T = \partial S/\partial V$, und aus der Definition (1.32c) schließlich $-\mu_C/T = \partial S/\partial N$. Allen drei Gleichungen ist gemeinsam, dass das Produkt $T\,dS$ durch die Änderung dE (bei festgehaltenen N und V), die Änderung $p\,dV$ (bei festen Werten von E und N) und die Änderung $-\mu_C\,dN$ (bei festen E und V) ausgedrückt wird. Diese Aussagen kann man in einer Einsform, d. h. in einem totalen Differential zusammenfassen,

$$T\,dS = dE + p\,dV - \mu_C\,dN . \tag{1.34a}$$

Eine hierzu äquivalente Einsform ist die *Gibbs'sche Fundamentalform*

$$dE = T\,dS - p\,dV + \mu_C\,dN , \tag{1.34b}$$

deren physikalische Interpretation die folgende ist: Die Fundamentalform zeigt an, auf welche Weise das System mit seiner Umgebung Energie austauschen kann, durch Änderung der Entropie, des Volumens oder der Teilchenzahl. Insbesondere, wenn man die beiden, jeweils anderen Variablen festhält, folgen die Bestimmungsgleichungen

$$T = \frac{\partial E}{\partial S}, \quad p = -\frac{\partial E}{\partial V} \quad \text{und} \quad \mu_C = \frac{\partial E}{\partial N}. \tag{1.35}$$

Alle drei partiellen Ableitungen sind unmittelbar interpretierbar.

Als Fazit aus dieser Zusammenfassung der Definitionen (1.26), (1.30) und (1.32c) stellt man fest, dass die Angabe einer der beiden Funktionen $E(S, N, V)$ *oder* $S(E, N, V)$ ausreichend ist, um alle anderen Zustandsgrößen zu berechnen, die das System im Gleichgewicht charakterisieren. Daher bezeichnet man jede solche Funktion auf der Mannigfaltigkeit Σ, die dem System im Gleichgewicht zuzuordnen ist, als *thermodynamisches Potential*.

Bemerkungen

1. Das Differential (1.34b) ist offensichtlich eine geschlossene Einsform, $d \circ dE = 0$. Wenn das System abgeschlossen ist, dann ist sogar $dE = 0$, als Ausdruck des ersten Hauptsatzes der Thermodynamik. Die drei Summanden in (1.34b), $T \, dS$, $p \, dV$ und $\mu_C \, dN$, sind dagegen i. Allg. keine totalen Differentiale.

2. Spezialfälle der Formel (1.34b) sind
   - $dS = 0$ und $dV = 0$: Hier ist $dE = \mu_C \, dN$, es findet nur Austausch von chemischer Energie statt;
   - $dS = 0$ und $dN = 0$: Hier ist $dE = -p \, dV$, es wird nur mechanische Energie ausgetauscht;
   - $dN = 0$ und $dV = 0$: Jetzt ist $dE = T \, dS$, es wird nur Wärme ausgetauscht.

3. Wie in (1.2) schon vorweggenommen, treten die Zustandsvariablen in *energiekonjugierten Paaren* auf,

   $$(T, S), \quad (p, V) \quad \text{und} \quad (\mu_C, N).$$

   Das Produkt der Partner eines Paares hat die physikalische Dimension (Energie). Die erste eines jeden Paars ist eine *intensive*, die zweite eine *extensive* Größe. Siehe auch die Bemerkung im Anschluss an (1.2).

4. Hat man es mit mehr als einer Sorte Teilchen zu tun, dann verallgemeinert sich die Gibbs'sche Fundamentalform zu

   $$dE = T \, dS - p \, dV + \sum_i \mu_C^i \, dN_i, \tag{1.36}$$

   wo μ_C^i das chemische Potential für die Teilchensorte „i" bezeichnet.

1.6 Kanonische Gesamtheit, Freie Energie

Ein gegebenes thermodynamisches System Σ_1 werde wie in Abb. 1.4 skizziert in ein Wärmebad Σ_0 eingetaucht, dessen Temperatur T ist. Das vereinigte System $\Sigma = \Sigma_0 + \Sigma_1$ sei abgeschlossen. Die Energie E_0 des Wärmebades sei viel größer als die Energie E_1 des Systems Σ_1, so dass die Temperatur T durch Abgabe an oder Aufnahme aus dem eingetauchten System nicht wesentlich geändert wird.

Weiter oben haben wir gelernt, dass es sinnvoll ist, den Phasenraum $\mathbb{P}$ von Σ_1 in Zellen der Größe h^{3N} einzuteilen. Wenn $\varrho(q, p)$ die klassische Wahrscheinlichkeitsdichte ist, dann legt die quantenmechanische Beschreibung es nahe, Mikrozustände zu identifizieren, die in derselben Zelle Z_i liegen. Dies bedeutet, dass man statt $\varrho(q, p)$ besser die Funktion

$$\bar{\varrho}_i(q, p) := \frac{1}{h^{3N}} \iint\limits_{Z_i} \mathrm{d}^{3N}q' \, \mathrm{d}^{3N}p' \, \varrho(q', p') \tag{1.37}$$

verwendet, die die Wahrscheinlichkeit beschreibt, einen Mikrozustand in der Zelle Z_i um den Punkt $(q, p)^T \in \mathbb{P}$ vorzufinden.

Im vorliegenden Fall soll die Wahrscheinlichkeit für einen Mikrozustand von Σ_1 als Funktion von E_1, der Energie des eingetauchten Systems Σ_1, und von T, der Temperatur des Wärmebades Σ_0, bestimmt werden. Eine solche Wahrscheinlichkeit muss zur Anzahl von Mikrozuständen des einbettenden Systems Σ_0 proportional sein, die die Energie $E_0 = E - E_1$ haben, wo E die (konstante) Gesamtenergie des Systems Σ_1 und des Wärmebades Σ_0 ist. Summiert man über alle Mikrozustände von Σ_0, die diese Bedingung erfüllen, entsteht die Wahrscheinlichkeit

$$\varrho_{\text{kan.}} \propto \Omega_0(E_0 = E - E_1, N_0, V_0) \quad \text{d. h.}$$
$$\varrho_{\text{kan.}} \propto \mathrm{e}^{S_0(E_0 = E - E_1, N_0, V_0)/k} \; .$$

Nach Voraussetzung ist $E_1 \ll E$ und man kann daher die Entropie S_0 in der Energievariablen um die Gesamtenergie E entwickeln,

$$S_0(E - E_1, N_0, V_0) \simeq S_0(E, N_0, V_0) - E_1 \left. \frac{\partial S_0}{\partial E_0} \right|_{E_0 = E} + \frac{1}{2} E_1^2 \left. \frac{\partial^2 S_0}{\partial E_0^2} \right|_{E_0 = E} \; .$$

Im ersten Term auf der rechten Seite gilt

$$\left. \frac{\partial S_0}{\partial E_0} \right|_E \simeq \left. \frac{\partial S_0}{\partial E_0} \right|_{E_0} = \frac{1}{T_0} \equiv \frac{1}{T} \; ,$$

während der zweite Term (und alle höheren Terme) von der Ordnung $\mathcal{O}(1/N_0)$ (oder kleiner) und damit vernachlässigbar sind. Auf diese Weise entsteht ein Gewichtungsfaktor

$$\varrho_{\text{kan.}} \propto \mathrm{e}^{-E_1/kT} \equiv \mathrm{e}^{-\beta E_1} \; , \tag{1.38a}$$

$$\text{in dem} \quad \beta := \frac{1}{kT} \tag{1.38b}$$

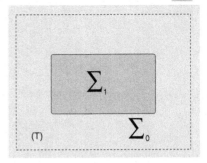

Abb. 1.4. Ein thermodynamisches System Σ_1 wird in ein Wärmebad Σ_0 gesetzt, dessen Temperatur T ist

gesetzt ist, und der *Boltzmann-Faktor* genannt wird. Es geht hier nur um das in das Wärmebad eingetauchte System Σ_1, das Bad selber dient lediglich dazu, die vorgegebene Temperatur T zu definieren und beizubehalten. Da dessen – sehr große – Teilchenzahl nicht weiter interessiert, kann man statt N_1 auch $N \equiv N_1$ schreiben. Außerdem kann man die Energie E_1 von Σ_1 durch die Hamiltonfunktion $H(q, p) = E_1$ ersetzen und erhält somit

$$\varrho_{\text{kan.}}(q, p) = \left(N! h^{3N} Z\right)^{-1} e^{-\beta H(q,p)} . \tag{1.39}$$

In dieser Formel ist Z eine Normierungskonstante, die so bestimmt wird, dass

$$\iint d^{3N}q \ d^{3N}p \ e^{-\beta H(q,p)} = 1 .$$

Definition 1.10 Zustandssumme

Die Zustandssumme, die die Wahrscheinlichkeitsdichte (1.39) auf 1 normiert, ist gegeben durch

$$Z(\beta, N, V) = \frac{1}{N! h^{3N}} \iint d^{3N}q \ d^{3N}p \ e^{-\beta H(q,p)} . \tag{1.40}$$

Eine Gesamtheit, die sich im Gleichgewicht mit einem Wärmebad vorgegebener Temperatur einstellt, heißt *kanonische Gesamtheit*:

Definition 1.11 Kanonische Gesamtheit

Eine kanonische Gesamtheit ist die Menge aller Mikrozustände, die sich bei Vorgabe von Temperatur T, Teilchenzahl N und Volumen V mit der Wahrscheinlichkeitsdichte $\varrho_{\text{kan.}}(q, p)$ einstellt.

Bemerkungen

1. Man beachte, dass in einer *mikrokanonischen* Gesamtheit alle Mikrozustände, die zur selben Energie gehören, gleich wahrscheinlich sind. In der *kanonischen* Gesamtheit dagegen werden sie mit dem Boltzmann-Faktor $e^{-\beta H(q,p)}$, mit $\beta = 1/(kT)$, gewichtet.
2. Die Wahrscheinlichkeit, das kanonische System Σ_1 mit einem vorgegebenen Wert E der Energie vorzufinden, ist

$$\frac{1}{Z}\Omega(E, N, V) e^{-\beta E} = \frac{1}{Z} e^{-\beta E + S(E,N,V)/k} , \tag{1.41}$$

wo E statt E_1 geschrieben ist und $\Omega(E, N, V)$ die Zahl der Zustände mit Energie E ist.

Die Energie der thermodynamischen Systeme, von der bisher die Rede war, wird auch als innere Energie bezeichnet. Im Unterschied dazu definiert man die *freie Energie*:

Definition 1.12   Freie Energie

Die freie Energie ist als Funktion der Temperatur, der Teilchenzahl und des Volumens durch

$$F(T, N, V) := E(T, N, V) - TS(T, N, V) \tag{1.42a}$$

definiert, wobei

$$\frac{1}{T} = \frac{\partial S(E, N, V)}{\partial E} . \tag{1.42b}$$

Die Bedeutung der speziellen Konstruktion in (1.42a) wird klar, wenn man versteht, dass die freie Energie $F(T, N, V)$ aus der Entropie $S(E, N, V)$ durch Legendre-Transformation in der Variablen E zugunsten der Variablen $1/T$ entsteht. Wir gehen weiter unten ausführlicher hierauf ein. Außerdem sieht man leicht, dass die Wahrscheinlichkeit (1.41), das System Σ_1 mit der Energie E_1 vorzufinden, dann am größten ist, wenn die freie Energie $F(E_1, N_1, V_1)$ als Funktion von E_1 ein Minimum annimmt. In der Tat ist dann

$$\frac{\mathrm{d} F}{\mathrm{d} E_1} = 1 - T \frac{\partial S}{\partial E_1} = 0 \quad \text{oder}$$

$$T = \left(\frac{\partial S}{\partial E_1} \right)^{-1} = T_1 .$$

(Es war ja T die Temperatur des Wärmebades, $T_1 = (\partial S/\partial E_1)^{-1}$ die des eingetauchten Systems.)

1.7 Exkurs zur Legendre-Transformation konvexer Funktionen

Der Zusammenhang zwischen der Entropiefunktion $S(E, N, V)$ und der Freien Energie $F(T, N, V)$ ist ein Beispiel für die Anwendung der aus der Mechanik schon bekannten Legendre-Transformation. Diese spielt auch in der Thermodynamik eine wichtige Rolle. Deshalb mag eine kurze Wiederholung, zusammen mit einer harmlosen Verallgemeinerung an dieser Stelle nützlich sein.

Es sei $f(x; u_1, \ldots, u_n)$ eine Funktion, die in der Variablen x mindestens C^2 ist. Diese Variable ist diejenige, in der transformiert werden soll, während u_1 bis u_n eine Art „Zuschauervariablen" sind, die ungeändert von der Ausgangsfunktion zur Bildfunktion mitwandern. Sei

$$z := \frac{\partial f}{\partial x} \quad \text{und sei} \quad \frac{\partial^2 f}{\partial x^2} \neq 0 \quad \text{angenommen.}$$

Die Umkehrfunktion zu $z = \partial f/\partial x$, die aufgrund der letztgenannten Voraussetzung existiert, sei

$$x = g(z; u_1, \ldots, u_n) .$$

Die Legendre-Transformierte von f wird dann wie folgt konstruiert. Es werde

$$(\mathcal{L} f)(x) \equiv F(x, z) := x \frac{\partial f}{\partial x} - f(x; \dots) = xz - f(x; \dots) \tag{1.43a}$$

gesetzt. Ersetzt man in $F(x, z)$ die Variable x durch g, die partielle Ableitung von f nach x durch z, dann ist

$$\mathcal{L} f(z) = g(z; u_1, \dots, u_n) z - f\left(g(z; u_1, \dots); u_1, \dots, u_n\right) \tag{1.43b}$$

die Legendre-Transformierte von $f(x; u_1, \dots, u_n)$. Unter derselben Voraussetzung $\partial^2 f / \partial x^2 \neq 0$ existiert dann auch die Inverse und ist gleich der ursprünglichen Funktion. Es sei

$$\phi(z, x) = \mathcal{L} f(z) = x(z; \dots) z - f\left(x(\dots); \dots\right) \tag{1.44a}$$

gesetzt. Dann ist

$$\mathcal{L} \mathcal{L} f(z; u_1, \dots, u_n) = z \frac{\partial \phi}{\partial z} - \phi = zx - xz + f = f(x; u_1, \dots, u_n) . \tag{1.44b}$$

Die Legendre-Transformation ist bijektiv, bzw., wenn man die Abbildung $f \to \mathcal{L} f$ als sog. $*$-Operation auffasst, ist sie *involutiv*.

Eine geometrische Interpretation der Legendre-Transformation erhält man, wenn man die Graphen der Funktionen $y = f(x; u_1, \dots, u_n)$ und $y = zx$ bei festgehaltenem z vergleicht. Ein Beispiel hierfür ist in Abb. 1.5 gezeigt. Die partielle Ableitung von $F(x, z)$ nach der Variablen x gibt gemäß (1.43a) die Umkehrfunktion $z = \partial f / \partial x$ dort, wo die Ableitung verschwindet

$$\frac{\partial F(x, z)}{\partial x} = 0 \quad \Longrightarrow \quad z = \frac{\partial f(x; u_1, \dots, u_n)}{\partial x} .$$

Dies bedeutet, bei festem Wert von z, dass $x_0 = x(z)$ diejenige Stelle ist, an der die beiden Graphen den größten vertikalen Abstand haben. (Im Beispiel habe ich $f(x) = (1/2) x^2$ und $z = 1$ gewählt. Es ist dann $x_0 = x(z) = 1$.)

Diese geometrische Konstruktion zeigt auch, dass die Funktion nicht überall stetig differenzierbar sein muss. Es genügt, dass sie *stetig*, aber nur *stückweise* stetig differenzierbar ist, wenn sie nur *konvex* ist. Abbildung 1.6 zeigt ein solches Beispiel. In diesem Fall definiert man die Legendre-Transformation über das Supremum

$$\sup_x F(x, z) = \sup_x \left[xz - f(x; u_1, \dots, u_n) \right] \tag{1.45}$$

und bestimmt x als Funktion von z aus dieser Bedingung.

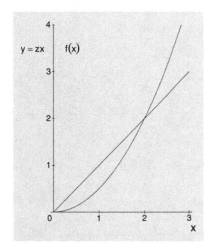

Abb. 1.5. Geometrische Illustration der Legendre-Transformation: Graphen der Funktionen $y = f(x; \dots)$ und $y = zx$ für festes z. Der Punkt $x_0 = x(z)$ ist derjenige Wert der Abszisse, bei dem die beiden Kurven maximalen vertikalen Abstand haben

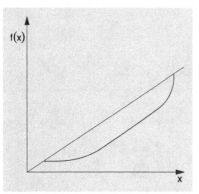

Abb. 1.6. Beispiel für eine stetige, aber nur stückweise stetig differenzierbare Funktion, deren Legendre-Transformierte aus der Bedingung (1.45) gewonnen wird

Definition 1.13 Konvexe Funktionen

1. Eine Funktion $f(x)$, die im Intervall $x \in (x_1, x_2)$ stetig ist, heißt *konvex*, wenn

$$f\big(tx_2 + (1-t)x_1\big) \leq tf(x_2) + (1-t)f(x_1) \tag{1.46}$$

   für alle $t \in (0,1)$ gilt.

2. Wenn die Funktion $f(x)$ sogar stetig differenzierbar ist, dann gilt: Für zwei beliebige, aber verschiedene Punkte $x_a < x_b$ im Intervall (x_1, x_2) heißt die Funktion $f(x)$ konvex, wenn

$$f'(x_a)(x_b - x_a) \leq f(x_b) - f(x_a)\,, \tag{1.47}$$

   d. h. wenn die Tangente an die Kurve $f(x)$ im Punkt x_a eine Steigung hat, die kleiner–gleich der Steigung der Geraden durch $f(x_a)$ und $f(x_b)$ ist.

Bemerkungen

1. Die Verhältnisse in Abb. 1.5 und Abb. 1.6 illustrieren das erste Kriterium: Auf der rechten Seite von (1.46) steht die Gerade, die die Punkte $(x_1, f(x_1))$ und $(x_2, f(x_2))$ verbindet, auf der linken Seite steht der Funktionswert bei $x = tx_2 + (1-t)x_1$, mit $x_1 \leq x \leq x_2$, der ja unterhalb der Geraden liegen soll.

2. Das zweite Kriterium (1.47), das auf den differenzierbaren Fall angewendet werden kann, hat eine stärker lokalisierte Form. Die Äquivalenz zum ersten Kriterium ist leicht einzusehen: Man setze

$$v(t) := tf(x_b) + (1-t)f(x_a) - f\big(tx_b + (1-t)x_a\big)\,,$$
$$w(x_a, x_b) := f(x_b) - f(x_a) - f'(x_a)(x_b - x_a)\,.$$

   Da f konvex ist, ist $v \geq 0$ für alle Paare $x_a \neq x_b$ im Intervall (x_1, x_2). Die Ableitung von $v(t)$ nach t ist

$$\frac{\mathrm{d}\,v(t)}{\mathrm{d}\,t} = f(x_b) - f(x_a) - \frac{\mathrm{d}\,f(tx_b + (1-t)x_a)}{\mathrm{d}\,x} \cdot (x_b - x_a)$$

   und insbesondere ist $\mathrm{d}\,v(t)/\mathrm{d}\,t|_{t=0} = w(x_a, x_b)$. Außerdem gilt $v(t=1) = 0 = v(t=0)$. Da f konvex ist, gilt $v(t) \geq 0$ im Intervall $0 \leq t \leq 1$. Für jede Wahl des Paares (x_a, x_b) gilt dann in der Tat $w(x_a, x_b) = v'(0) \geq 0$.[3]

3. Die thermodynamischen Potentiale werden in ihren Argumenten i. Allg. zwar stetig, aber nicht überall differenzierbar sein. Wenn sie – gemäß dem Kriterium (1.46) – konvexe Funktionen sind, hat die allgemeinere Bedingung (1.45) eine eindeutige Lösung und die Existenz der Legendre-Transformation ist gesichert.

[3] Mehr über diesen Fall der differenzierbaren, konvexen Funktionen und ein weiteres Kriterium für Konvexität findet man z. B. in [Fischer, Kaul 2003, Band 3]

4. Die Legendre-Transformierte von $f(x)$ (man sagt auch die zu $f(x)$ konjugierte Funktion) ist

$$f^*(z; u_1, \ldots, u_n) = \sup_x \left[xz - f(x; u_1, \ldots, u_n) \right] . \tag{1.48}$$

Man zeigt, dass auch diese Funktion konvex ist, wenn f konvex war. Wir sagen später mehr dazu in Abschn. 5.1.1.

5. Klarerweise gelten alle gemachten Aussagen – entsprechend modifiziert – auch für *konkave* Funktionen. Es genügt ja, diese Funktionen zu spiegeln, um daraus konvexe Funktionen zu machen.

Beispiel 1.5   Freie Energie

Geht man von der Entropie als thermodynamischem Potential $S(E, N, V)$ aus und betrachtet die Teilchenzahl und das Volumen als Zuschauervariablen, $u_1 \equiv N$, $u_2 \equiv V$, so wird mit $\partial S/\partial E = 1/T$ durch Auflösen nach E die Energie eine Funktion der Temperatur und der Zuschauer N und V, $E = E(T, N, V)$. Man bildet

$$(\mathcal{L}S)(E) = E \frac{\partial S}{\partial E} - S(E, N, V) \tag{1.49a}$$

$$= E(T, N, V) \frac{1}{T} - S(E(T, N, V), N, V) = \mathcal{L}S(T) . \tag{1.49b}$$

Multipliziert man dieses Ergebnis mit der Temperatur T, so entsteht die freie Energie (1.42a).

Beispiel 1.6   Freie Energie des Idealen Gases

Für das Ideale Gas im Kontakt mit einem Wärmebad ist die Zustandssumme durch

$$Z = \frac{1}{N! h^{3N}} \iint d^{3N}q \, d^{3N}p \, e^{-\beta \sum_{i=1}^{N} p^{(i)2}/(2m)}$$

gegeben, wobei die q-Koordinaten eines jeden Teilchens über das Volumen, die Impulse aber über den ganzen Raum zu integrieren sind. Die erste Gruppe von Integrationen gibt einen Faktor V^N. Für die zweite benutzt man das Integral

$$\int_{-\infty}^{+\infty} dx \, e^{-x^2} = \sqrt{\pi} \quad \text{mit} \quad x = p_k^{(i)} \sqrt{\frac{\beta}{2m}} , \quad k = 1, 2, 3 .$$

Damit erhält man

$$Z = \frac{V^N}{N! h^{3N}} (2\pi m k T)^{3N/2} . \tag{1.50}$$

Die Wahrscheinlichkeit, das kanonische System mit dem Wert E der Energie anzutreffen, ist durch die Formel (1.41) gegeben. Wie wir im Anschluss an (1.42b) bemerkt haben, hat die freie Energie dort ein Minimum. Da das System aus sehr vielen Teilchen besteht, ist die genannte Wahrscheinlichkeit sehr nahe bei dem Wert 1, d. h. man hat $e^{-\beta F}/Z \simeq 1$. Mit der asymptotischen Formel $\ln N! \simeq N(\ln N - 1) + \mathcal{O}(\ln N)$ folgt somit

$$
\begin{aligned}
-\beta F = \ln Z &= N \left\{ \ln V + \frac{3}{2} \ln \left(\frac{2\pi mkT}{h^2} \right) \right\} - \ln N! \\
&= N \left\{ \ln \left(\frac{V}{N} \right) + \frac{3}{2} \ln \left(\frac{2\pi mkT}{h^2} \right) + 1 \right\} + \mathcal{O}(\ln N) .
\end{aligned}
$$

Etwas anders geschrieben lautet die freie Energie damit

$$
F = -kTN \left\{ \ln \left(\frac{V}{N} \right) + \frac{3}{2} \ln \left(\frac{2\pi mkT}{h^2} \right) + 1 \right\} + \mathcal{O}(\ln N) . \tag{1.51}
$$

Daraus lassen sich die Energie und die übrigen Zustandsvariablen berechnen

$$
\begin{aligned}
\langle H \rangle &= \iint d^{3N}q \, d^{3N}p \, \varrho_{\text{kan.}}(q, p) H(q, p) \\
&= \frac{1}{ZN!h^{3N}} \iint d^{3N}q \, d^{3N}p \, H(q, p) e^{-\beta H(q, P)} = -\frac{1}{Z} \frac{\partial Z}{\partial \beta} \\
&= -\frac{\partial}{\partial \beta} \ln Z = \frac{3N}{2} \frac{1}{\beta} = \frac{3}{2} NkT , \tag{1.52a}
\end{aligned}
$$

$$
p = -\frac{\partial F}{\partial V} = \frac{kTN}{V} \quad \text{oder} \quad pV = NkT , \tag{1.52b}
$$

$$
\begin{aligned}
S &= -\frac{\partial F}{\partial T} = kN \left\{ \ln \left(\frac{V}{N} \right) + \frac{3}{2} \ln \left(\frac{2\pi mkT}{h^2} \right) + \frac{5}{2} \right\} \\
&= kN \left\{ \ln \left(\frac{V}{N} \right) + \frac{3}{2} \ln \left(\frac{4\pi mE}{3Nh^2} \right) + \frac{5}{2} \right\} . \tag{1.52c}
\end{aligned}
$$

Die letzte dieser Gleichungen (1.52c) stimmt mit (1.17) überein. Gleichung (1.52a) findet sich in (1.28) wieder, Gleichung (1.52b) in der Formel (1.31).

Beispiel 1.7   Maxwell'sche Geschwindigkeitsverteilung

Man stelle sich ein Gas vor, das aus N identischen Teilchen der Masse m besteht und das im Gleichgewicht mit einem Wärmebad der Temperatur T steht. Die Wechselwirkungen der Teilchen untereinander werde durch ein Potential beschrieben derart, dass die Hamiltonfunktion gleich

$$
H = \sum_{i=1}^{N} \frac{\boldsymbol{p}^{(i)\,2}}{2m} + U(\boldsymbol{q}_1, \dots, \boldsymbol{q}_N)
$$

ist. Man fragt nach der Wahrscheinlichkeit, ein herausgegriffenes Teilchen, z. B. Teilchen 1, mit einem Impulsbetrag $|\boldsymbol{p}_1|$ anzutreffen, der zwischen p und $p + dp$ liegt.

Die Antwort auf diese Frage bekommt man, indem man $\varrho_{\text{kan.}}$ über alle Variablen mit Ausnahme des Betrages $p \equiv |\boldsymbol{p}_1|$ von $\boldsymbol{p}_1$ integriert. Aufgrund von (1.39) und bei Verwendung von sphärischen Kugelkoordinaten ergibt sich

$$\mathrm{d}w(p) = \frac{1}{Z_1} 4\pi \, e^{-\beta p^2/(2m)} \, p^2 \, \mathrm{d}p \tag{1.53a}$$

mit einem Normierungsfaktor, der so bestimmt werden muss, dass $\int \mathrm{d}w(p) = 1$ wird. (Die Variablen q_i sind über das Volumen V zu integrieren. Zusammen mit dem Potential in der Exponentialfunktion gibt $\int \mathrm{d}^{3N}q \cdots$ eine Konstante.) Für den Normierungsfaktor findet man mit $x := p\sqrt{\beta/(2m)} = p(2mkT)^{-1/2}$

$$Z_1 = 4\pi \int\limits_0^\infty p^2 \, \mathrm{d}p \, e^{-\beta p^2/(2m)} = \frac{4\pi(2m)^{3/2}}{\beta^{3/2}} \int\limits_0^\infty x^2 \, \mathrm{d}x \, e^{-x^2}$$

$$= \frac{\pi^{3/2}(2m)^{3/2}}{\beta^{3/2}} = (2\pi mkT)^{3/2} \ . \tag{1.53b}$$

Dieses Resultat ist unabhängig von den Wechselwirkungen, die in dem Potential $U(q_1, \ldots, q_N)$ zusammengefasst sind. Dies gilt auch für den Mittelwert der kinetischen Energie,

$$\langle \boldsymbol{p}^2/(2m) \rangle = \int \mathrm{d}w(p) \frac{\boldsymbol{p}^2}{2m}$$

$$= \frac{4\pi}{2m(2\pi mkT)^{3/2}} \int\limits_0^\infty p^4 \, \mathrm{d}p \, e^{-\beta p^2/(2m)}$$

$$= \frac{4\pi}{\pi^{3/2}} kT \int\limits_0^\infty x^4 \mathrm{d}x \, e^{-x^2} = \frac{3}{2} kT \ . \tag{1.53c}$$

In diesen Formeln wurden die Integrale

$$\int\limits_0^\infty x^2 \, \mathrm{d}x \, e^{-x^2} = \frac{1}{4}\sqrt{\pi} \quad \text{und} \quad \int\limits_0^\infty x^4 \, \mathrm{d}x \, e^{-x^2} = \frac{3}{8}\sqrt{\pi}$$

benutzt, die man mittels partieller Integration aus dem Gauß'schen Integral $\int_{-\infty}^\infty \mathrm{d}x \, e^{-x^2} = \sqrt{\pi}$ gewinnt (s. Band 2, Abschn. 1.3.3, sowie Aufgabe 1.3).

Für den Fall des Idealen Gases, das ja aus nicht wechselwirkenden Teilchen besteht, ist U identisch Null und die Energie ist

$$E = \langle H \rangle = N\frac{3}{2}kT \ .$$

Die Abb. 1.7 zeigt die Maxwell'sche Geschwindigkeitsverteilung in der analytischen Form

$$f(x, T) = \frac{4}{\sqrt{\pi}} \left(\frac{T_0}{T}\right)^{3/2} x^2 e^{-x^2 T_0/T} \tag{1.53d}$$

als Funktion der Variablen $x = p(2mkT_0)^{-1/2}$ und des Verhältnisses T/T_0 der Temperatur zu einer Referenztemperatur T_0, für $T = T_0$, $T = 2T_0$, $T =$

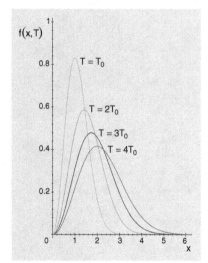

Abb. 1.7. Maxwell'sche Verteilung des Impulsbetrages eines Teilchens in der analytischen Form (1.53d), für vier verschiedene Temperaturen T_0, $2T_0$, $3T_0$ und $4T_0$

$3T_0$ und $T = 4T_0$. Position und Höhe des Maximums sind

$$x_{\max}(T) = \sqrt{\frac{T}{T_0}} \quad \text{und} \quad f(x_{\max}, T) = \frac{4}{e\sqrt{\pi}}\sqrt{\frac{T_0}{T}}.$$

Jede Verteilung ist auf 1 normiert, $\int_0^\infty dx\, f(x, T) = 1$.

Bemerkungen

1. Natürlich ist die Quantenmechanik die „richtige" Theorie, die man der Thermodynamik zugrunde legen muss wann immer mikroskopische oder makroskopische Quanteneffekte wichtig werden. Wenn dem so ist, dann wird die Hamiltonfunktion H durch den Hamiltonoperator $\underline{H}$, die Teilchenzahl N durch den Operator $\underline{N}$ ersetzt, dessen Eigenwerte die Teilchenzahlen sind. Die in der Beschreibung eines klassisch-makroskopischen Systems relevanten Variablen E und N sind dann die Erwartungswerte $E = \langle \underline{H} \rangle$ des Hamiltonoperators bzw. $N = \langle \underline{N} \rangle$ des Teilchenzahloperators.

2. In einer quantenmechanischen Beschreibung muss man die Wahrscheinlichkeitsdichte (1.39) durch

$$\varrho_{\text{kan.}}(E_n) = \frac{1}{Z}e^{-\beta E_n} \quad \text{mit} \quad E_n \in \text{Spec}\,(H) \tag{1.54}$$

ersetzen, wobei die Zustandssumme im Fall eines diskreten Spektrums durch

$$Z(\beta) = \sum_n e^{-\beta E_n} = \text{Sp}\left(e^{-\beta H}\right) \tag{1.55}$$

gegeben ist. Solange ihre Wechselwirkung mit dem Wärmebad schwach ist, kann man mit diesen Formeln auch mikroskopische Systeme, so z. B. einzelne Atome beschreiben.

Klassische Thermodynamik

Dieses Kapitel beginnt mit einer Zusammenstellung der thermodynamischen Potentiale und deren Zusammenhänge, die über Legendre-Transformationen hergestellt werden. Es folgt ein Exkurs zu wichtigen globalen Materialeigenschaften, spezifische Wärmen, Ausdehnungskoeffizienten und andere. Die thermodynamischen Relationen bilden die Basis für die Diskussion von stetigen Zustandsänderungen, die durch den Joule-Thomson-Effekt und das Van der Waals Gas als Modelle illustriert werden, die realistischer als das Ideale Gas sind. Die Diskussion von Kreisprozessen leitet über zu den ersten, zweiten und dritten Hauptsätzen der Thermodynamik. Das Kapitel schließt mit einer Diskussion der Entropie als konkave Funktion der thermodynamischen Variablen.

2.1 Thermodynamische Potentiale

Dieser Abschnitt hat zum Ziel, mit dem Begriff des thermodynamischen Potentials vertrauter zu werden und einige Systematik in die verschiedenen Bestimmungsgleichungen für Zustandsvariablen zu bringen. Schlüssel zu dieser Klärung ist die im vorhergehenden Abschnitt eingeführte Legendre-Transformation in jeweils einer Variablen, mit deren Hilfe man in umkehrbar eindeutiger Weise von einem thermodynamischen Potential zu einem anderen gelangt. Als Beispiel und Ausgangspunkt wählen wir die Energiefunktion $E(S, N, V)$, ausgedrückt durch Entropie, Teilchenzahl und Volumen.

2.1.1 Übergang zur freien Energie

Ein System im Gleichgewicht werde durch das thermodynamische Potential $E(S, N, V)$ beschrieben, wo S die Entropie, N die Teilchenzahl und V das Volumen sind. Wenn diese Funktion in der Variablen S konvex (oder konkav) ist, bildet man

$$T = \frac{\partial E}{\partial S} \tag{2.1a}$$

und löst diese implizite Funktion nach der Entropie auf. Diese wird dadurch eine Funktion von T und den Zuschauervariablen N und V, $S(T, N, V)$.

Durch Legendre-Transformation erhält man die *freie Energie*

$$- F(T, N, V) = TS(T, N, V) - E\left(S(T, N, V), N, V\right), \tag{2.1b}$$

wie sie in (1.42a) definiert war. Die Funktion $F(T, N, V)$ ist ein neues, alternativ verwendbares thermodynamisches Potential. Zusammen mit der Gibbs'schen Fundamentalform (1.34b) ist ihr totales Differential durch

$$\mathrm{d}F = \mathrm{d}E - T\,\mathrm{d}S - S\,\mathrm{d}T = -S\,\mathrm{d}T - p\,\mathrm{d}V + \mu_C\,\mathrm{d}N \tag{2.1c}$$

gegeben, woraus man drei Bestimmungsgleichungen ableitet:

$$\frac{\partial F}{\partial T} = -S\left(E(T, N, V), N, V\right) \equiv -S(T, N, V), \tag{2.2a}$$

$$\frac{\partial F}{\partial V} = -p(T, N, V), \tag{2.2b}$$

$$\frac{\partial F}{\partial N} = \mu_C(T, N, V). \tag{2.2c}$$

Wie in (1.2) vorweggenommen, treten die Zustandsvariablen in energiekonjugierten Paaren auf: die Temperatur T mit der Entropie S, der Druck p mit dem Volumen V, das chemische Potential μ_C mit der Teilchenzahl N. Die jeweils erste ist eine *intensive*, die jeweils zweite eine *extensive* Größe.

2.1.2 Enthalpie und freie Enthalpie

Jetzt betrachte man die Legendre-Transformation, die die Variable V durch den Druck p ersetzt und umgekehrt. Wiederum ausgehend von der Energie $E(S, N, V)$ als thermodynamischem Potential bildet man die partielle Ableitung

$$p = -\frac{\partial E(S, N, V)}{\partial V} \tag{2.3a}$$

und löst diese implizite Gleichung nach $V = V(S, N, p)$ auf. Dies ist in umkehrbar eindeutiger Weise möglich, wenn $E(S, N, V)$ in der Variablen V konvex oder konkav ist. Damit bekommt man die

Definition 2.1   Enthalpie

Gegeben sei die Energie als thermodynamisches Potential $E = E(S, N, V)$. Die implizite Gleichung (2.3a) werde nach dem Volumen V aufgelöst. Dann ist die *Enthalpie* als

$$H(S, N, p) := V(S, N, p)\, p + E\left(S, N, V(S, N, p)\right) \tag{2.3b}$$

definiert. Sie ist eine Funktion der Entropie, der Teilchenzahl und des Drucks.

Das totale Differential von $H(S, N, p)$, die Einsform $\mathrm{d}H$, folgt aus der Definitionsgleichung (2.3b) und durch Einsetzen der Gibbs'schen Fundamentalform (1.34b). Sie lautet

$$\begin{aligned}
\mathrm{d}H &= V\,\mathrm{d}p + p\,\mathrm{d}V + T\,\mathrm{d}S - p\,\mathrm{d}V + \mu_C\,\mathrm{d}N \\
&= T\,\mathrm{d}S + V\,\mathrm{d}p + \mu_C\,\mathrm{d}N.
\end{aligned} \tag{2.3c}$$

Aus dieser Form folgen die Bestimmungsgleichungen

$$\frac{\partial H}{\partial S} = T(S, N, p) \, , \tag{2.4a}$$

$$\frac{\partial H}{\partial p} = V(S, N, p) \, , \tag{2.4b}$$

$$\frac{\partial H}{\partial N} = \mu_C(S, N, p) \, . \tag{2.4c}$$

Sucht man alternativ nach einem thermodynamischen Potential, das von den Variablen T, N und p abhängt, so kann hat man zwei Möglichkeiten in der Wahl der Legendre-Transformation: Entweder geht man von der freien Energie aus und transformiert in V und p,

$$F(T, N, V) \longrightarrow G(T, N, p) \quad \text{mit} \quad p := -\frac{\partial F}{\partial V} \, , \tag{2.5a}$$

oder man verwendet die Enthalpie (2.3b) und transformiert in S und T,

$$H(S, N, p) \longrightarrow G(T, N, p) \quad \text{mit} \quad T := -\frac{\partial H}{\partial S} \, . \tag{2.5b}$$

Auf beiden Wegen erhält man die

Definition 2.2 Freie Enthalpie

Die *freie Enthalpie* ist ein thermodynamisches Potential, das von den Zustandsvariablen Temperatur T, Teilchenzahl N und Druck p abhängt;

$$G(T, N, p) := E(T, N, p) - TS + pV \, . \tag{2.5c}$$

Das Potential $E(S, N, V)$, von dem wir ausgegangen waren, ist dabei zweifach Legendre-transformiert worden, so dass S durch T, V durch p ersetzt werden. (Mit der Sorglosigkeit des Physikers verwendet man dasselbe Funktionssymbol!) Das totale Differential von $G(T, N, p)$ berechnet man wie oben unter Verwendung der Gibbs'schen Fundamentalform (1.34b) für dE

$$\begin{aligned} dG &= dE - T\, dS - S\, dT + p\, dV + V\, dp \\ &= -S\, dT + V\, dp + \mu_C\, dN \, . \end{aligned} \tag{2.5d}$$

Hieraus erhält man die Bestimmungsgleichungen

$$\frac{\partial G}{\partial T} = -S \, , \tag{2.6a}$$

$$\frac{\partial G}{\partial p} = V \, , \tag{2.6b}$$

$$\frac{\partial G}{\partial N} = \mu_C \, . \tag{2.6c}$$

Die jeweils beiden anderen Variablen sind festgehalten.

2.1.3 Großkanonisches Potential

Ein weiteres thermodynamisches Potential wird erforderlich, wenn die Zustandsvariablen die Temperatur T, das chemische Potential μ_C und das Volumen V sein sollen. Dazu genügt es – vorausgesetzt die freie Energie ist konvex bzw. konkav – die Legendre-Transformation

$$N \mapsto \mu_C \,:\, F(T, N, V) \longrightarrow K(T, \mu_C, V)$$

durchzuführen, bei der

$$\mu_C = \frac{\partial F}{\partial N} \,, \tag{2.7a}$$

$$K(T, \mu_C, V) := E\left(T, N(T, \mu_C, V), V\right) - TS - \mu_C N \tag{2.7b}$$

gesetzt werden, deren erste nach N aufgelöst wird. (Die etwas komplizierte Schreibweise des zweiten Arguments in der Energie soll darauf hinweisen, dass man die gewünschte Funktion $E(T, \mu_C, V)$ durch zweimalige Transformation aus $E(S, N, V)$, über $S \mapsto T$ (in der freien Energie) und $N \mapsto \mu_C$ (wie oben), gewonnen hat.)

Auch hier bildet man die Einsform

$$
\begin{aligned}
\mathrm{d}K &= (T\,\mathrm{d}S - p\,\mathrm{d}V + \mu_C\,\mathrm{d}N) - T\,\mathrm{d}S - S\,\mathrm{d}T - \mu_C\,\mathrm{d}N - N\,\mathrm{d}\mu_C \\
&= -p\,\mathrm{d}V - S\,\mathrm{d}T - N\,\mathrm{d}\mu_C \,,
\end{aligned}
\tag{2.7c}
$$

aus der die Bestimmungsgleichungen folgen:

$$\frac{\partial K}{\partial V} = -p \,, \tag{2.8a}$$

$$\frac{\partial K}{\partial T} = -S \,, \tag{2.8b}$$

$$\frac{\partial K}{\partial \mu_C} = -N \,. \tag{2.8c}$$

Hier handelt es sich somit um ein System, in dem die Temperatur, das chemische Potential und das Volumen festgehalten werden. Das System kann aber Energie und/oder Teilchen mit seiner Umgebung austauschen.

Jetzt lässt sich die *großkanonische Gesamtheit* präzise definieren

---

Definition 2.3   Großkanonische Gesamtheit

Eine großkanonische Gesamtheit ist die Menge der Mikrozustände im Phasenraum, die zum selben Makrozustand mit gegebenen Werten der Temperatur T, des chemischen Potentials μ_C und des Volumens V gehören.

Wie im Fall der kanonischen Gesamtheit, Abschn. 1.6, stellen wir uns ein thermodynamisches System Σ_1 vor, das in ein großes Wärmebad Σ_0 mit Energie E_0 und Teilchenzahl N_0 eingetaucht ist. Die Temperatur T_0 und das chemische Potential μ_C^0 des Bades sind vorgegeben. Das eingetauchte System kann Energie und Teilchen mit dem Bad austauschen, die

Gesamtenergie und die gesamte Teilchenzahl sind aber fest. In Analogie zur kanonischen Gesamtheit gilt hier

$$\varrho_{\text{großkan.}} \propto \Omega_2 \left(E_2 = E_0 - E_1, N_2 = N_0 - N_1, V_1 \right) \quad \text{d. h.}$$
$$\varrho_{\text{großkan.}} \propto e^{S_2(E_2 = E_0 - E_1, N_2 = N_0 - N_1, V_1)/k} .$$

Entwickelt man wie dort in der Energie und in der Teilchenzahl um die Werte E_0 bzw. N_0,

$$S_2(E_2, N_2, V_1) \simeq S_2(E_0, N_0, V_1) - E_1 \left. \frac{\partial S_2}{\partial E_2} \right|_{E_0} - N_1 \left. \frac{\partial S_2}{\partial N_2} \right|_{N_0} ,$$

und benutzt die Bestimmungsgleichungen

$$\frac{\partial S}{\partial E} = \frac{1}{T} , \qquad \frac{\partial S}{\partial N} = -\frac{\mu_C}{T} ,$$

dann ist

$$S_2(E_2, N_2, V_1) \simeq S_2(E_0, N_0, V_1) - \frac{E_1}{T_0} + \frac{N_1 \mu_C^0}{T_0} .$$

Die Wahrscheinlichkeit, das eingetauchte System mit der Energie E_1 und der Teilchenzahl N_1 vorzufinden, ist

$$
\begin{aligned}
w &= \frac{1}{Z} \Omega_1(E_1, N_1, V_1) e^{-\beta(E_1 - \mu_0 N_1)} \\
&= \frac{1}{Z} e^{S(E_1, N_1, V_1)/k} e^{-\beta(E_1 - \mu_C^0 N_1)} \\
&= \frac{1}{Z} e^{-\beta(E_1 - T_0 S_1 - \mu_C^0 N_1)} \quad \text{mit} \quad \beta = \frac{1}{kT_0} .
\end{aligned}
$$

Diese Wahrscheinlichkeit wird maximal, wenn das großkanonische Potential (2.7b) in den Variablen E_1 und N_1 minimal wird. Dies ist dann der Fall, wenn

$$\frac{\partial K(E_1, \mu_C^1, V_1)}{\partial E_1} = 1 - T_0 \frac{\partial S_1}{\partial E_1} = 0 \quad \text{und}$$
$$\frac{\partial K}{\partial N_1} = -\mu_C^0 - T_0 \frac{\partial S_1}{\partial N_1} = 0$$

gelten. Setzt man für die partielle Ableitung auf der rechten Seite der ersten Gleichung die Definition (1.26), für die auf der rechten Seite der zweiten Gleichung die Definition (1.32c) ein, so folgen die Bedingungen

$$1 - \frac{T_0}{T_1} = 0 \quad \text{und} \quad -\mu_C^0 + T_0 \frac{\mu_C^1}{T_1} = 0$$

und daraus

$$T_1 = T_0 , \qquad \mu_C^1 = \mu_C^0 . \tag{2.9}$$

Das eintauchende System nimmt die Temperatur und das chemische Potential des Wärmebades an.

In Analogie zur Definition 1.10 definiert man die Zustandssumme der
großkanonischen Gesamtheit

$$Y(T, \mu_C, V) = \sum_{N=0}^{\infty} \frac{1}{N! h^{3N}} \iint d^{3N}q \, d^{3N}p \; e^{-\beta(H(q,p) - \mu_C N)} \tag{2.10}$$

und erhält somit

$$\varrho_{\text{großkan.}}(q, p) = \frac{1}{Y N! h^{3N}} e^{-\beta(H(q,p) - \mu_C N)} \; . \tag{2.11}$$

Bemerkungen

1. Man kann jetzt die kanonischen und die großkanonischen Gesamtheiten
   wie folgt vergleichen:
   In der *kanonischen Gesamtheit* fragt man nach der Wahrscheinlichkeit,
   dass das eintauchende System Σ_1 die Energie E annimmt. Da hier bei
   sehr großen Teilchenzahlen ein scharfes Maximum vorliegt, muss genähert

$$\frac{1}{Z} e^{-\beta F(T,N,V)} \simeq 1$$

   gelten. Daraus schließt man, dass man in sehr guter Näherung

$$Z = e^{-\beta F(T,N,V)} \quad \text{oder} \quad -\beta F(T, N, V) = \ln Z(T, N, V) \tag{2.12}$$

   setzen kann.
   In der *großkanonischen Gesamtheit* fragt man nach der Wahrscheinlichkeit das System Σ_1 mit der Energie E und dem chemischen Potential μ_C vorzufinden. Man hat daher

$$\frac{1}{Y} e^{-\beta K(T,\mu_C,V)} \simeq 1$$

   – wiederum in sehr guter Näherung – und daraus

$$Y = e^{-\beta K(T,\mu_C,V)} \quad \text{oder} \quad -\beta K(T, \mu_C, V) = \ln Y(T, \mu_C, V) \; . \tag{2.13}$$

2. In einer quantenmechanischen Beschreibung wird die Hamiltonfunktion
   durch den Hamiltonoperator $\underline{H}$, die Teilchenzahl durch den entsprechenden Operator $\underline{N}$ ersetzt. Für die kanonische Gesamtheit gilt dann

$$Z = \sum_n e^{-\beta E_n} = \text{Sp}\left(e^{-\beta \underline{H}}\right) \; , \tag{2.14}$$

   wo Sp die Spur der Matrix $e^{-\beta \underline{H}}$ ist.
   Für die großkanonische Gesamtheit gilt

$$Y = \sum_n e^{-\alpha N_n - \beta E_n} = \text{Sp}\left(e^{-\alpha \underline{N} - \beta \underline{H}}\right) = \text{Sp}\left(e^{-\beta(\underline{H} - \mu_C \underline{N})}\right) \; . \tag{2.15}$$

   In diesen Formeln ist

$$\beta = \frac{1}{kT} \; , \qquad \alpha = -\frac{\mu_C}{kT} = -\beta \mu_C \; .$$

In beiden Fällen ist der Einfachheit halber vorausgesetzt, dass das Eigenwertspektrum des Hamiltonoperators rein diskret ist.

3. Welches der bisher eingeführten thermodynamischen Potentiale verwendet werden muss, hängt von den makroskopischen Vorgaben an das betrachtete System ab. Die Variablen, von denen die Potentiale $S(E, N, V)$, $F(T, N, V)$, $H(S, N, p)$, $G(T, N, p)$ oder $K(T, \mu_C, V)$ abhängen, legen fest, welche Darstellung man benutzen muss. Der Übergang zwischen ihnen wird durch Legendre-Transformation festgelegt.

2.2 Materialeigenschaften

Der Gleichgewichtszustand eines makroskopischen Systems wird mit drei Zustandsvariablen beschrieben, von denen je eine aus den energiekonjugierten Paaren

$$(T, S) , \quad (p, V) , \quad (\mu_C, N) \tag{2.16}$$

entnommen wird. Das System selbst ist in seinem makroskopischen Verhalten außerdem durch gewisse *Materialgrößen* charakterisierbar, die messbar sind und die mit den thermodynamischen Potentialen zusammenhängen. Besonders wichtig sind die spezifischen Wärmen.

Definition 2.4 Spezifische Wärmen

Die spezifische Wärme ist die Wärmeenergie $T \, dS$, die dem System zugeführt werden muss, um seine Temperatur um den Betrag dT zu erhöhen. Dabei unterscheidet man die beiden folgenden Fälle:

(a) Falls die Teilchenzahl und das Volumen des Systems konstant bleiben sollen, so definiert man

$$C_V := T \frac{\partial S(T, N, V)}{\partial T} = -T \frac{\partial^2 F(T, N, V)}{\partial T^2} . \tag{2.17a}$$

Hierbei ist im zweiten Schritt (2.2a) eingesetzt.

(b) Falls die Teilchenzahl und der Druck konstant sein sollen, so definiert man

$$C_p := T \frac{\partial S(T, N, p)}{\partial T} = -T \frac{\partial^2 G(T, N, p)}{\partial T^2} . \tag{2.17b}$$

Im zweiten Schritt ist hier (2.6a) benutzt.

Wenn N und V konstant gehalten werden, dann folgt aus (2.1b) und aus (2.2a)

$$-S = \frac{\partial F}{\partial T} = -T \frac{\partial S}{\partial T} + \frac{\partial E(T, N, V)}{\partial T} .$$

Dies gibt

$$C_V = \frac{\partial E(T, N, V)}{\partial T} . \tag{2.18}$$

Wenn aber $dV = 0$ und $dN = 0$ sein sollen, dann gibt die Gibbs'sche Fundamentalform (1.34b) $dE = T\,dS$ und man findet wieder

$$C_V = T \frac{\partial S(T, N, V)}{\partial T} \; .$$

Ganz ähnlich geht man im Fall ($dV = 0$, $dp = 0$) von der freien Enthalpie (2.5c) aus und berechnet

$$\frac{\partial G}{\partial T} = \frac{\partial}{\partial T}(E + pV) - S - T\frac{\partial S}{\partial T} \; .$$

Die linke Seite hiervon ist $-S$, der dritte Term der rechten Seite ist die spezifische Wärme C_p. Man erhält somit die Beziehung

$$C_p = \frac{\partial}{\partial T}(E + pV) \; . \tag{2.19}$$

Weitere Materialgrößen sind die isotherme Kompressibilität und der isobare Ausdehnungskoeffizient, die wie folgt definiert sind:

Definition 2.5 Isotherme Kompressibilität

Die *isotherme Kompressibilität* ist durch

$$\kappa_T := -\frac{1}{V} \left.\frac{\partial V(T, N, p)}{\partial p}\right|_T = -\frac{1}{V} \left.\frac{\partial^2 G(T, N, p)}{\partial p^2}\right|_T \tag{2.20}$$

gegeben. In einem zweiten Schritt ist sie mittels der Relation (2.6b) durch die freie Enthalpie G ausgedrückt.

Definition 2.6 Isobarer Ausdehnungskoeffizient

Der *isobare Ausdehnungskoeffizient*, auch Koeffizient der thermischen Ausdehnung genannt, ist durch

$$\alpha := \frac{1}{V} \left.\frac{\partial V(T, N, p)}{\partial T}\right|_p = \frac{1}{V} \left.\frac{\partial^2 G(T, N, p)}{\partial p \partial T}\right|_p \tag{2.21}$$

definiert. Im zweiten Schritt ist wieder die Relation (2.6b) für die freie Enthalpie verwendet.

Obwohl diese Information bereits in (2.20) enthalten ist, macht die Formel noch einmal gesondert deutlich, dass die Temperatur konstant gehalten wird. Eine analoge Bemerkung gilt für (2.21) im Hinblick auf den Druck.

Beispiel 2.1 Ideales Gas

Die eben eingeführten Materialgrößen lassen sich am Idealen Gas einfach und schön illustrieren. Man geht von den in Abschn. 1.1 bewiesenen Formeln (1.28) und (1.31) aus,

$$E = \frac{3}{2}NkT \; , \qquad pV = kNT \; .$$

Aus (2.18) und aus (2.19) folgen die Formeln

$$C_V = \frac{3}{2} Nk \,, \quad C_p = \frac{5}{2} Nk \,, \quad C_p - C_V = Nk \,. \tag{2.22a}$$

Mit $V = NkT/p$ lassen sich die isotherme Kompressibilität und der isobare Ausdehungskoeffizient ausrechnen. Die Definitionen (2.20) und (2.21) geben für das Ideale Gas

$$\kappa_T = \frac{NkT}{Vp^2} = \frac{1}{p} \,, \quad \text{bzw.} \quad \alpha = \frac{Nk}{Vp} = \frac{1}{T} \,. \tag{2.22b}$$

Bemerkenswert ist, dass hier

$$\frac{TV\alpha^2}{\kappa_T} = \frac{TNkT(1/T^2)}{p(1/p)} = Nk \,,$$

d. h. gleich $C_p - C_V$ ist. Tatsächlich zeigen wir in einer Übung weiter unten, dass dies eine Relation ist, die allgemein gilt,

$$C_p - C_V = \frac{TV\alpha^2}{\kappa_T} \,, \tag{2.23}$$

nicht nur für das Ideale Gas.

Bemerkungen

1. Es ist üblich, die spezifischen Wärmen auf ein Mol zu beziehen. Dann ist

$$N_0 = 6,0221415(10) \cdot 10^{23} \, \text{mol}^{-1} \,, \tag{2.24a}$$
$$R = kN_0 = 8,3144727 \, \text{JK}^{-1}\text{mol}^{-1} \,. \tag{2.24b}$$

   Die erste dieser Zahlen ist die Avogadro-Loschmidt'sche Zahl, die zweite wird Gaskonstante genannt. Die spezifischen Wärmen, wenn sie für ein Mol angegeben werden, werden mit kleinen Buchstaben, c_V und c_p, bezeichnet. Im Beispiel des Idealen Gases gilt dann

$$c_V = \frac{3}{2} R \,, \quad c_p = \frac{5}{2} R \quad \text{und} \quad c_p - c_V = R \,. \tag{2.25a}$$

2. Es ist instruktiv das Volumen zu berechnen, das ein Mol eines Idealen Gases einnimmt. Es ist

$$V_0 = N_0 k = 22,414 \cdot 10^{-3} \, \text{m}^3\text{mol}^{-1} \,.$$

   Dies gilt bei der Temperatur $T = 273,15 \, \text{K}$ und beim Druck $p = 101\,325 \, \text{Pa}$ (d. h. bei 1 atm).

3. Wenn immer ein Mol einer Substanz betrachtet wird, wollen wir im Folgenden die Bezeichnungen c_V, c_p und V_0 verwenden. Für das Ideale Gas lauten die Relationen (1.28) und (1.31) dann

$$E = \frac{3}{2} RT \quad \text{und} \quad pV_0 = RT \,. \tag{2.25b}$$

2.3 Einige thermodynamische Relationen

Zunächst ergänze ich die Materialeigenschaften um eine weitere Definition, die sich an die Definition 2.5 anschließt: Anstelle der Temperatur kann man auch verlangen, dass die Entropie konstant bleiben soll. Diese Forderung führt zur *adiabatischen Kompressibilität*

$$\kappa_S = -\frac{1}{V} \left. \frac{\partial V(T, N, p)}{\partial p} \right|_S . \tag{2.26}$$

Fassen wir den bisher erreichten Stand der Beschreibung von thermodynamischen Systemen in Form einer Übersicht zusammen, so hat man

Tab. 2.1. Wichtige Gesamtheiten der Thermodynamik

Gesamtheit	Potential
mikrokanonisch	$S(E, N, V) = k \ln \Omega(E, N, V)$
kanonisch	$F(T, N, V) = -kT \ln Z(T, N, V)$
großkanonisch	$K(T, \mu_C, V) = -kT \ln Y(T, \mu_C, V)$

Die Funktion Ω für die mikrokanonische Gesamtheit ist in (1.10) definiert, die Zustandssumme Z der kanonischen in (1.40) und die Zustandssumme der großkanonischen Gesamtheit in (2.10). Etwas ausführlicher sind die thermodynamischen Potentiale, die jeweils relevanten Zustandsvariablen, die Gibbs'sche Fundamentalform und ihre Analoga in der folgenden Übersicht eingetragen:

Tab. 2.2. Thermodynamische Potentiale: Energie E, Freie Energie F, Enthalpie H, Freie Enthalpie G und Großkanonisches Potential K

Potential	Variablen	Differentialbeziehung
E	(S, N, V)	$dE = T\,dS - p\,dV + \mu_C\,dN$
$F = E - TS$	(T, N, V)	$dF = -S\,dT - p\,dV + \mu_C\,dN$
$H = E + pV$	(S, N, p)	$dH = T\,dS + V\,dp + \mu_C\,dN$
$G = E - TS + pV$	(T, N, p)	$dG = -S\,dT + V\,dp + \mu_C\,dN$
$K = E - TS - \mu_C N$	(T, μ_C, V)	$dK = -S\,dT - p\,dV - N\,d\mu_C$

Die Materialgrößen (2.17a), (2.17b), (2.20), (2.21) und (2.26) sind alle proportional zu partiellen Ableitungen nach den Zustandsvariablen Druck, Temperatur und Volumen. Außerdem gibt es Querverbindungen über thermodynamische Potentiale wie zum Beispiel

$$\left. \left(\frac{\partial S}{\partial p} \right) \right|_T = -\frac{\partial^2 G}{\partial p \partial T} = - \left. \left(\frac{\partial V}{\partial T} \right) \right|_p ,$$

die aus der Definition 2.2, Gleichung (2.5c), folgt. Verwendet man die Jacobi-Determinante für zwei Funktionen von zwei Variablen

$$\frac{\partial\,(u(x,y),\,v(x,y))}{\partial(x,y)} = \det \begin{pmatrix} \partial u/\partial x & \partial u/\partial y \\ \partial v/\partial x & \partial v/\partial y \end{pmatrix}$$

$$= \frac{\partial u(x,y)}{\partial x}\frac{\partial v(x,y)}{\partial y} - \frac{\partial u(x,y)}{\partial y}\frac{\partial v(x,y)}{\partial x}\,,\qquad (2.27)$$

dann kann man beispielsweise die spezifischen Wärmen wie folgt schreiben

$$c_p = T\frac{\partial\,(S,\,p)}{\partial(T,\,p)}\,,\qquad c_V = T\frac{\partial\,(S,\,V)}{\partial(T,\,V)}\,.$$

Man beweist auf diese Weise die allgemeinen Relationen zwischen den spezifischen Wärmen c_p und c_V, den Kompressibilitäten κ_T und κ_S und dem isobaren Ausdehnungskoeffizienten α

$$\frac{c_p}{c_V} = \frac{\kappa_T}{\kappa_S}\,,\qquad\qquad\qquad (2.28a)$$

$$c_p - c_V = V_0 T\frac{\alpha^2}{\kappa_T}\,.\qquad\qquad (2.28b)$$

Der Beweis dieser Formeln ist Inhalt der Aufgabe 2.9.

2.4 Stetige Zustandsänderungen: Erste Beispiele

In der Thermodynamik unterscheidet man *stetige* Zustandsänderungen eines gegebenen Systems Σ, bei denen sich die Werte der Zustandsvariablen zwar verändern, das System aber wesensgleich bleibt, von solchen, bei denen das System in einen anderen Aggregatzustand übergeht. Ein Beispiel für den erstgenannten Typus gibt die Expansion eines isolierten Gases in ein größeres Volumen. Ein Beispiel für den zweiten Typus ist der Wechsel von Eis zu Wasser, oder von Wasser zu Dampf. Die stetigen Zustandsänderungen nennt man *Prozesse*, die unstetigen nennt man *Phasenübergänge*. In diesem Abschnitt ist zunächst nur von *Prozessen* die Rede, d. h. von Zustandsänderungen, in denen die Zustandsgrößen stetige Funktionen sind.

Die Teilchenzahl des Systems Σ sei fest vorgegeben. Der Prozess heißt

- *isotherm*, wenn die Temperatur konstant bleibt, $T = \text{const}$.
- *isobar*, wenn der Druck konstant bleibt, $p = \text{const}$.
- *isochor*, wenn das Volumen konstant bleibt, $V = \text{const}$.
- *isentropisch*, wenn die Entropie konstant bleibt, $S = \text{const}$.
- *isoenergetisch*, wenn die Energie konstant bleibt, $E = \text{const}$.

So ist zum Beispiel ein isothermer Prozess mit einem Idealen Gas wegen der Beziehung (1.28) zugleich ein isoenergetischer.

Führt man am gegebenen System Σ einen Prozess aus, so kann seine Entropie S unverändert bleiben, zu- oder abnehmen. Im zweiten Fall muss man unterscheiden, ob die Entropieänderung *innerhalb* des Systems entsteht, oder aber durch Austausch mit seiner Umgebung. Wir unterscheiden diese Möglichkeiten durch die Bezeichnungsweise $d_i S$ (mit „i" für „innere") und $d_a S$ (mit „a" für „äußere"). Wichtig ist dabei auch die folgende Nomenklatur:

Definition 2.7   Entropieänderung in Prozessen

Prozesse, bei denen $d_i S = 0$ ist, heißen *reversibel,* solche mit $d_i S > 0$ heißen *irreversibel.*
Ändert sich die Entropie durch Austausch mit der Umgebung, so werden Prozesse, bei denen $d_a S = 0$ ist, *adiabatisch,* solche mit $d_a S \neq 0$ *nichtadiabatisch* genannt.

Beispiel 2.2   System im Wärmebad

In Abb. 2.1 ist ein Gefäß Σ dargestellt, das mit einem Idealen Gas bei den momentanen Werten T der Temperatur, p des Drucks und V des Volumens gefüllt ist und das in ein großes Wärmebad eingetaucht ist. Der Druck p im System ist vom Druck p' seiner Umgebung verschieden, das System ist aber mit einem beweglichen Kolben ausgestattet, so dass es so lange expandieren oder kontrahieren kann, bis Innen- und Außendruck gleich sind. Der Druckunterschied soll so klein sein, dass das System jederzeit im Gleichgewicht ist. Falls $p' < p$, so expandiert das System. Es ändert dabei seine Energie gemäß

$$\Delta E = - \int_{V_1}^{V_2} dV \, p = -NkT \int_{V_1}^{V_2} dV \, \frac{1}{V} = -NkT \ln\left(\frac{V_2}{V_1}\right) \, .$$

Da $V_2 > V_1$ ist, hat man $\Delta E < 0$. Das System leistet mechanische Arbeit indem es den Kolben in der Abbildung nach oben verschiebt. Das Wärmebad sorgt aber dafür, dass die Temperatur und damit auch die Energie konstant bleiben. Dies bedeutet, dass dem System die Wärmemenge

$$Q = \int_{S_1}^{S_2} dS \, T = T(S_2 - S_1) = NkT \ln\left(\frac{V_2}{V_1}\right) \equiv T\Delta S$$

zugeführt wird. Der letzte Schritt dieser Gleichungen folgt aus (1.27); $S(E, N, V) = Nk \ln V + \cdots$, wo die Punkte für Terme stehen, die nicht von V abhängen.

Falls der Außendruck größer als der Innendruck ist, $p' > p$, so wird der Kolben im Bild nach unten bewegt, die Arbeit, die er leistet, ist positiv, $\Delta E > 0$. Die Wärmemenge Q wird jetzt dem System entzogen und an das Bad abgegeben. In beiden Fällen ist der Austausch von mechanischer Energie korreliert mit einer Zu- oder Abfuhr von Wärme über die Änderung der Entropie und des Volumens. Dieser Prozess ist reversibel, aber nicht adiabatisch.

In anderen, allgemeineren Fällen als dem eben betrachteten Beispiel regelt die Gibbs'sche Fundamentalform den Austausch von Energie des

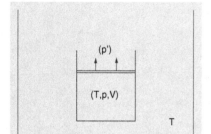

Abb. 2.1. Ein System Σ mit den Zustandsvariablen T, p und V ist in ein Wärmebad der Temperatur T eingetaucht, in dem ein von p etwas verschiedener Druck p' herrscht. Als Abschluss des Systems nach oben dient ein Kolben, der sich verschiebt bis $p = p'$ ist

Systems Σ mit seiner Umgebung oder innerhalb seiner selbst,

$$dE = T\,dS - p\,dV + \mu_C\,dN\,.$$

Der erste Term $T\,dS$ beschreibt den Austausch von Wärme, der zweite $-p\,dV$ den Austausch mechanischer Arbeit, der dritte $\mu_C\,dN$ den Austausch von chemischer Energie. Als Beispiel für den Austausch von Entropie innerhalb eines Systems selbst stelle man sich ein isoliertes Gas vor, das in ein vergrößertes Volumen expandiert. In diesem Fall ist $d_i S > 0$, aber $d_a S = 0$. Ein solcher Prozess ist irreversibel und adiabatisch.

Beispiel 2.3   Reversibel-adiabatische Expansion

Ein Ideales Gas soll reversibel und adiabatisch expandieren. Da $dS = 0$ und auch $dN = 0$ vorausgesetzt sind, gilt hier

$$dE = -p\,dV = -NkT\frac{dV}{V}\,, \tag{2.29a}$$

$$dE = \frac{3}{2}Nk\,dT \tag{2.29b}$$

Hieraus schließt man:

$$\frac{3}{2}\frac{dT}{T} + \frac{dV}{V} = 0 \quad \text{oder} \quad d\ln\left(T^{3/2}V\right) = 0\,.$$

Als wichtiges Ergebnis erhält man die Relation

$$T^{3/2}V = \text{const.} \tag{2.30a}$$

Setzt man hier noch die Beziehung (1.31), $pV = kNT$, für das Ideale Gas ein, so nimmt sie die alternative Gestalt

$$pV^{5/3} = \text{const.} \tag{2.30b}$$

an. Die durch diese Gleichung beschriebenen Kurven heißen *Adiabaten* und sind in Abb. 2.2 illustriert. Man vergleiche sie mit den in Abb. 1.2 gezeigten Isothermen!

Beispiel 2.4   Joule-Thomson-Prozess

Dieser Prozess besteht in folgender idealisierten Anordnung: Die zwei Kammern der Abb. 2.3 sind durch eine Drossel getrennt und jede von ihnen ist mit einem beweglichen Kolben versehen. Ein Gas oder eine Flüssigkeit, das oder die sich in der linken Kammer der Abbildung im Volumen V_1 und mit dem Druck p_1 befindet, wird durch die Drossel in die rechte Kammer gedrückt, in der der Druck p_2 herrscht. Die Kolben werden dabei so bewegt, dass die Drücke p_1 und p_2 konstant bleiben. Außerdem soll das ganze System thermisch isoliert sein. Die Temperatur in der linken Kammer sei vorgegeben, die in der rechten Kammer werde gemessen. Bei der gedrosselten Entspannung von (V_1, p_1) zu (V_2, p_2) wird die Arbeit $A = p_1 V_1 - p_2 V_2$ geleistet. Da das System thermisch isoliert ist, ist dies zugleich die Änderung der inneren Energie, $\Delta E = A$. Die Enthalpie (2.3b) bleibt daher ungeändert, $H_1 = H_2$.

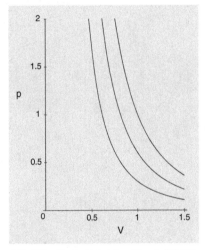

Abb. 2.2. Drei Beispiele für Adiabaten, (2.30b), bei reversibel-adiabatischer Expansion eines ideales Gases

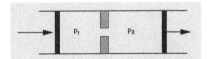

Abb. 2.3. Gedrosselte Entspannung (Joule-Thomson-Effekt): Ein Gas oder eine Flüssigkeit wird durch die Drossel in der Mitte solcherart von der linken in die rechte Kammer gedrückt, dass die Drücke $p_1 > p_2$ konstant bleiben. Wenn die Temperatur in der linken Kammer vorgegeben ist, steigt oder fällt die Temperatur in der rechten?

Man berechnet jetzt die mit diesem Prozess verbundene Änderung der Temperatur. Es ist

$$\mathrm{d}T = \left(\frac{\partial T}{\partial p}\right)_H \mathrm{d}p = -\frac{(\partial H/\partial p)_T}{(\partial H/\partial T)_p} \mathrm{d}p \ . \tag{2.31}$$

Die zweite Gleichung ist eine einfache Konsequenz der Formel für das Produkt zweier Jacobi-Determinanten,

$$\frac{\partial(x, z)}{\partial(y, z)} = \frac{\partial(x, z)}{\partial(x, y)} \frac{\partial(x, y)}{\partial(y, z)} \ ,$$

die die Relation

$$\left.\frac{\partial x}{\partial y}\right|_z = - \left.\frac{\partial z}{\partial y}\right|_x \left.\frac{\partial x}{\partial z}\right|_y$$

ergibt. Der Nenner der rechten Seite von (2.31) ist aufgrund der Differentialbedingung (2.3c), und bezogen auf ein Mol des Gases (oder der Flüssigkeit)

$$\left.\frac{\partial H}{\partial T}\right|_p = T\frac{\partial S}{\partial T} = c_p \ .$$

Der Zähler lässt sich ebenfalls aus (2.3c) und mithilfe von (2.6a) und (2.6b) berechnen, aus denen man schließt, dass

$$\frac{\partial V}{\partial T} = \frac{\partial^2 G(T, N, p)}{\partial T \partial p} = -\frac{\partial S}{\partial p}$$

gilt und dass somit

$$\left(\frac{\partial H}{\partial p}\right)_T = V + T\left(\frac{\partial S}{\partial p}\right)_T = V - T\left(\frac{\partial V}{\partial T}\right)_p \ .$$

Damit und mit (2.21) erhält man das Ergebnis

$$\mu_{\mathrm{JT}} := \left(\frac{\partial T}{\partial p}\right)_H = \frac{1}{c_p}\left[T\left(\frac{\partial V}{\partial T}\right)_p - V\right] = \frac{V_0}{c_p}\left[T\alpha - 1\right] \ . \tag{2.32}$$

Die Zu- oder Abnahme der Temperatur hängt also mit der spezifischen Wärme c_p und mit dem isobaren Ausdehnungskoeffizienten zusammen. Die Größe μ_{JT} wird Joule-Thomson-Koeffizient genannt.

Für das Ideale Gas ist das Ergebnis (2.32) allerdings etwas enttäuschend, weil gemäß Beispiel 2.1, (2.22b), hier $\alpha = 1/T$ und somit die Temperaturänderung gleich Null ist. Für *reale* Gase ist dies aber nicht mehr so. Hier gibt es Bereiche in der (T, p)-Ebene, in denen $-\left.\partial T/\partial p\right|_H$ positiv ist, d. h. wo Erwärmung stattfindet, und solche, wo diese Größe negativ ist, d. h. wo Abkühlung eintritt. Die beiden Bereiche sind durch eine sog. *Inversionskurve* getrennt.

Beispiel 2.5   Van der Waals Gas

Es gibt ein klassisches Modell für reale Gase, an dem man die Analyse des vorhergehenden Beispiels weitgehend analytisch durchführen kann, das *van der Waals'sche Gas*. Dieses Modell wird durch zwei Parameter a und b charakterisiert, deren erster in der Formel für den Druck erscheint und seine Ursache in der Wechselwirkung der Gasmoleküle untereinander und mit den Wänden das Gefäßes hat, deren zweiter die endliche Ausdehung der Gasmoleküle berücksichtigt. Die einfache Beziehung (2.25b) für Druck und Volumen des Idealen Gases wird durch die *van der Waals Gleichung*

$$\left(p + \frac{a}{V_0^2}\right)(V_0 - b) = RT \tag{2.33}$$

ersetzt. Der Parameter a heißt *Kohäsionsdruck*, der Parameter b wird *Kovolumen* genannt. Die physikalische Vorstellung ist dabei die folgende: Wenn b das Volumen des einzelnen Moleküls ist, dann steht diesem bei seiner Bewegung im Gas nur der Raum $(V_0 - b)$ zur Verfügung. Andererseits wirkt die gegenseitige Anziehung der Moleküle wie eine Vergrößerung des Druckes. Diese Vergrößerung ist proportional zur quadrierten Dichte der Moleküle im Gas, die selbst proportional zu $1/V_0$ ist. Daher der positive Zusatzterm zum Druck p. Für dieses Modell berechnen wir die Inversionskurve und einige charakteristische Größen.

Die Isothermen bekommt man durch Auflösen der van der Waals Gleichung (2.33) nach $p(V)$,

$$p(V) = \frac{RT}{V_0 - b} - \frac{a}{V_0^2}\,, \tag{2.34a}$$

mit T, der Temperatur, als Parameter. Ob die Isotherme zu einer vorgegebenen Temperatur Extrema hat, d.h. entweder ein Minimum und ein Maximum, oder einen Sattelpunkt, oder gar keines, entscheidet sich an der Ableitung von p nach V bei festem T,

$$\left.\frac{\mathrm{d}\,p(V)}{\mathrm{d}\,V}\right|_T = -\frac{RT}{(V-b)^2} + \frac{2a}{V^3}\,.$$

Diese ist gleich Null, wenn

$$\frac{(1-x)^2}{x^3} = \frac{bRT}{2a} \quad \text{wo} \quad x = \frac{V}{b} \quad \text{gesetzt ist.} \tag{2.34b}$$

Die linke Seite dieser Gleichung erreicht ihr Maximum bei $x_{\max} = 3$ und hat dort den Wert 4/27. Es gibt somit Extrema nur dann, wenn RT kleiner als oder gleich dem kritischen Wert

$$RT_{\mathrm{krit}} = \frac{8a}{27b} \tag{2.34c}$$

bleibt. Ist $T < T_{\mathrm{krit}}$, so gibt es ein Minimum und ein Maximum, ist $T = T_{\mathrm{krit}}$, so ensteht ein Sattelpunkt, während für $T > T_{\mathrm{krit}}$ kein Extremum auftritt.

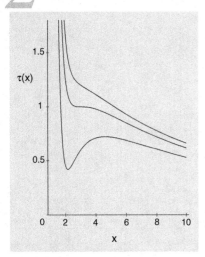

Abb. 2.4. Drei Isothermen eines van der Waals'schen Gases mit $T = 1,05T_{\text{krit}}$ (obere Kurve), $T = T_{\text{krit}}$ (mittlere Kurve) und $T = 0,9T_{\text{krit}}$ (untere Kurve). Aufgetragen ist die Funktion $\tau(x) = T/T_{\text{krit}}$ als Funktion der dimensionslosen Variablen $x = V/b$

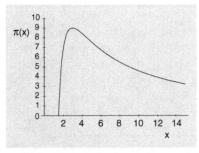

Abb. 2.5. Die Inversionskurve des van der Waals'schen Gases in der (V, p)-Ebene. Hier ist die Funktion $\pi(x) = p/p_{\text{krit}}$ als Funktion von $x = V/b$ aufgetragen

Am Wendepunkt, wo $V = 3b$ und $T = T_{\text{krit}}$ ist, hat der Druck den Wert

$$p_{\text{krit}} = \frac{a}{27b^2} \, . \tag{2.34d}$$

Es bietet sich an, dimensionslose Variablen einzuführen, die mit dem Parameter b und den Werten (2.34c) und (2.34d) gebildet werden:

$$x := \frac{1}{b}V \, , \quad \pi := \frac{p}{p_{\text{krit}}} \, , \quad \tau := \frac{RT}{RT_{\text{krit}}} \tag{2.35}$$

Abbildung 2.4 zeigt drei Isothermen in der Darstellung $\tau(x)$ als Funktion von x, für je einen Wert unterhalb bzw. oberhalb der kritischen Temperatur sowie bei $T = T_{\text{krit}}$.

Um die Inversionskurve zu erhalten, muss man zunächst die Ableitung der Gleichung (2.33) nach der Temperatur T, bei festgehaltenem Druck p berechnen,

$$-(V - b)\frac{2a}{V^3}\left.\frac{\partial V}{\partial T}\right|_p + \left(p + \frac{a}{V^2}\right)\left.\frac{\partial V}{\partial T}\right|_p = R \quad \text{oder}$$

$$T\left.\frac{\partial V}{\partial T}\right|_p\left(p - \frac{a}{V^2} + \frac{2ab}{V^3}\right) = RT \, .$$

Gemäß (2.32) muss $\mu_{\text{JT}} = 0$ sein und somit

$$T\left.\frac{\partial V}{\partial T}\right|_p - V = 0 \quad \text{oder}$$

$$RT\left(p - \frac{a}{V^2} + \frac{2ab}{V^3}\right)^{-1} - V = 0 \, .$$

Hier ersetzt man den Zähler RT durch die van der Waals Gleichung (2.33) und erhält die Bedingung

$$\left(\frac{2a}{V} - \frac{3ab}{V^2} - bp\right)\left(p - \frac{a}{V^2} + \frac{2ab}{V^3}\right)^{-1} = 0 \quad \text{oder}$$

$$p = \frac{2a}{bV} - \frac{3a}{V^2} \, .$$

Umgeschrieben auf die dimensionslosen Variablen (2.35) erhält man die Gleichung

$$\pi(x) = \frac{27}{x^2}(2x - 3) \, . \tag{2.36a}$$

Abbildung 2.5 zeigt diese Kurve in einem (x, π)- bzw. (V, p)-Diagramm. Noch anschaulicher wird der Effekt allerdings, wenn man die Inversionskurve in einem (T, p)-Diagramm aufträgt. Dieses erhält man, wenn man die van der Waals-Gleichung (2.33) nach $\tau(x) = T/T_{\text{krit}}$ als Funktion von $x = V/b$ auflöst und darin p/p_{krit} durch (2.36a) ersetzt,

$$\tau(x) = \frac{27}{4x^2}(x - 1)^2 \, . \tag{2.36b}$$

Die Inversionskurve im (T, p)-Diagramm in Abb. 2.6, in der π über τ aufgetragen ist, berechnet man aus (2.36a) und (2.36b) in parametrischer Darstellung.

Es lohnt sich, diese Abbildung noch etwas genauer zu kommentieren: Der linke Schnittpunkt mit der Abszisse wird bei $x = 3/2$ angenommen. Dort hat die Variable τ den Wert $\tau_{\mathrm{m}} = 3/4$, für die Temperatur gilt also

$$RT_{\mathrm{m}} = \frac{2a}{9b} \; . \tag{2.37a}$$

Der rechte Schnittpunkt wird für $x \to \infty$ erreicht. Dort ist $\tau_{\mathrm{M}} = 27/4$, für die Temperatur gilt daher

$$RT_{\mathrm{M}} = \frac{2a}{b} \; . \tag{2.37b}$$

Das Maximum der Inversionskurve liegt klarerweise bei $\tau_0 = 3$, oder $RT_0 = 8a/(9b)$ und hat den Wert $\pi_0 = 9$ oder $p_0 = 9a/(27b^2)$. Typische Werte für a und b, die man aus Messungen der kritischen Temperatur und des kritischen Drucks erhält, sind

$$a = 0{,}04 \cdot 10^6 \div 4 \cdot 10^6 \; \mathrm{Atm\, cm^6\, Mol^{-2}} \, ,$$
$$b = 23 \div 43 \; \mathrm{cm^3 Mol^{-1}} \, . \tag{2.38}$$

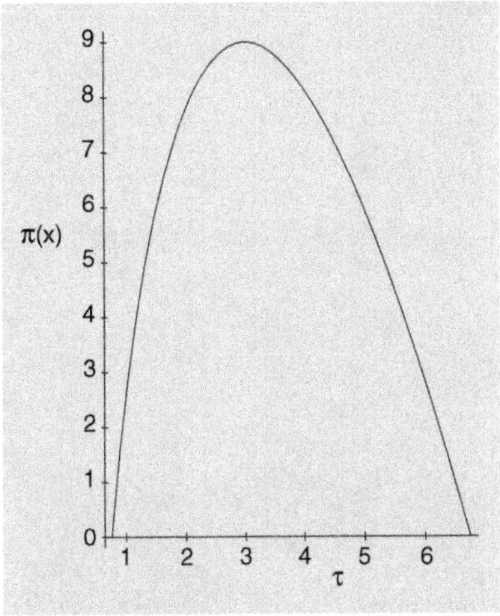

In dem von der Inversionskurve eingeschlossenen Gebiet ist $(\partial T/\partial p)_H$ positiv. Da die Druckänderung von der linken zur rechten Kammer in Abb. 2.3 negativ ist, ist dann auch die Temperaturdifferenz zwischen ihnen negativ. Die gedrosselte Entspannung führt zu einer *Abkühlung*. Außerhalb dieses Gebietes ist $(\partial T/\partial p)_H$ negativ, das Gas erwärmt sich. Um den gewünschten Kühlungseffekt zu erhalten, muss man also Temperaturen und Drücke vorgeben, die unterhalb von T_{M} bzw. unterhalb von p_0 liegen.

Abb. 2.6. Die Inversionskurve des van der Waals'schen Gases in der (T, p)-Ebene. In dieser Darstellung ist $\tau(x) = T/T_{\mathrm{krit}}$ als Abszisse und $\pi(x) = p/p_{\mathrm{krit}}$ als Ordinate gewählt

2.5 Stetige Zustandsänderungen: Kreisprozesse

In diesem Abschnitt betrachten wir idealisierte thermodynamische Kreisprozesse, bei denen Wärme in Arbeit verwandelt wird (Dampfmaschinen) oder Arbeit in Wärme (Wärmepumpen). Dabei muss man im Auge behalten, dass Begriffe wie „Wärme" und „Entropie" nur im Bezug zum makroskopischen Beobachter definiert sind, ebenso wie der Begriff „Arbeit" makroskopische Vorgänge wie zum Beispiel die Bewegung einer Pleuelstange widerspiegelt. In der mikroskopischen Perspektive ist Wärme kinetische Energie der Konstituenden einer Substanz und man kann eigentlich nur geordnete Bewegung und chaotische Bewegung unterscheiden.

2.5.1 Wärmeaustausch ohne Arbeit

In einem ersten Schritt betrachten wir zwei thermodynamische Systeme $\Sigma^{(1)}$ und $\Sigma^{(2)}$, die konstante Volumina V_1 bzw. V_2, gleiche Teilchenzahlen, $N_1 = N_2$, und gleiche spezifische Wärmen haben sollen, $c_V^{(1)} = c_V^{(2)}$. Diese beiden Systeme werden in einer Weise thermisch gekoppelt, dass das Gesamtsystem $\Sigma^{(1)} + \Sigma^{(2)}$ ein isoliertes System bleibt. Wenn die spezifische

Wärme überdies im betrachteten Temperaturbereich konstant ist, dann folgt aus

$$c_V = T_1 \frac{\partial S_1(T_1, N_1, V_1)}{\partial T} = T_2 \frac{\partial S_2(T_2, N_1, V_2)}{\partial T}$$

die logarithmische Abhängigkeit der Entropie von der Temperatur

$$S_i(T, N_i, V_i) = \int_{T_0}^{T} dT \, \frac{c_V}{T} = c_V \ln\left(\frac{T}{T_0}\right) + S_0^{(i)} \,, \qquad (2.39)$$

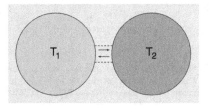

Abb. 2.7. Zwei anfänglich isolierte Systeme, die die gleiche spezifische Wärme c_V haben, werden in thermischen Kontakt gebracht

$i = 1, 2$, wobei T_0 eine beliebige Referenztemperatur, $S_0^{(1)}$ und $S_0^{(2)}$ die entsprechenden Werte der Entropie bei T_0 sind. Bringt man die beiden Systeme wie in Abb. 2.7 skizziert in thermischen Kontakt, so stellt sich in beiden dieselbe Temperatur T_Ω ein, die man aus der Erhaltung der Energie bestimmt: *Vor* bzw. *nach* dem Herstellen des Kontakts gilt

$$E = c_V(T_1 + T_2) = 2c_V T_\Omega \,,$$

woraus folgt

$$T_\Omega = \frac{1}{2}(T_1 + T_2) \,. \qquad (2.40)$$

Die gesamte Entropie der getrennten Systeme ist

$$S_A = S_1(T_1) + S_2(T_2) = c_V \ln\left(\frac{T_1 T_2}{T_0^2}\right) + S_0^{(1)} + S_0^{(2)} \,. \qquad (2.41a)$$

Nach Herstellung des Kontaktes und nach thermischem Ausgleich ist die gesamte Entropie

$$S_\Omega = S_1(T_\Omega) + S_2(T_\Omega) = 2c_V \ln\left(\frac{T_\Omega}{T_0}\right) + S_0^{(1)} + S_0^{(2)} \,. \qquad (2.41b)$$

Hieraus und aus (2.40) berechnet sich die Änderung der Entropie $\Delta S \equiv S_\Omega - S_A$ zu

$$\Delta S = 2c_V \ln\left(\frac{T_\Omega}{\sqrt{T_1 T_2}}\right) = 2c_V \ln\left(\frac{T_1 + T_2}{2\sqrt{T_1 T_2}}\right) \,. \qquad (2.41c)$$

Die Schlussfolgerung ist einfach: Da $T_1 + T_2 \geq 2\sqrt{T_1 T_2}$ ist, wobei das Gleichheitszeichen nur für $T_1 = T_2$ zutrifft, gilt

$$\Delta S > 0 \quad \text{für} \quad T_1 \neq T_2 \,. \qquad (2.41d)$$

Der geschilderte Prozess ist für $T_1 \neq T_2$ immer *irreversibel*.

2.5.2 Ein reversibler Prozess

In einem zweiten Schritt soll die idealisierte Apparatur so aufgebaut werden, dass der Temperaturausgleich durch einen *reversiblen* Prozess stattfindet. Die Differenz zwischen der Gesamtenergie der anfangs isolierten
Systeme $E_A = c_V(T_1 + T_2)$ und der kleineren Energie $E_\Omega = 2c_V\sqrt{T_1 T_2}$
nach Ausgleich der Temperaturen,

$$\Delta E = E_A - E_\Omega = 2c_V \left\{ \tfrac{1}{2}(T_1 + T_2) - \sqrt{T_1 T_2} \right\} \,,$$

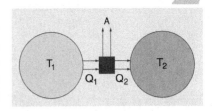

Abb. 2.8. Zwischen die beiden Systeme der
Abb. 2.7 wird eine Maschine gekoppelt, die
den Überschuss an Energie in Arbeit verwandelt

muss in Form von Arbeit nach außen abgegeben worden sein. Dies ist die
Aufgabe der zwischen die beiden Systeme geschobenen Maschine M, die
in Abb. 2.8 durch den schwarzen Kasten dargestellt ist.

In differentieller Form geschrieben sei $\alpha_1 = -T\,\mathrm{d}S = -c_V\,\mathrm{d}T$ die vom
System Σ_1 bei der Temperaturänderung $\mathrm{d}T$ abgegebene Wärmemenge.
Beim Abkühlen von T_1 auf T_Ω gibt dieses somit die Wärme

$$Q_1 = -\int\limits_{T_1}^{T_\Omega} \mathrm{d}T\, c_V = c_V\,(T_1 - T_\Omega) \tag{2.42a}$$

ab. Analog hierzu ist die differentielle Wärmemenge, die das zweite System
von der Maschine M aufnimmt gleich $\alpha_2 = c_V\,\mathrm{d}T$. Insgesamt gibt M die
Wärme

$$Q_2 = \int\limits_{T_2}^{T_\Omega} \mathrm{d}T\, c_V = c_V\,(T_\Omega - T_2) \tag{2.42b}$$

an das System Σ_2 ab. Anders ausgedrückt bedeutet dies, dass der Anteil

$$A = Q_1 - Q_2 = 2c_V \left\{ \tfrac{1}{2}(T_1 + T_2) - T_\Omega \right\} \tag{2.42c}$$

in Form von Arbeit abgegeben wird. Dies ist zugleich der größtmögliche
Anteil der freigesetzten Wärme, der in Arbeit umgewandelt werden kann.
Dies sieht man noch einmal an der Änderung der Entropie (2.41c) und der
Ungleichung

$$\sqrt{T_1 T_2} \leq T_\Omega \leq \tfrac{1}{2}(T_1 + T_2) \,, \tag{2.43}$$

die im allgemeinen Fall gilt. An der unteren Schranke ist die Erzeugung
von Entropie gleich Null, es wird der maximale Anteil in Arbeit verwandelt, der Prozess ist reversibel. An der oberen Schranke der Ungleichung ist
die Entropieerzeugung am größten, die abgegebene Arbeit ist gleich Null.

An diese prinzipiellen und etwas schematischen Überlegungen schließt
sich eine Definition für Wärme-Kraft-Maschinen an, die wir im Folgenden
verwenden werden.

> **Definition 2.8 Wirkungsgrad**
>
> Der Wirkungsgrad der Wärme-Kraft-Maschine in der schematischen Anordnung von Abb. 2.8 ist definiert als
>
> $$\eta := \frac{A}{Q_1}.$$ (2.44)
>
> Wird keine Entropie erzeugt, so hat dieser den maximalen Wert
>
> $$\eta_C = 1 - \frac{Q_2}{Q_1} = 1 - \frac{T_\Omega - T_2}{T_1 - T_\Omega}.$$ (2.45)
>
> Dieser Wert heißt *Carnot'scher Wirkungsgrad*.

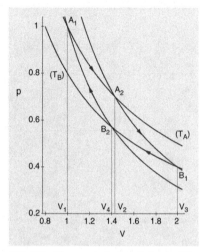

Abb. 2.9. Eine periodisch arbeitende Maschine: Von A_1 bis A_2 findet isotherme, von A_2 bis B_1 adiabatische Expansion statt. Von B_1 bis B_2 wird isotherm komprimiert, von B_2 bis A_1 adiabatisch komprimiert

2.5.3 Periodisch arbeitende Maschinen

In Abb. 2.9 wird eine periodisch arbeitende Maschine schematisch beschrieben, die zwischen zwei Isothermen T_A bzw. T_B und zwei Adiabaten (mit den Entropien S_A bzw. S_B) arbeitet. Von A_1 bis A_2 findet isotherme Expansion vom Volumen V_1 auf das Volumen V_2 statt, wobei das Wärmereservoir Σ_1 die Wärmemenge Q_1 abgibt. Hieran schließt sich die adiabatische Expansion auf das Volumen V_3 an, bei der Arbeit nach außen abgegeben wird. Die Energie nimmt solange ab, bis die kleinere Temperatur T_2 des zweiten Reservoirs Σ_2 erreicht ist. Im nächsten Schritt wird isotherm von V_3 bis V_4 komprimiert, mit Abgabe der Wärmemenge Q_2 an das System Σ_2. Von B_2 bis A_1 schließlich wird adiabatisch solange komprimiert, bis wieder die Temperatur T_1 erreicht ist. Man nennt einen solchen elementaren Kreisprozess einen *Carnot'schen Prozess*.

Über den Wirkungsgrad von Wärme-Kraft-Maschinen gibt es folgende allgemeine Aussage.

> **Satz 2.1 Wirkungsgrad von Wärmekraftmaschinen**
>
> Der Wirkungsgrad eines Carnot'schen Prozesses ist der bestmögliche. Alle Wärme-Kraft-Maschinen, die auf *reversible* Weise zwischen zwei Wärmereservoirs Σ_A und Σ_B arbeiten, haben denselben Wirkungsgrad.

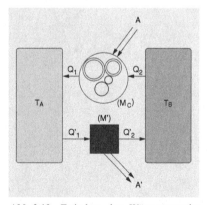

Abb. 2.10. Zwischen den Wärmereservoirs mit den Temperaturen $T_A > T_B$ wirken eine Carnot'sche Maschine M_C als Wärmepumpe (maximaler Wirkungsgrad), sowie eine beliebige Maschine M' mit Wirkungsgrad η'

Beweis: Die zwei Reservoirs Σ_A und Σ_B der Abb. 2.10 haben die Temperaturen T_A bzw. T_B, mit $T_A > T_B$. Sie sind durch eine als Wärmepumpe arbeitende Carnot'sche Maschine M_C sowie durch eine zweite, beliebige Maschine M' gekoppelt. Die abgegebenen bzw. aufgenommenen Wärme- und Arbeitsmengen sind in Abb. 2.10 eingetragen. Die Carnot-Pumpe nimmt die Arbeit

$$A = \eta_C Q_1 = \frac{\eta_C}{1 - \eta_C} Q_2$$ (2.46a)

auf. Bezeichnet η den Wirkungsgrad der beliebigen (imperfekten) Maschine M', so gilt mit den Bezeichnungen der Abbildung

$$A' = \eta Q_1' \quad \text{und} \quad \eta = 1 - \frac{Q_2'}{Q_1'} \,. \tag{2.46b}$$

Die Carnot'sche Maschine soll die von der Maschine M' an das System Σ_B mit der kleineren Temperatur abgegebene Wärme Q_2' wieder in das System Σ_A mit der höheren Temperatur pumpen. Daher muss

$$A = \frac{\eta_C}{1 - \eta_C} Q_2' = \frac{\eta_C}{1 - \eta_C}(1 - \eta) Q_1' \tag{2.46c}$$

sein. Die gesamte, aus der Kombination der beiden Maschinen gewonnene oder abgegebene Arbeit ist

$$\Delta A = A' - A = \left\{ \eta - \frac{\eta_C(1 - \eta)}{1 - \eta_C} \right\} Q_1' = \frac{\eta - \eta_C}{1 - \eta_C} Q_1' \,. \tag{2.46d}$$

Aufgrund des zweiten Hauptsatzes der Thermodynamik muss diese Arbeit kleiner als oder gleich Null sein, $\Delta A \leq 0$. In der Tat, eine der Formulierungen des zweiten Hauptsatzes sagt, dass ein *perpetuum mobile* zweiter Art unmöglich ist: *Es gibt keine periodische Maschine, die nichts anderes bewirkt als Leistung einer (positiven) Arbeit durch Abkühlung eines Wärmereservoirs.*
Da $\eta_C < 1$ und $Q_1' > 0$ sind, folgt

$$\eta \leq \eta_C \,. \tag{2.47}$$

Der Carnot'sche Wirkungsgrad ist somit der bestmögliche.

Um den zweiten Teil des Satzes zu beweisen, nehmen wir an, dass die gesamte Anordnung einen *reversiblen* Kreisprozess durchläuft, bei dem jetzt die Maschine M' als Wärmepumpe, die Carnot'sche als Kraftmaschine arbeiten. Dieselbe Überlegung wie oben zeigt, dass jetzt auch $\eta_C \leq \eta$ sein muss. Die Schlussfolgerung aus dieser Aussage und aus (2.47) ist, dass die reversible Realisierung der Anordnung den maximalen, Carnot'schen Wirkungsgrad haben muss,

$$\eta = \eta_C \quad \text{(für den reversiblen Prozess)}. \tag{2.48}$$

Alle reversibel arbeitenden Wärme-Kraft-Maschinen haben denselben Wirkungsgrad. Dieser ist gleich dem Carnot'schen (2.45).

Bemerkung

Wenn der Gesamtprozess nicht reversibel ist, so ist η echt kleiner als η_C. In diesem Fall stammt die Irreversibilität der ganzen Anordnung von der unbekannten Maschine M'.

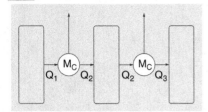

Abb. 2.11. Drei Wärmereservoirs mit den Temperaturen τ_1, τ_2 und τ_3 (von links), sind mit zwei Carnot'schen Maschinen verbunden derart, dass die vom mittleren Reservoir abgegebene Wärmemenge Q_2' gleich der von ihm aufgenommenen Wärmemenge Q_2 ist, $Q_2' = Q_2$. Diese schematische Anordnung führt auf die Schlussfolgerungen (2.49) und (2.51)

2.5.4 Die absolute Temperatur

Die prinzipiellen Konstruktionen des vorhergehenden Abschnitts und der darin verwendete zweite Hauptsatz zeigen, dass es eine absolute Temperatur geben muss. Der Satz 2.1 sagt aus, dass bei allen *reversibel* arbeitenden Maschinen, die zwei Reservoirs mit den Temperaturen τ_1 und τ_2 enthalten, das Verhältnis Q_1/Q_2 eine universelle Funktion

$$\frac{Q_1}{Q_2} = f(\tau_1, \tau_2)$$

von τ_1 und τ_2 ist. Betrachtet man eine Anordnung aus drei Reservoirs, die wie in Abb. 2.11 skizziert durch zwei Carnot'sche Maschinen verbunden sind, und richtet man diese so ein, dass $Q_2' = Q_2$ ist, so folgert man

$$\frac{Q_1}{Q_2} = f(\tau_1, \tau_2), \quad \frac{Q_2}{Q_3} = f(\tau_2, \tau_3) \quad \text{und} \quad \frac{Q_1}{Q_3} = f(\tau_1, \tau_3)$$

und erhält somit die Funktionalgleichung

$$f(\tau_1, \tau_2) f(\tau_2, \tau_3) = f(\tau_1, \tau_3). \tag{2.49}$$

Definiert man nun

$$T(\tau) := f(\tau, \tau_0) \tag{2.50}$$

mit τ_0 einer beliebigen Referenztemperatur, so folgt aus (2.49), dass

$$f(\tau, \tau') = \frac{T(\tau)}{T(\tau')}, \tag{2.51}$$

wobei $T(\tau)$ eine monoton wachsende Funktion der Temperatur τ ist.

Die *absolute Temperatur* wird so definiert, dass sie proportional zu dieser Funktion $T(\tau)$ ist. Bezeichnet T wieder die absolute Temperatur, so gilt

$$\frac{Q_1}{Q_2} = \frac{T_1}{T_2} \quad \text{und} \quad \eta_C = 1 - \frac{T_2}{T_1}. \tag{2.52}$$

Aufgrund des zweiten Hauptsatzes ist $\eta_C < 1$. Daher ist T immer positiv.

2.6 Die Hauptsätze der Thermodynamik

In Abschn. 1.1 wurde eine erste wichtige Regel der Thermodynamik formuliert, die oft als „nullter" Hauptsatz bezeichnet wird: Systeme im Gleichgewicht haben dieselbe Temperatur. Im vorhergehenden Abschnitt über die absolute Temperatur haben wir auch schon den zweiten Hauptsatz benutzt. Dieser Abschnitt hat zum Ziel, die Hauptsätze der Thermodynamik zusammenzufassen und genauer zu formulieren.

Der erste Hauptsatz ist die thermodynamische Version des Satzes von der Erhaltung der Energie. Er besagt

Satz 2.2   Erster Hauptssatz

Die Energie eines *abgeschlossenen* thermodynamischen Systems ist eine Erhaltungsgröße. Sie ist zeitlich konstant.

Aufgrund der Erfahrung mit den schematischen Modellen des Abschn. 2.5 betrachten wir zunächst ein *adiabatisch abgeschlossenes System* Σ. Bezeichnen wir zwei verschiedene Zustände dieses Systems pauschal mit Z_1 bzw. Z_2, dann bedeutet „adiabatisch abgeschlossen", dass es einen nur Arbeit erzeugenden oder aufnehmenden Prozess gibt, der Z_1 in Z_2 überführt oder, umgekehrt, Z_2 in Z_1. Diese zu leistende oder gewonnene Arbeit $A(Z_1 \leftrightarrow Z_2)$ hängt nur von den beiden Zuständen, nicht aber von der Art des Prozesses ab. (Deshalb können wir diesen auch so schemenhaft im Hintergrund wirken lassen, ohne uns auf Details seiner Realisierung einzulassen.) Auf diese Weise wird die Zustandsfunktion Energie mit Bezug auf einen Referenzzustand Z_0 definiert, dessen Energie E_0 ist,

$$E(Z) := E_0 + A(Z_0 \rightarrow Z) \ . \tag{2.53}$$

Für ein beliebiges, nicht adiabatisch abgeschlossenes System ist die Energieänderung beim Übergang von einem Anfangszustand Z_1 in den Endzustand Z_2 gleich der Summe aus abgegebener oder aufgenommener Arbeit und aus zu- oder abgeführter Wärmemenge,

$$\Delta E(Z_1 \rightarrow Z_2) = A(Z_1 \rightarrow Z_2) + Q(Z_1 \rightarrow Z_2) \ . \tag{2.54}$$

Dies ist der allgemeinste Ausdruck des ersten Hauptsatzes.

Für den zweiten Hauptsatz, der etwas zentral Wichtiges über die Zunahme der Unordnung in thermodynamischen Systemen aussagt, gibt es eine Reihe verschiedener Formulierungen, deren Äquivalenz man im Einzelnen beweisen muss. Ich wähle hier eine Formulierung, die sich an die statistische Sichtweise der Theorie der Wärme anlehnt. Dazu unterscheidet man die differentielle, zu- oder abgeführte Wärme

$$dQ = T \, dS \tag{2.55a}$$

und die differentielle, aufgenommene oder abgegebene Arbeit dA. Diese hat immer die Form

$$dA = \sum_\alpha \xi_\alpha \, dX_\alpha \ , \tag{2.55b}$$

wo ξ_α eine *intensive* Größe, X_α eine *extensive* Größe ist, die ein zueinander Energie-konjugiertes Paar bilden, s. auch (1.2). Schon bekannte Beispiele sind $p \, dV$ und $\mu_C \, dN$, mit p dem Druck, V dem Volumen, μ_C dem chemischen Potential und N der Teilchenzahl. Aber auch $\boldsymbol{E} \cdot d\boldsymbol{P}$ und $\Phi \, dQ$ sind Beispiele, wo $\boldsymbol{E}$ das elektrische Feld, $\boldsymbol{P}$ die elektrische Polarisation, Φ ein elektrisches Potential und Q die Ladung bezeichnen. Der zweite Hauptsatz lautet mit diesen Bezeichnungen

Satz 2.3   Zweiter Hauptssatz

Thermodynamische Systeme im Gleichgewicht werden durch eine *intensive* Größe, die Temperatur T, sowie eine *extensive* Größe, die Entropie S, charakterisiert derart, dass eine Änderung ihrer Energie durch die Formel

$$dE = T\,dS + \sum_{\alpha} \xi_{\alpha}\,dX_{\alpha} \tag{2.55c}$$

gegeben ist. Dabei beschreibt der erste Term auf der rechten Seite die Wärmemenge, der zweite die Arbeit. Die Entropie eines abgeschlossenen Systems nimmt nie ab. Im Gleichgewicht erreicht sie ihren Maximalwert.

Bemerkungen

1. Es gibt andere, mehr phänomenologisch ausgerichtete Formulierungen des zweiten Hauptssatzes, darunter die Unmöglichkeit eines perpetuum mobile (zweiter Art). Zwei hiervon findet man in Aufgabe 2.3 beschrieben.
2. Gleichung (2.55c) ist eine Beziehung zwischen Einsformen über der Mannigfaltigkeit Σ mit Koordinaten T und S (sowie einer weiteren). Von welcher Art diese Einsformen sind, ob exakt oder geschlossen oder sonstwie, beschäftigt uns im nächsten Kapitel ausführlicher.

Die Existenz einer absoluten Temperatur beruht wesentlich auf dem zweiten Hauptsatz, s. Abschn. 2.5.4. Es gibt also den Nullpunkt dieser Temperatur, den man sich intuitiv (und rein klassisch) als den Punkt vorstellen mag, an dem alle Bewegung im Kleinen zur Ruhe kommt. Der dritte Hauptsatz der Thermodynamik beschreibt das Verhalten der Entropie beim absoluten Nullpunkt:

Satz 2.4   Dritter Hauptsatz

Nähert man sich dem absoluten Nullpunkt $T = 0$ von positiven Temperaturen her, so strebt die Entropie eines Systems im Gleichgewicht von oben dem kleinstmöglichen Wert S_0 der Entropie zu. Dieser ist von allen Zustandsvariablen unabhängig.
Der tiefste Wert der Entropie ist endlich und nicht gleich Null, wenn der Grundzustand des Systems energetisch ausgeartet ist. Sonst hat er den Wert $S_0 = 0$.

Besteht das System beispielsweise aus N Molekülen und hat sein Grundzustand den Entartungsgrad κ, so ist

$$S_0 \equiv S(T = 0) = kN \ln \kappa \quad \text{bzw.} \quad S_0 = R \ln \kappa \,, \tag{2.56}$$

wenn man sich auf ein Mol bezieht.

Nehmen wir für das Folgende an, dass der Grundzustand keine Entartung trage, $\kappa = 0$ und dass somit $S_0 = 0$ sei. Dann folgt, dass bei Annäherung an den absoluten Nullpunkt von oben die folgenden Limites gelten:

$$\lim_{T \to 0} c_p(T) = 0 \,, \tag{2.57a}$$

$$\lim_{T \to 0} c_V(T) = 0 \,, \tag{2.57b}$$

$$\lim_{T \to 0} \alpha = 0 \, , \tag{2.57c}$$

$$\lim_{T \to 0} \frac{1}{T} \left[c_p(T) - c_V(T) \right] = 0 \, . \tag{2.57d}$$

Hierbei sind c_p und c_V die (auf ein Mol bezogenen) spezifischen Wärmen und α ist der isobare Ausdehnungskoeffizient (2.21). Zum Beweis dieser Aussagen dienen folgende Überlegungen.

Die Entropie als thermodynamisches Potential ist zunächst eine Funktion der Energie, der Teilchenzahl und des Volumens, $S(E, N, V)$. Die Legendre-Transformation (1.42a), die von der Entropie zur freien Energie führt, transformiert diese zu einer Funktion von T, N und V,

$$S(E, N, V) \longrightarrow S(T, N, V) = -\frac{\partial F}{\partial T} \, .$$

Mit $T \to 0$ gilt aufgrund des dritten Hauptsatzes auch

$$\lim_{T \to 0} S(T, N, V) = 0 \, . \tag{2.58a}$$

Geht man noch einmal zur freien Enthalpie (2.5c) zurück, so schließt man, dass auch

$$\lim_{T \to 0} S(T, N, p) = -\frac{\partial G}{\partial T} = 0 \tag{2.58b}$$

gilt, wo S jetzt eine Funktion der Temperatur, der Teilchenzahl und des Drucks p ist. Diese beiden Aussagen (2.58a) und (2.58b) bedeuten, dass die Entropie mit der Temperatur nach Null strebt, ganz gleich welchen Weg man bei diesem Grenzübergang benutzt. Insbesondere müssen auch die partiellen Ableitungen von S nach p und nach V nach Null streben. Damit lassen sich die Aussagen (2.57a)–(2.57d) beweisen:

Gleichung (2.17b) zeigt, dass man die Entropie als

$$S(T, N, p) = \int\limits_0^T \mathrm{d}T' \, \frac{1}{T'} c_p(T')$$

schreiben kann. Dieses Integral existiert für $T \to 0$ nur, wenn $c_p(T)$ in diesem Limes nach Null geht. Da c_V nach (2.28b) immer kleiner als c_p ist, $0 < c_V < c_p$, geht auch c_V bei $T \to 0$ nach Null. Damit sind (2.57a) und (2.57b) bewiesen.

Der isobare Ausdehnungskoeffizient α, der in (2.21) definiert ist, lässt sich durch eine partielle Ableitung von S nach p ausdrücken,

$$\alpha = \frac{1}{V} \frac{\partial V(T, N, p)}{\partial T} = \frac{1}{V} \frac{\partial^2 G}{\partial p \partial T} = -\frac{1}{V} \frac{\partial S}{\partial p} \, .$$

Hieraus folgt (2.57c).

Die Aussage (2.57d) schließlich beweist man, indem man mehrfach von der Formel (2.27) für Jacobi-Determinanten Gebrauch macht. Zunächst sieht man, dass die Definitionen (2.17a) und (2.17b) (jetzt immer auf ein Mol bezogen) als solche Determinanten geschrieben werden können,

$$c_p = T \frac{\partial(S, p)}{\partial(T, p)} \quad \text{und} \quad c_V = T \frac{\partial(S, V)}{\partial(T, V)} \, .$$

Die zweite hiervon kann man umschreiben in

$$c_V = T \left(\frac{\partial(T, V)}{\partial(T, p)} \right)^{-1} \left(\frac{\partial(S, V)}{\partial(T, p)} \right)$$

$$= T \frac{1}{\partial V/\partial p|_T} \left\{ \frac{\partial S}{\partial T}\bigg|_p \frac{\partial V}{\partial p}\bigg|_T - \frac{\partial S}{\partial p}\bigg|_T \frac{\partial V}{\partial T}\bigg|_p \right\}$$

$$= T \left\{ \frac{\partial S}{\partial T}\bigg|_p + \left(\frac{\partial V}{\partial T}\bigg|_p \right)^2 \frac{1}{\partial V/\partial p|_T} \right\},$$

wobei man die Relation benutzt hat

$$\frac{\partial S}{\partial p}\bigg|_T = -\frac{\partial^2 G}{\partial p \partial T} = -\frac{\partial V}{\partial T}\bigg|_p,$$

die aus (2.5c) folgt. Die Differenz aus c_p und c_V wird damit

$$c_p - c_V = -T \left(\frac{\partial V}{\partial T}\bigg|_p \right)^2 \frac{1}{\partial V/\partial p|_T}.$$

Aus der allgemeinen Formel (2.27) schließt man, dass

$$\frac{\partial V}{\partial T}\bigg|_p = -\frac{\partial V}{\partial p}\bigg|_T \frac{\partial p}{\partial T}\bigg|_V \qquad \text{und somit}$$

$$c_p - c_V = T \frac{\partial V}{\partial T}\bigg|_p \frac{\partial p}{\partial T}\bigg|_V$$

ist. Außerdem folgt aus der Definition 2.2, Gleichung (2.5c), dass $S = -\partial G/\partial T$, $V = \partial G/\partial p$ und dass daher auch

$$\frac{\partial V}{\partial T}\bigg|_p = -\frac{\partial S}{\partial p}\bigg|_T$$

gilt, während die Definition 2.3 und Gleichung (2.7c) die Formeln $p = -\partial K/\partial V$ und $S = -\partial K/\partial T$ ergibt, aus denen

$$\frac{\partial p}{\partial T}\bigg|_V = -\frac{\partial S}{\partial V}\bigg|_T$$

folgt. Damit ist gezeigt, dass die Differenz von c_p und c_V, durch T geteilt, nur von partiellen Ableitungen der Entropie nach V bzw. p bei fester Temperatur abhängt,

$$\frac{1}{T} (c_p - c_V) = \frac{\partial S}{\partial p}\bigg|_T \frac{\partial S}{\partial V}\bigg|_T.$$

Hieraus ergibt sich der Grenzwert (2.57d). Damit sind alle vier Ergebnisse (2.57a)–(2.57d) bewiesen.

Es sei $S^{(X)}(T) = S(T, N, X)$ diejenige Funktion der Temperatur, die entsteht wenn man neben der Teilchenzahl N noch die Variable X festhält. Aufgrund des dritten Hauptsatzes – und unter derselben Voraussetzung wie bisher (nichtausgearteter Grundzustand) – strebt diese Kurve für alle zulässigen Werte der Variablen X in den Ursprung der (T, S)-Ebene. Für zwei herausgegriffene Werte X_1 und X_2 von X könnte dies so aussehen wie in Abb. 2.12 skizziert. Versucht man den Ursprung $(S_0 = 0, T_0 = 0)$ auf einem Weg zu erreichen, der abwechselnd entlang von Adiabaten und Isothermen zwischen den beiden Kurven hin- und herläuft, so sieht man schon an der Zeichnung, dass dies nicht in endlich vielen Schritten möglich sein wird. Obwohl dies natürlich kein wirklicher Beweis ist, scheint es daher sehr plausibel, dass der absolute Nullpunkt unerreichbar bleibt.

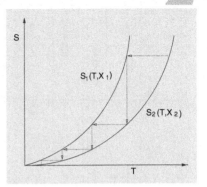

Abb. 2.12. Alternierend entlang von Adiabaten und von Isothermen läuft ein System zwischen zwei Kurven zu festen Werten X_1 und X_2 der Variablen X in Richtung des absoluten Nullpunkts

Bemerkungen

1. Es ist interessant, sich klar zu machen, dass diese heuristische Überlegung auch dann anwendbar ist, wenn der tiefste Wert der Entropie von Null verschieden ist, $S_0 \neq 0$. Auch im Fall eines ausgearteten Grundzustands ist der absolute Nullpunkt $T_0 = 0$ nicht in endlich vielen Schritten erreichbar.

2. Wenn man den absoluten Nullpunkt nicht in endlich vielen Schritten erreichen kann, dann folgt daraus, dass es keine Carnot'sche Maschine gibt, bei der die absolute Temperatur des „tieferen" Reservoirs gleich Null ist. Wäre dem dennoch so, so wäre der Wirkungsgrad (2.45) der Carnot'schen Maschine

$$\eta_C(T_1, T_2 = 0) = 1 - \left.\frac{\sqrt{T_1 T_2} - T_2}{T_1 - \sqrt{T_1 T_2}}\right|_{T_2 = 0} = 1 \,.$$

Anders ausgedrückt heißt dies: es gibt keinen Carnot'schen Kreisprozess, dessen Wirkungsgrad 1 ist. Der Parameter η_C ist immer echt kleiner als eins.

2.7 **Weitere Eigenschaften der Entropie**

In diesem Abschnitt stellen wir einige Eigenschaften der Entropiefunktion zusammen, deren wichtigste die Aussage sein wird, dass die Entropie eine *konkave* Funktion ist.

Ausgehend von der Differentialform (1.34a),

$$dS = \frac{1}{T} dE + \frac{p}{T} dV - \frac{\mu_C}{T} dN \,, \tag{2.59}$$

die zur Gibbs'schen Fundamentalform (1.34b) äquivalent ist, stellt man zunächst fest, dass S sowohl mit der Energie E als auch mit dem Volumen V monoton wächst: In der Tat gilt

$$\left.\frac{\partial S}{\partial E}\right|_{(N,V)} = \frac{1}{T} \quad \text{und} \quad \left.\frac{\partial S}{\partial V}\right|_{(E,N)} = \frac{p}{T} \,.$$

Da die Temperatur immer positiv ist, wächst die Funktion S bei fester Teilchenzahl und festem Volumen monoton mit der Energie. Wenn der Druck positiv ist, dann wächst S auch mit V monoton, bei festen Werten von E und N.

Die Entropie ist eine extensive Größe, d. h. sie ist additiv in ihren Argumenten oder, wie man auch sagt, sie ist *homogen vom Grade 1*. Ich erinnere hier an die Definition von homogenen Funktionen (siehe auch Aufgabe 2.6 in Band 1):

Definition 2.9   Homogene Funktion vom Grade N

Eine stetige Funktion $f(X)$ heißt *homogen vom Grade N*, wenn sie die Bedingung

$$f(\lambda X) = \lambda^N f(X) \quad \text{bei} \quad \lambda > 0 \tag{2.60}$$

erfüllt. Das Argument X kann dabei ein Tupel der Art $X = (x_1, x_2, \ldots, x_n)$ sein.

Homogene Funktionen haben die Eigenschaft

$$\sum_{i=1}^{n} x_i \frac{\partial f}{\partial x_i} = N f(X) , \tag{2.61}$$

(Euler'scher Satz über homogene Funktionen). Mit Blick auf die Entropiefunktion sei $X = (E, N, V)$. Die Homogenität von S bedeutet, dass

$$S(\lambda X) = \lambda S(X) , \quad \lambda > 0 , \quad \text{und} \tag{2.62a}$$

$$E \frac{\partial S}{\partial E} + N \frac{\partial S}{\partial N} + V \frac{\partial S}{\partial V} = S(E, N, V) . \tag{2.62b}$$

Aus (2.59) und (2.62b) folgt eine einfache funktionale Form von S,

$$S = \frac{1}{T} \{ E + pV - \mu_C N \} . \tag{2.63}$$

Man nennt diese auch *Homogenitätsrelation*.

Wir beweisen zum Abschluss, dass die Entropie eine *konkave* Funktion ist.

Satz 2.5

Wenn X die Zustandsvariablen eines thermodynamischen Systems abkürzt, so gilt für alle $t \in [0, 1]$ und zwei beliebige Zustände X_1 und X_2 des Systems

$$S(tX_2 + (1-t)X_1) \geq tS(X_2) + (1-t)S(X_1) . \tag{2.64}$$

Die Entropie ist eine *konkave* Funktion ihrer Variablen.

Beweis: Man denke sich zwei thermodynamische Systeme Σ_1 und Σ_2, die aus derselben Substanz – zum Beispiel ein Gas – bestehen, und die sich in den Zuständen X_1 bzw. X_2 befinden. Selbe Substanz bedeutet, dass die Entropie $S(X)$ für beide Systeme dieselbe *Funktion* ist. Sind die beiden Systeme voneinander isoliert, so ist ihre gesamte Entropie gleich der

Summe $S(X_1) + S(X_2)$. Bringt man sie in Kontakt miteinander, so ist die Entropie jetzt $S(X_1 + X_2)$. Der zweite Hauptsatz sagt aus, dass

$$S(X_1 + X_2) \geq S(X_1) + S(X_2) \qquad (2.65a)$$

gilt. Da die Funktion S überdies homogen vom Grade 1 ist, folgt hieraus

$$S\left(\tfrac{1}{2}(X_1 + X_2)\right) = \frac{1}{2} S(X_1 + X_2) \geq \frac{1}{2} \{S(X_1) + S(X_2)\} . \qquad (2.65b)$$

Im nächsten Schritt betrachte man $S(t(n, p)X_2 + [1 - t(n, p)]X_1)$ bei den Werten

$$t(n, p) = \frac{p}{2^n} \quad \text{mit} \quad n \in \mathbb{N}_0 \quad \text{und} \quad p = 0, 1, \dots, 2^n .$$

Die Werte von $t(n, p)$ sind für die ersten drei Werte von n im folgenden Schema eingetragen

p	0	1	2	3	4
n					
0	0	1			
1	0	$\frac{1}{2}$	1		
2	0	$\frac{1}{4}$	$\frac{1}{2}$	$\frac{3}{4}$	1

Wenn t gleich Null oder Eins ist, ist die Ungleichung (2.64) trivialerweise erfüllt. Für $t = 1/2$ ist sie mit (2.65b) schon nachgewiesen. Sie gilt also für die Werte $n = 0$ und $n = 1$. Darauf kann man einen Induktionsbeweis aufbauen:

Nehmen wir an, die Ungleichung sei für ein beliebiges, endliches n und für alle $p \in [0, 1, \dots, 2^n]$ erfüllt,

$$S(t(n, p)X_2 + [1 - t(n, p)]X_1) \geq t(n, p)S(X_2) + [1 - t(n, p)]S(X_1) .$$

Da $t(n + 1, p) = t(n, p)/2$ ist, gibt die Ungleichung (2.65b)

$$S(t(n + 1, p)X_2 + [1 - t(n + 1, p)]X_1)$$
$$= S\left(\tfrac{1}{2}\{t(n, p)X_2 + [2 - t(n, p)]X_1\}\right)$$
$$\geq \tfrac{1}{2}\{S(t(n, p)X_2) + S([2 - t(n, p)]X_1)\}$$

Die Funktion S ist homogen vom Grade 1. Deshalb ist die rechte Seite dieser Ungleichung

$$\tfrac{1}{2}\{S(t(n, p)X_2) + S([2 - t(n, p)]X_1)\}$$
$$= \tfrac{1}{2}t(n, p)S(X_2) + \left(1 - \tfrac{1}{2}t(n, p)\right)S(X_1)$$
$$= t(n + 1, p)S(X_2) + (1 - t(n + 1, p))S(X_1) .$$

Da dies für alle n und alle p gilt und da die Entropie S eine stetige Funktion ist, ist die Ungleichung (2.64) für alle Werte von $t \in [0, 1]$ richtig, die Behauptung des Satzes ist bewiesen.

Als Ergebnis halten wir fest: Die Entropiefunktion ist eine *konkave* Funktion ihrer Variablen (siehe auch die Definition 1.13). Im Beweis dieser Eigenschaft wird nur ausgenutzt, dass die Funktion S stetig ist, nicht aber dass sie differenzierbar wäre.

Geometrische Aspekte
der Thermodynamik

Einführung

Dieses Kapitel befasst sich mit mathematischen und darunter vor allem geometrischen Aspekten der Thermodynamik. Beginnend mit einem kurzen Exkurs über differenzierbare Mannigfaltigkeiten, werden Eigenschaften von Funktionen, Vektorfeldern und Einsformen auf thermodynamischen Mannigfaltigkeiten zusammengestellt. Einen Schwerpunkt bilden dabei die äußeren Formen auf Euklidischen Räumen und der entsprechende Differentialkalkül. Besonders wichtig für die Einsformen der Thermodynamik ist ein Theorem von Carathéodory, das direkten Bezug zum zweiten Hauptsatz der Thermodynamik hat. Das Kapitel schließt mit einer Diskussion von Systemen, die von zwei Variablen abhängen, bei denen eine interessante Analogie zur klassischen Mechanik auftritt.

3.1 Motivation und Fragen

Wie schon in den ersten beiden Kapiteln erklärt, werden thermodynamische Systeme mathematisch durch niedrigdimensionale, differenzierbare *Mannigfaltigkeiten* M_Σ beschrieben. Damit ist ein theoretischer Rahmen abgesteckt, in dem Thermodynamik und Statistische Mechanik formuliert werden können. Von welcher Art sind aber die eigentlichen physikalischen Objekte und Observablen, die auf diesen Mannigfaltigkeiten definiert werden? Die *Variablen* S (Entropie), E (Energie), T (Temperatur) u.s.w., die einen spezifischen thermodynamischen Zustand charakterisieren, sind i. Allg. stückweise stetige *Funktionen* auf M_Σ.

Die Differentialformen dE, $T\,dS$, $p\,dV$, $\mu_C\,dN$, ..., sind *Einsformen* auf M_Σ. So ist zum Beispiel $T\,dS =: \alpha$ eine Wärmemenge, $p\,dV =: \omega$ eine am System geleistete Arbeit, die beide im ersten Hauptsatz

$$dE = \alpha + \omega \tag{3.1}$$

auftreten (bei festgehaltener Teilchenzahl). Sie sind sehr einfach aufgebaut: Die Einsform $T\,dS$ als Beispiel enthält die Funktion $T(S, N, V)$ als Koeffizienten und dS als Basis-Einsform. In (3.1) ist weder α noch ω *geschlossen*,

$$\alpha \neq df^{(\alpha)} \quad \text{oder} \quad \omega \neq df^{(\omega)}.$$

Dagegen ist ihre Summe laut (3.1) eine *exakte* Form und ist daher geschlossen, $d \circ dE = d\alpha + d\omega = 0$. Dies ist die Aussage des ersten Hauptsatzes.

In der Beschreibung von thermodynamischen Prozessen treten bei der Berechnung der Zunahme der Entropie Integrale der Form

$$\Delta S = \int_\gamma \frac{\alpha}{T} \quad \text{oder} \quad \oint_\gamma \frac{\alpha}{T} \tag{3.2a}$$

auf, d. h. offene oder geschlossene Wegintegrale für Prozesse bzw. Kreisprozesse. Bei der Berechnung der in einem Prozess aufgenommenen oder abgegebenen Wärmemenge berechnet man analog Integrale der Form

$$Q(\gamma) = \int_\gamma \alpha \,. \tag{3.2b}$$

In beiden Fällen sind dies Integrale über Einsformen, die entlang von Wegen auf M_Σ ausgewertet werden.

Schließlich haben wir die Bedeutung von Koordinatenwechseln kennen gelernt. Dies sind Wechsel der Zustandsvariablen in Form von Legendre-Transformationen zwischen konvexen Funktionen. Dies bedeutet, dass sich hinter den bisweilen etwas unübersichtlichen Formeln der klassischen Thermodynamik mit ihren vielen unterschiedlichen Typen von partiellen Ableitungen eine im Grunde einfache differentialgeometrische Struktur verbirgt. Auch traditionelle Begriffe wie „latente Wärme", die oft etwas umständlich erklärt werden, haben in der geometrischen Sprache eine sofort einleuchtende Definition. Der nun folgende Abschnitt dient dazu, die wichtigsten Definitionen zusammenzustellen und die Thermodynamik – im bisherigen Umfang – neu und transparenter zu formulieren, bevor man zu den statistischen Aspekten der Theorie der Wärme fortschreitet.

3.2 Mannigfaltigkeiten und Observable

3.2.1 Differenzierbare Mannigfaltigkeiten

Die qualitative Definition einer differenzierbaren Mannigfaltigkeit bleibt die einfachste und am klarsten einleuchtende: Eine differenzierbare Mannigfaltigkeit ist ein Raum, der lokal „wie ein $\mathbb{R}^n$ aussieht". Im Einzelnen und etwas genauer ausgedrückt heißt dies

---

Definition 3.1   Glatte Mannigfaltigkeit

Eine glatte Mannigfaltigkeit ist ein endlich-dimensionaler topologischer Raum M mit Dimension dim $M = n$, der von einer abzählbaren Menge offener Umgebungen U_i überdeckt werden kann und für den es Karten (φ_i, U_i) gibt,

$$\varphi_i : U_i \longrightarrow \varphi_i(U_i) \subset \mathbb{R}^n \,, \tag{3.3}$$

derart, dass die Kartenabbildungen φ_i Homöomorphismen und die Übergangsabbildungen $(\varphi_j \circ \varphi_i^{-1})$ Diffeomorphismen sind.

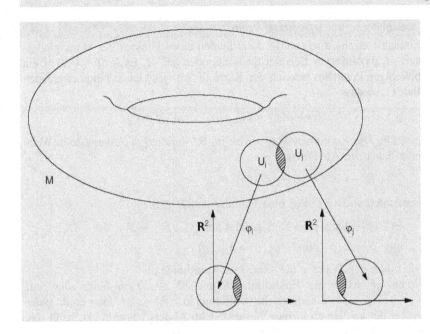

Abb. 3.1. Der Torus T^2 als differenzierbare Mannigfaltigkeit. In Karten wird jede offene Umgebung auf T^2 auf eine offene Umgebung in der Ebene $\mathbb{R}^2$ abgebildet. Wenn zwei solche Umgebungen überlappen, so tun dies auch ihre Bilder

Zur Erinnerung: Jede Abbildung φ_i ist ein Homöomorphismus, d. h. sie ist umkehrbar eindeutig und in beiden Richtungen stetig. Jede Übergangsabbildung $(\varphi_k \circ \varphi_j^{-1})$ verbindet zwei Kopien des $\mathbb{R}^n$ und ist nicht nur bijektiv, sondern auch in beiden Richtungen differenzierbar. Im Beispiel der Abb. 3.1 sind zwei offene Umgebungen auf einem Torus T^2 ausgewählt, die teilweise überlappen. Die Bilder des Überlapps in den beiden Karten sind schraffiert gezeichnet. In diesem gemeinsamen Bereich sind die beiden Karten durch den Diffeomorphismus $(\varphi_i \circ \varphi_j^{-1})$ bzw. seine Umkehrung $(\varphi_j \circ \varphi_i^{-1})$ verknüpft.

Zur differenzierbaren Struktur $(M, \mathcal{A})$, die man auf M aufbaut, gehört ein *vollständiger Atlas* $\mathcal{A}$. Dieser Begriff ist wie folgt definiert.

Definition 3.2 Vollständiger Atlas

Eine Menge $\mathcal{A}$ von Karten auf der glatten Mannigfaltigkeit M bildet einen vollständigen Atlas, wenn sie folgende Voraussetzungen erfüllt:

(i) Jeder Punkt $p \in M$ der Mannigfaltigkeit liegt in mindestens einer Karte;

(ii) Je zwei herausgegriffene Karten (φ_i, U_i) und (φ_k, U_k) sind durch eine *glatte* Übergangsabbildung verknüpft. (Wenn sie keine gemeinsamen Punkte haben, so sollen sie trivialerweise glatt überlappend heißen.)

(iii) Jede Karte, die mit allen anderen glatt überlappt, gehört schon zum Atlas.

Beispiel 3.1   Der Euklidische Raum

Zunächst erinnere ich an die Koordinaten eines Punktes der Mannigfaltigkeit M als einfaches Beispiel für Funktionen auf M. Es sei $p \in U \subset M$ ein beliebiger Punkt im Bereich der Karte (φ, U) (jetzt ohne nummerierenden Index), so dass

$$\varphi : U \to \mathbb{R}^n : p \mapsto \varphi(p) = \left(x^1_{(\varphi)}(p), \dots, x^n_{(\varphi)}(p) \right)^T$$

gilt. Die k-te Koordinate von p wird im $\mathbb{R}^n$ durch $x^k_{(\varphi)}(p)$ dargestellt. Wenn man daher die Abbildung

$$f^k : \mathbb{R}^n \to \mathbb{R} : \varphi(p) \mapsto x^k_{(\varphi)}(p)$$

betrachtet, so ist $(f^k \circ \varphi)$ eine Funktion auf $U \subset M$,

$$\left(f^k \circ \varphi \right) \text{ ist } \varphi : U \to \mathbb{R}^n \text{, gefolgt von } f^k : \mathbb{R}^n \to \mathbb{R} \text{,}$$

$$\text{mit } p \mapsto \varphi(p) \quad \text{und} \quad \varphi(p) \mapsto x^k_{(\varphi)}(p) \,.$$

Sie bildet den Punkt p auf seine k-te Koordinate ab.

Wenn M selbst der Euklidische Raum $\mathbb{R}^n$ ist, dann liefert der Satz $(f^1, f^2, \dots, f^n)$ die identische Abbildung id $: \mathbb{R}^n \to \mathbb{R}^n$. Dies ergibt einen Atlas, der aus einer einzigen Karte besteht. Anders ausgedrückt, heißt das, dass die Mannigfaltigkeit $M = \mathbb{R}^n$ mit der Karte $\mathbb{R}^n$ identifiziert wird. Dies ist die bekannte Erfahrung, dass man den Euklidischen Raum $\mathbb{R}^n$ wieder in einem solchen, also sozusagen „in sich selbst" beschreiben kann

Aber ist dieser Atlas auch vollständig? Um dies zu beantworten, überzeugt man sich, dass erst alle Diffeomorphismen

$$\Phi : \mathbb{R}^n \longrightarrow \mathbb{R}^n \,,$$

die mit id verträglich sind, zusammen mit der Identität einen vollständigen Atlas bilden. Das ist die bekannte Aussage, dass alle lokalen Koordinatensysteme zulässig sind, die mit den kartesischen Koordinaten und untereinander glatt verbunden sind. Unabhängig davon, welche von diesen Koordinaten man auswählt, man ist immer in derselben differenzierbaren Struktur $(M, \mathcal{A})$ zu Hause.

3.2.2 Funktionen, Vektorfelder, Äußere Formen

Funktionen auf M haben die übliche Bedeutung von Abbildungen

$$f : M \longrightarrow \mathbb{R} : p \longmapsto f(p) \,, \tag{3.4a}$$

die in die reellen Zahlen gehen – unabhängig davon, ob M ein Euklidischer Raum ist oder nicht. Allerdings muss man bei der Frage nach Differenzierbarkeit etwas vorsichtiger sein: Wenn M kein Euklidischer Raum ist, dann ist Differenzierbarkeit auf M nicht a priori definiert, wohl aber auf den Karten, die ja wieder Euklidische Räume sind. Deshalb heißt die Funktion f *glatt*, wenn

$$\left(f \circ \varphi^{-1} \right) : \varphi(U) \subset \mathbb{R}^n \longrightarrow \mathbb{R} \tag{3.4b}$$

(in der Regel unendlich oft) differenzierbar ist. Dies ist sinnvoll, denn die zusammengesetzte Abbildung $(f \circ \varphi^{-1})$ geht ja von einer Karte $\varphi(U) \subset \mathbb{R}^n$ auf dem Umweg über die Mannigfaltigkeit in die reellen Zahlen, so dass man in bekannter Weise entscheiden kann, ob sie glatt ist.

Die Menge der glatten Funktionen auf M wird mit $\mathfrak{F}(M)$ bezeichnet.

Die Definition von *Vektorfeldern* orientiert sich am Begriff der Richtungsableitung einer Funktion entlang von Vektoren. So sei zum Beispiel ein Tangentialvektor v im Punkt p gegeben, der in einer beliebigen Basis $\{\hat{\boldsymbol{e}}_i\}$ in Komponenten v^i zerlegt ist, $v = \sum_{i=1}^{n} v^i \hat{\boldsymbol{e}}_i$. Für $f : M \to \mathbb{R}$ ist die Richtungsableitung entlang von v durch

$$v(f) \equiv \mathrm{d}f(v) = \sum_{i=1}^{n} v^i \left. \frac{\partial f}{\partial x^i} \right|_{x=p} \tag{3.5}$$

gegeben. Daraus abstrahiert man die charakteristischen Eigenschaften von Tangentialvektoren bzw. von Vektorfeldern,

$$v(c_1 f_1 + c_2 f_2) = c_1 f(v_1) + c_2 f(v_2) \qquad (\mathbb{R}\text{-Linearität}) \,,$$
$$v(f_1 \cdot f_2) = f_1(p)v(f_2) + v(f_1)f_2(p) \qquad (\text{Leibniz-Regel}) \,.$$

Lässt man den Fußpunkt p über M wandern, so wird aus der Menge der lokalen Tangentialvektoren ein Vektor*feld*

$$V : \mathfrak{F}(M) \longrightarrow \mathfrak{F}(M) \,, \tag{3.6a}$$

dessen Wirkung auf glatte Funktionen lokal als

$$\left(Vf\right)(p) := v_p(f) \,, \quad f \in \mathfrak{F}(M) \,, \quad \text{für alle} \quad p \in M \tag{3.6b}$$

definiert ist. Damit ist auch die Frage nach der Differenzierbarkeit von Vektorfeldern klar gestellt: Ein Vektorfeld ist *glatt*, wenn die Funktion (Vf) für alle glatten Funktionen f wieder eine glatte Funktion ist.

Lokal, in Karten, gibt es immer Basen $\{\hat{\boldsymbol{e}}_i\}$ – wie oben –, oder, als Spezialfall, *Basisfelder* $\{\partial_i\}$, die mit Bezug auf die jeweilige Karte φ durch

$$\partial_i^{(\varphi)} \quad \text{mit} \quad \left. \partial_i^{(\varphi)} \right|_p (f) := \frac{\partial \left(f \circ \varphi^{-1} \right)}{\partial f^i} (\varphi(p)) \tag{3.6c}$$

gegeben sind. Ein glattes Vektorfeld V hat dann die lokale Entwicklung

$$v = \sum_{i=1}^{n} v^i \partial_i \,, \tag{3.6d}$$

wo die Koeffizienten $v^i = v^i(p)$ glatte Funktionen sind. Falls M ein Euklidischer Raum $\mathbb{R}^n$ ist, so vereinfacht sich die verschachtelte Formel (3.6c) natürlich und wird zu

$$\left. \partial_i \right|_p (f) = \frac{\partial f}{\partial x^i}(p) \,;$$

der Bezug auf die lokale Karte φ wird überflüssig.

Eine weitere Klasse von geometrischen Objekten, die wir benötigen werden, sind die *äußeren Differentialformen*, und unter diesen besonders die *Einsformen*. Auch hier bietet die Richtungsableitung (3.5) im $\mathbb{R}^n$ ein instruktives Beispiel. Man kann diese Formel nämlich auch als Wirkung des totalen Differentials der Funktion f

$$\mathrm{d}f = \sum_{i=1}^{n} \frac{\partial f}{\partial x^i} \, \mathrm{d}x^i$$

auf den Tangentialvektor v lesen, in dessen Richtung die Ableitung gebildet werden soll. Dies kann man auch so ausdrücken: Das glatte Vektorfeld V, dessen lokaler Vertreter der Tangentialvektor v ist, sei das Tangentialvektorfeld an eine glatte *Kurve* γ auf M

$$\gamma : \mathbb{R}_t \longrightarrow M \, . \tag{3.7}$$

Wie in Abb. 3.2 gezeigt, geht die Kurve bei $t = t_p$ durch den Punkt p und hat dort den Tangentialvektor v. Die Richtungsableitung im Punkt p, genommen längs des Vektors v, ist

$$\left. \frac{\mathrm{d}}{\mathrm{d}t} f(\gamma(t)) \right|_{t=t_p} \equiv \mathrm{d}f(v)|_p \, . \tag{3.8}$$

Formal gelesen ist $\mathrm{d}f$ eine Abbildung, die das Element $v \in T_pM$ des Tangentialraums in p auf eine reelle Zahl wirft. Somit ist $\mathrm{d}f$ selbst Element des zu T_pM dualen Vektorraums, des Kotangentialraums T_p^*M.

Ebenso wie für die lokale Darstellung von Vektorfeldern spielen die Koordinatenfunktionen aus Beispiel 3.1 auch hier eine besondere Rolle. Man bezeichnet sie etwas vereinfacht mit x^i, meint aber immer Koordinaten bezüglich einer lokalen Umgebung U eines Punktes $p \in M$. Ihre Differentiale $\mathrm{d}x^i$ bilden eine Basis von T_p^*M, die zur Basis $\{\partial_k\}$ von T_pM dual ist. Dies bedeutet

$$\mathrm{d}x^i(\partial_k) = \delta_k^i = \frac{\partial x^i}{\partial x^k} = \partial_k(x^i) \, . \tag{3.9}$$

Daran schließt sich eine einfache Definition von glatten Einsformen wie folgt an

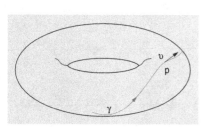

Abb. 3.2. Beispiel einer Kurve auf dem Torus T^2, die im Punkt p den Tangentialvektor v hat

---

Definition 3.3   Glatte Einsformen

Die lokal definierten Formen $\{\mathrm{d}x^i\}$, $i = 1, \dots, n$, heißen *Basis-Einsformen*. Jede Form, die sich lokal als

$$\omega = \sum_{i=1}^{n} \omega_i(x) \, \mathrm{d}x^i \tag{3.10a}$$

schreiben lässt, wobei die Koeffizienten $\omega_i(x)$ glatte Funktionen sind, heißt *glatte* Differentialform vom Grade 1 oder auch *glatte Einsform*. Die Koeffizienten sind durch die Anwendung der Einsform auf die entsprechenden Basisfelder gegeben,

$$\omega_i(x) = \omega(\partial_i) \, . \tag{3.10b}$$

(Durch Anwendung der Einsform ω auf das Basisfeld ∂_i entsteht die Funktion $\omega_i(x)$.)

1. Es sei g eine C^∞-Funktion auf $\mathbb{R}^n$. Ihr totales Differential

$$\mathrm{d}g = \sum_{i=1}^{n} \frac{\partial g}{\partial x^i}\,\mathrm{d}x^i$$

hat die glatten Funktionen $\partial g / \partial x^i$ als Koeffizienten und ist somit eine glatte Einsform.

2. Auf dem Euklidischen Raum $M = \mathbb{R}^3$ sei $\boldsymbol{V}$ das Tangentialvektorfeld an eine glatte Kurve γ und $\boldsymbol{K}$ ein physikalisches, glattes Kraftfeld. Auf Euklidischen Räumen und bei Verwendung kartesischer Koordinaten kann man kontravariante Komponenten K^i und kovariante Komponenten K_i identifizieren. Deshalb ist

$$\omega = \sum_{i=1}^{3} K_i(\boldsymbol{x})\,\mathrm{d}x^i$$

eine glatte Einsform. Wendet man diese auf das Vektorfeld $\boldsymbol{V}$ an, so ist

$$\omega(\boldsymbol{V}) = \sum_{i=1}^{3} K_i(\boldsymbol{x})V^i(\boldsymbol{x}) = \boldsymbol{K} \cdot \boldsymbol{V}\,.$$

Physikalisch gesehen ist dies die vom Kraftfeld $\boldsymbol{K}$ bei der Bewegung entlang der Kurve γ geleistete oder aufgenommene Arbeit.

3.2.3 Äußeres Produkt und äußere Ableitung

Einsformen lassen schiefsymmetrische Produkte zu, die man auf folgende Weise erhält:

Es seien $\omega_1, \omega_2, \ldots, \omega_k$ glatte Einsformen und $V_1, V_2, \ldots, V_k$ glatte Vektorfelder auf $\mathbb{R}^n$, wobei $k \leq n$ sein soll. Das *äußere Produkt* der k Einsformen, $\omega_1 \wedge \cdots \wedge \omega_k$, wird durch seine Wirkung auf die k beliebigen Vektorfelder als die Determinante

$$(\omega_1 \wedge \omega_2 \wedge \cdots \wedge \omega_k)(V_1, V_2, \ldots, V_n)$$

$$= \det \begin{pmatrix} \omega_1(V_1) & \omega_1(V_2) & \cdots & \omega_1(V_k) \\ \omega_2(V_1) & \omega_2(V_2) & \cdots & \omega_2(V_k) \\ \vdots & \vdots & \cdots & \vdots \\ \omega_k(V_1) & \omega_k(V_2) & \cdots & \omega_k(V_k) \end{pmatrix} \tag{3.11}$$

definiert.

Bemerkungen

1. Im Beispiel zweier Einsformen, $k = 2$, gibt (3.11)

$$(\omega_1 \wedge \omega_2)(V_1, V_2) = \omega_1(V_1)\omega_2(V_2) - \omega_1(V_2)\omega_2(V_1) \,, \qquad (3.11a)$$

eine Formel, die man vom Spezialfall des Kreuzprodukts im $\mathbb{R}^3$ her kennt. Betrachtet man zum Beispiel den Fluss eines Vektorfeldes V auf $\mathbb{R}^3$ durch die von zwei Vektoren a und b definierte Fläche,

$$\Phi_V(a, b) = V \cdot (a \times b) = V^1(a^2 b^3 - a^3 b^2) + \text{ zykl. Perm.} \,, \qquad (3.11b)$$

so liegt es nahe, eine mit V verknüpfte Zweiform zu definieren,

$$\eta_V := V_1 \, dx^2 \wedge dx^3 + V_2 \, dx^3 \wedge dx^1 + V_3 \, dx^1 \wedge dx^2 \,. \qquad (3.11c)$$

Wendet man diese auf das Paar (a, b) an, so entsteht die Funktion (3.11b).

2. Das äußere Produkt (3.11) ist *vollständig antisymmetrisch*,

$$\omega_{\pi(1)} \wedge \omega_{\pi(2)} \wedge \cdots \wedge \omega_{\pi(k)} = (-)^\pi \omega_1 \wedge \omega_2 \wedge \cdots \wedge \omega_k \,, \qquad (3.11d)$$

wo π eine Permutation der Nummern 1 bis k, und $(-)^\pi$ ihr Vorzeichen ist. Jetzt sieht man auch, warum $k \leq n$ sein muss. Für jedes k, das größer als n ist, verschwindet das äußere Produkt.

3. Das äußere Produkt – anders als das Kreuzprodukt im $\mathbb{R}^3$ – ist *assoziativ*. Dies folgt aus bekannten Eigenschaften der in der Formel (3.11) enthaltenen Determinanten.

4. In derselben Weise wie der Satz $(dx^1, \ldots, dx^n)$ eine Basis für Einsformen bildet, bauen die äußeren Produkte $dx^i \wedge dx^k$ mit $i < k$ eine Basis für Zweiformen auf. Sind die Koeffizienten $\eta_{ik}(x)$ glatte Funktionen, so ist

$$\eta = \sum_{i<k=1}^{n} \eta_{ik}(x) \, dx^i \wedge dx^k \qquad (3.11e)$$

die lokale Darstellung einer glatten Zweiform. Zugleich erfährt man, dass der Raum $\Lambda^2(M)$ der Zweiformen über M die Dimension

$$\dim \Lambda^2(M) = \binom{n}{2} = \tfrac{1}{2} n(n-1)$$

hat. Dies ist die Zahl der Möglichkeiten, zwei verschiedene, geordnete Indizes aus der Menge $(1, 2, \ldots, n)$ zu wählen. Diese Konstruktion setzt sich zu höheren Formen fort. So bilden zum Beispiel die lokalen k-Formen $dx^{i_1} \wedge dx^{i_2} \wedge \cdots \wedge dx^{i_k}$, mit $i_1 < i_2 < \cdots < i_k$ einem beliebigen Satz von Indizes aus der Menge $(1, 2, \ldots, n)$, eine Basis des Raumes $\Lambda^k(M)$ von k-Formen über M. Dessen Dimension ist die Zahl der Möglichkeiten, die Indizes $i_1 < i_2 < \cdots < i_k$ aus der Menge $(1, 2, \ldots, n)$ zu wählen,

$$\dim \Lambda^k(M) = \binom{n}{k} = \frac{n(n-1) \cdots (n-k+1)}{k!} \,. \qquad (3.11f)$$

Diese nimmt mit wachsendem k zunächst monoton zu, dann aber wieder ebenso monoton ab (Pascal'sche Zahlen!). Bei $k = n$ ist sie nur noch dim $\Lambda^n = 1$, d. h. es gibt nur eine einzige Basis-n-Form.

Wir merken noch an, dass man Funktionen auch als äußere Formen vom Grade Null interpretieren kann. Dies wird weiter unten, im Zusammenhang mit der äußeren Ableitung plausibel. Betrachtet man den Raum Λ^* *aller* äußeren Formen, so stellt man fest, dass er die Dimension

$$\dim \Lambda^* = \binom{n}{0} + \binom{n}{1} + \binom{n}{2} + \cdots \binom{n}{n-1} + \binom{n}{n}$$
$$= (1+1)^n = 2^n \tag{3.11g}$$

hat. Am Beispiel $\mathbb{R}^3$ mag man dies nachprüfen: Hier hat man als Basisformen eine für Nullformen, je drei für Eins- und für Zweiformen und eine für Dreiformen, insgesamt also 8, entsprechend der Aussage (3.11g) dim $\Lambda^* = 1 + 3 + 3 + 1 = 2^3$.

Die Verallgemeinerung der totalen Ableitung $\mathrm{d}f$ einer glatten Funktion f,

$$f \in \Lambda^0(M) : \mathrm{d}f \in \Lambda^1(M) \quad \text{mit} \quad \mathrm{d}f = \sum_1^n \frac{\partial f}{\partial x^i} \, \mathrm{d}x^i \,, \tag{3.12}$$

auf Formen höheren Grades ist durch die *äußere* oder *Cartan'sche Ableitung* gegeben:

Definition 3.5 Äußere Ableitung

Ist $\overset{k}{\omega}$ eine glatte k-Form, mit $k < n$, so liefert die *äußere Ableitung* eine Zuordnung zu einer Form $\overset{k+1}{\omega}$ nächsthöheren Grades,

$$\mathrm{d} : \Lambda^k(M) \longrightarrow \Lambda^{k+1}(M) : \overset{k}{\omega} \longmapsto \overset{k+1}{\omega} \,, \quad \text{die} \tag{3.13}$$

(a): für *Funktionen* f mit dem totalen Differential $\mathrm{d}f$ identisch ist, und
(b): die folgende graduierte Leibniz-Regel erfüllt:

Mit $\overset{k}{\omega} \in \Lambda^k$ und $\overset{l}{\omega} \in \Lambda^l$ gilt

$$\mathrm{d}\left(\overset{k}{\omega} \wedge \overset{l}{\omega}\right) = \left(\mathrm{d}\overset{k}{\omega}\right) \wedge \overset{l}{\omega} + (-)^k \overset{k}{\omega} \wedge \left(\mathrm{d}\overset{l}{\omega}\right) \,. \tag{3.14}$$

In einer lokalen Darstellung der k-Form

$$\overset{k}{\omega} = \sum_{i_1 < \ldots < i_k} \omega_{i_1 \ldots i_k}(x) \, \mathrm{d}x^{i_1} \wedge \cdots \wedge \mathrm{d}x^{i_k} \tag{3.15a}$$

ist ihre äußere Ableitung gleich der $(k+1)$-Form

$$\mathrm{d}\overset{k}{\omega} = \sum_{i_1 < \ldots < i_k} \mathrm{d}\omega_{i_1 \ldots i_k}(x) \wedge \mathrm{d}x^{i_1} \wedge \cdots \wedge \mathrm{d}x^{i_k} \,. \tag{3.15b}$$

Bemerkung

Die Formel (3.15b) enthält das äußere Produkt der totalen Ableitung der Koeffizientenfunktion $\omega_{i_1 \ldots i_k}(x)$ mit den geordneten Basis-Einsformen $\mathrm{d}x^{i_1}$ bis $\mathrm{d}x^{i_k}$. Will man die entstandene $(k+1)$-Form (3.15b) als Linearkombination von äußeren Produkten von $k+1$ Basis-Einsformen schreiben, so muss man das totale Differential $\mathrm{d}\omega_{i_1 \ldots i_k}(x)$ mittels (3.12) durch partielle Ableitungen von $\omega_{i_1 \ldots i_k}(x)$ und Einsformen ausdrücken. Im Ergebnis kann man dann in einem zweiten Schritt die Basis-Einsformen wieder von links nach rechts aufsteigend ordnen.

Beispiel 3.3   Zweifache äußere Ableitung

Die äußere Ableitung einer glatten Funktion ist das totale Differential

$$\mathrm{d}\overset{0}{\omega} = \sum_{i=1}^{n} \frac{\partial \overset{0}{\omega}}{\partial x^i}\, \mathrm{d}x^i \,.$$

Berechnet man hiervon die äußere Ableitung. so findet man

$$\mathrm{d}\left(\mathrm{d}\overset{0}{\omega}\right) = \sum_{i=1}^{n}\left(\mathrm{d}\frac{\partial \overset{0}{\omega}}{\partial x^i}\right) \wedge \mathrm{d}x^i = \sum_{i=1}^{n}\sum_{j=1}^{n} \frac{\partial^2 \overset{0}{\omega}}{\partial x^j \partial x^i}\, \mathrm{d}x^j \wedge \mathrm{d}x^i$$

$$= \sum_{j<i=1}^{n}\left\{ \frac{\partial^2 \overset{0}{\omega}}{\partial x^j \partial x^i} - \frac{\partial^2 \overset{0}{\omega}}{\partial x^i \partial x^j}\right\}\, \mathrm{d}x^j \wedge \mathrm{d}x^i = 0\,.$$

Hierbei ist ausgenutzt, dass das äußere Produkt $\mathrm{d}x^j \wedge \mathrm{d}x^i$ antisymmetrisch, die gemischten partiellen Ableitungen aber symmetrisch sind. Außerdem wurden die Indizes im zweiten Term der zweiten Zeile umbenannt.

In diesem Beispiel tritt eine Eigenschaft der äußeren Ableitung auf, die allgemein gilt: Wird sie zwei Mal angewendet, so ist das Resultat immer gleich Null.

$$\mathrm{d}^2 \equiv \mathrm{d} \circ \mathrm{d} = 0\,. \tag{3.16}$$

Die Formel (3.16) ist die Verallgemeinerung der bekannten Formeln

$$\mathbf{rot\,grad} = 0 \quad \text{und} \quad \mathbf{div\,rot} = 0\,,$$

die man aus dem $\mathbb{R}^3$ kennt. Diese sind auch Gegenstand des folgenden Beispiels:

Beispiel 3.4   Formen über dem Euklidischen $\mathbb{R}^3$

Über dem $\mathbb{R}^3$ mit der Metrik $\mathbf{g} = \mathrm{diag}(1, 1, 1)$ gibt es vier Räume $\Lambda^k(\mathbb{R}^3)$, für die

$$\dim \Lambda^0 = 1 = \dim \Lambda^3\,, \quad \text{und}$$

$$\dim \Lambda^1 = \binom{3}{1} = 3 = \binom{3}{2} = \dim \Lambda^2 \tag{3.17a}$$

gilt. Mit den Komponenten eines Vektorfeldes $\boldsymbol{a} = \sum_{i=1}^{3} a^i(\boldsymbol{x})\partial_i$ kann man wegen der Möglichkeit der Identifikation $a_i(\boldsymbol{x}) = a^i(\boldsymbol{x})$ die Einsform

$$\overset{1}{\omega}_a = \sum a_i(\boldsymbol{x})\,\mathrm{d}x^i \tag{3.17b}$$

bilden. Ihre äußere Ableitung ist eine Zweiform, die man gemäß der Regel (3.15b) berechnet

$$\mathrm{d}\,\overset{1}{\omega}_a = \sum \mathrm{d}a_i(\boldsymbol{x}) \wedge \mathrm{d}x^i = \sum_{i,j} \frac{\partial a_i}{\partial x^j} \mathrm{d}x^j \wedge \mathrm{d}x^i$$

$$= \left(-\frac{\partial a_1}{\partial x^2} + \frac{\partial a_2}{\partial x^1}\right)\mathrm{d}x^1 \wedge \mathrm{d}x^2 + \left(-\frac{\partial a_2}{\partial x^3} + \frac{\partial a_3}{\partial x^2}\right)\mathrm{d}x^2 \wedge \mathrm{d}x^3$$

$$+ \left(\frac{\partial a_3}{\partial x^1} - \frac{\partial a_1}{\partial x^3}\right)\mathrm{d}x^1 \wedge \mathrm{d}x^3 \tag{3.17c}$$

$$= (\boldsymbol{\nabla} \times \boldsymbol{a})_3\,\mathrm{d}x^1 \wedge \mathrm{d}x^2 + (\boldsymbol{\nabla} \times \boldsymbol{a})_1\,\mathrm{d}x^2 \wedge \mathrm{d}x^3 + (\boldsymbol{\nabla} \times \boldsymbol{a})_2\,\mathrm{d}x^3 \wedge \mathrm{d}x^1\,.$$

Diese Zweiform hat als Koeffizienten die Komponenten der Rotation $\boldsymbol{\nabla} \times \boldsymbol{a}$. Wählt man als Spezialfall $\boldsymbol{a} = \boldsymbol{\nabla} f$ mit f einer glatten Funktion, so ist $\mathrm{d}f = \overset{1}{\omega}_{\boldsymbol{\nabla} f}$. Eine zweite Anwendung der äußeren Ableitung gibt dann die bekannte Formel

$$\mathrm{d} \circ \mathrm{d}f = 0 \longleftrightarrow \mathbf{rot\,grad} = 0\,. \tag{3.17d}$$

Wendet man die äußere Ableitung auf $\mathrm{d}\,\overset{1}{\omega}_a$ an, so findet man analog

$$\mathrm{d} \circ \mathrm{d}\,\overset{1}{\omega}_a = 0 \longleftrightarrow \mathbf{div\,rot} = 0\,. \tag{3.17e}$$

Das Ergebnis (3.17d) ist eine dreikomponentige Gleichung, weil $\mathrm{d} \circ \mathrm{d}f$ eine Zweiform ist und weil $\dim \Lambda^2(\mathbb{R}^3) = 3$ ist. Das Ergebnis (3.17e) hat dagegen nur eine Komponente, weil der Raum der Dreiformen über $\mathbb{R}^3$ eindimensional ist.

3.2.4 Nullkurven und Standardformen über $\mathbb{R}^n$

In adiabatischen Prozessen durchläuft das System Gleichgewichtszustände entlang von Kurven γ auf M_Σ, für die das Integral (3.2b) verschwindet. Dies gilt nicht nur global bei gegebenen Anfangs- und Endpunkten von γ, sondern auch lokal entlang von Stücken $\Delta\gamma$ der Kurve. In den Koordinaten einer Karte ist ein solches Integral gleich

$$\int_{\Delta\gamma} \alpha = \int_t^{t+\Delta t} \mathrm{d}t \left[\sum_{i=1}^n a_i\,(x(t))\,\dot{x}^i(t)\right]\,,$$

wobei $\dot{x}$ der Tangentialvektor an die Kurve im Punkt x ist. Auf der rechten Seite dieser Gleichung steht (in eckigen Klammern) die Wirkung der Einsform α auf das Tangentialvektorfeld $\dot{\gamma}$ der Kurve γ, ausgedrückt in lokalen Koordinaten und am Punkt $x = \varphi(p)$, $p \in M$. Diese Integrale können nur dann gleich Null sein, wenn die Wirkung $\alpha(\dot{\gamma})$ an jedem Punkt entlang der Kurve γ Null ergibt. Im zweiten Teil von Beispiel 3.2 würde $\omega(\dot{\gamma}) = 0$ bedeuten, dass das Kraftfeld $\boldsymbol{K}$ entlang der ganzen Bahn auf der Geschwindigkeit senkrecht steht.

An dieses Beispiel und die Bemerkung schließen sich zwei geometrische Begriffe an, die für die Theorie der Wärme wichtig sind: Der *Nullraum* und die *Nullkurve:*

Definition 3.6   Nullraum und Nullkurve einer Einsform

1. Sei α eine glatte Einsform auf der Mannigfaltigkeit M, p ein Punkt von M und $T_p M$ der Tangentialraum in p. Der Unterraum aller derjenigen Tangentialvektoren $w \in T_p M$, für die $\alpha(w) = \sum a_i w_p^i = 0$ ist, heißt *Nullraum der Einsform α im Punkt p*. Der Nullraum ist ein Vektorraum und hat die Dimension $(n-1)$.
2. Eine Kurve

$$\gamma : \mathbb{R}_t \longrightarrow M : t \longmapsto \gamma(t)$$

auf M heißt *Nullkurve der Einsform α*, wenn ihr Geschwindigkeitsfeld $\dot{\gamma}(t)$ für alle t im Nullraum von α liegt.

Der nun folgende Satz ist direkt auf die Thermodynamik von adiabatischen Prozessen zugeschnitten.

Satz 3.1   Satz über Einsformen auf $\mathbb{R}^n$ (Carathéodory)

Es sei α eine Einsform auf $M = \mathbb{R}^n$ mit der folgenden Eigenschaft: In jeder Umgebung eines jeden Punktes $p \in M$ gibt es Punkte q, die man nicht durch eine Nullkurve mit p verbinden kann. Unter dieser Voraussetzung gibt es Funktionen f und g derart, dass die Einsform sich lokal als

$$\alpha = f \, dg \tag{3.18}$$

darstellen lässt.

Anstelle eines förmlichen Beweises, der einfach, aber lang ausfallen würde, wollen wir den Satz plausibel machen und an überschaubaren Beispielen nachprüfen.

Wenn eine Einsform als $\alpha = f \, dg$ dargestellt werden kann und wenn f die konstante Funktion ist, dann ist $d\alpha = \text{const.} \, d^2 g = 0$. In diesem Fall ist α eine *geschlossene* Form und kann aufgrund des Lemmas von Poincaré lokal – und auf $M = \mathbb{R}^n$ sogar global – als Differential $\alpha = dh$ einer glatten Funktion h geschrieben werden.

Ist die Funktion f nicht konstant, so ist zwar $d\alpha = df \wedge dg \neq 0$, aber das äußere Produkt aus α und $d\alpha$ verschwindet,

$$\alpha \wedge d\alpha = f \, dg \wedge \big(df \wedge dg + f \, d^2 g \big) = -f \, dg \wedge dg \wedge df = 0 \, ,$$

(Antisymmetrie des Dachprodukts). Einsformen der Art (3.18) haben daher die Eigenschaft, dass entweder $d\alpha = 0$ ist oder $\alpha \wedge d\alpha = 0$. In beiden Fällen ist die Voraussetzung des Satzes erfüllt, d. h. es gibt in jeder Umgebung von p Punkte, die man *nicht* durch eine Nullkurve mit p verbinden kann. Dies ist leicht nachzuprüfen:

(a) Wenn $d\alpha = 0$ und somit $\alpha = dh$ ist, so ist jedes Wegintegral von p nach q gleich

$$\int\limits_{\Delta\gamma} \alpha = h(q) - h(p)\,.$$

Dieses ist zwar Null, wenn q auf der Fläche $h(p) = \text{const.}$ liegt, es gibt aber immer Punkte in jeder Umgebung von p, für die $h(q) \neq h(p)$ und für die das Integral somit nicht Null ist.

(b) Wenn nur $\alpha \wedge d\alpha = 0$ gilt und somit α die Form $\alpha = f\,dg$ hat, dann ist γ Nullkurve der Einsform α genau dann, wenn sie Nullkurve der Einsform $dg = \alpha/f$ ist. Dies ist so, weil die Definition einer Nullkurve für beliebig kleine Wegstücke, also punktweise gilt,

$$\int\limits_{\Delta\gamma} \alpha = \int\limits_{\Delta\gamma} f\,dg = 0 \Longleftrightarrow \int\limits_{\Delta\gamma} dg = \int\limits_{\Delta\gamma} \frac{1}{f}\alpha = 0\,.$$

Da es immer Punkte gibt, für die $\int_{\Delta\gamma} dg$ ungleich Null ist – siehe Fall (a) –, gilt dies auch für $\int_{\Delta\gamma} \alpha$.

Somit bleibt noch folgendes zu zeigen:

(c) Wenn α weder die Eigenschaft $d\alpha = 0$ noch die Eigenschaft $\alpha \wedge d\alpha = 0$ hat und somit nicht von der Form $f\,dg$ ist, dann lässt sich *jeder* Punkt p mit jedem anderen Punkt q durch eine Nullkurve verbinden. Dies zeigt man auf konstruktive Weise, indem man ohne Beschränkung der Allgemeinheit $p = (0, 0, 0)^T$ und $q = (a, b, c)^T$ wählt und ein Beispiel für einen Weg von p nach q findet, für den $\int \alpha = 0$ ist. Dies ist in der Tat immer möglich, ganz gleich welche Werte die Koordinaten a, b und c haben (siehe Aufgabe 3.6).

Diese Konstruktion wird erleichtert, wenn man die Koordinaten jeweils so wählt, dass im Fall (a) $\alpha = dx^3$ wird, und im Fall (b) die Form $\alpha = x^1\,dx^2$ annimmt. Beides sind in dem Sinne generische Formen, als sie den allgemeinen Fall beinhalten.

Eine Einsform, die keine der beiden Bedingungen $d\alpha = 0$ oder $\alpha \wedge d\alpha = 0$ erfüllt, hat im $\mathbb{R}^3$ die generische Form $\alpha = x^1\,dx^2 + dx^3$. Hier ist tatsächlich

$$\alpha \wedge d\alpha = dx^3 \wedge dx^1 \wedge dx^2 = dx^1 \wedge dx^2 \wedge dx^3 \neq 0\,.$$

Im $\mathbb{R}^3$ ist man damit am Ziel angelangt, denn höhere Formen als $\alpha \wedge d\alpha$ gibt es nicht (warum ist dies so?). In Euklidischen Räumen $\mathbb{R}^n$ mit $n > 3$ geht man in analoger Weise weiter: Nach der Klasse (c), wo zwar $\alpha \wedge d\alpha \neq 0$, aber $d\alpha \wedge d\alpha = 0$ gilt, fragt man nach

(d) den Einsformen, für die zwar

$$d\alpha \wedge d\alpha \neq 0\,, \quad \text{aber} \quad \alpha \wedge d\alpha \wedge d\alpha = 0 \quad \text{gilt.}$$

Ist auch dies nicht erfüllt, dann fragt man nach

(e) denjenigen Einsformen, für die zwar

$$\alpha \wedge d\alpha \wedge d\alpha \neq 0\,, \quad \text{aber} \quad d\alpha \wedge d\alpha \wedge d\alpha = 0 \quad \text{gilt.}$$

Diese Frage setzt man fort, bis man bei

$$\alpha \wedge \underbrace{d\alpha \wedge \cdots \wedge d\alpha}_{(n-1)/2} \quad \text{in } \textit{ungerader} \text{ Dimension,}$$

$$\underbrace{d\alpha \wedge \cdots \wedge d\alpha}_{n/2} \quad \text{in } \textit{gerader} \text{ Dimension}$$

angelangt ist. Noch höhere Formen als diese äußeren Produkte gibt es nicht. In allen diesen Fällen erhält man durch geeignete Wahl der Koordinaten generische Ausdrücke für die Einsform α, als Funktion von Koordinaten x^i und Basis-Einsformen dx^k. Für die Klasse (d) als Beispiel könnte man ohne Beschränkung der Allgemeinheit $\alpha = x^1 dx^2 + x^3 dx^4$ betrachten. Dann ist zwar $d\alpha = dx^1 \wedge dx^2 + dx^3 \wedge dx^4$ und somit $d\alpha \wedge d\alpha = 2 dx^1 \wedge dx^2 \wedge dx^3 \wedge dx^4 \neq 0$, aber $\alpha \wedge d\alpha \wedge d\alpha$ ist auch für $n > 5$ gleich Null.

Für die Klasse (e) kann man analog, bei geeigneter Wahl der Koordinaten, die Form $\alpha = x^1 dx^2 + x^3 dx^4 + dx^5$ annehmen. Man sieht jetzt auch, wie die Prozedur weitergeht, wenn die Dimension n entsprechend hoch ist.

Für je zwei beliebige Punkte p und q zeigt man nun, dass es immer Wege vom einen zum anderen gibt, die Nullkurven jeder solchen Einsform sind. Keine von ihnen erfüllt die Voraussetzungen des Satzes 3.1. Hat man solcherart nachgeprüft, dass mit allen Einsformen, die nicht in die Klasse (a) oder (b) fallen, je zwei Punkte durch eine Nullkurve verbunden werden können, so ist der Satz bewiesen.

In der Aufgabe 3.7 soll man dies für $\mathbb{R}^6$ nachprüfen. Am zweiten dieser Beispiele sieht man dann, dass dieser Beweis sich ohne Schwierigkeit auf $\mathbb{R}^n$ erweitern lässt.

3.3 Die Einsformen der Thermodynamik

Dieser Abschnitt wiederholt und vertieft wesentliche Teile der in den ersten beiden Kapiteln dargestellten Thermodynamik von Gleichgewichtszuständen, jetzt aber in einer konzisen und transparenten Form. Auch die Hauptsätze, ebenso wie die Schlussfolgerungen, die man aus ihnen zieht, werden klarer dargestellt.

3.3.1 Wärme- und Arbeits-Einsformen

Wenn wir wie weiter oben mehrfach gehandhabt, die abgegebene oder aufgenommene Wärme als Einsform α über der Mannigfaltigkeit M_Σ der Gleichgewichtszustände eines Systems darstellen, dann ist diese Beschreibung noch unvollständig. In der Beschreibung von Prozessen ist es wesentlich anzugeben, in welcher Weise die Wärme ausgetauscht wird, ob bei festgehaltenem Volumen V, bei festgehaltenem Druck p oder unter anderen Bedingungen. Was immer diese Bedingungen sind, die entlang eines

Weges γ auf M_Σ des Systems aufgenommene oder abgegebene Menge an Wärme berechnet sich als

$$Q(\gamma) = \int_\gamma \alpha \tag{3.19}$$

Hieran schließt sich eine einfache Definition:

Definition 3.7

Ein *adiabatischer, reversibler Prozess* ist eine Kurve auf M_Σ, die Null-kurve von α ist.

Man beachte auch hier, dass dies eine lokale Definition ist. Die Aussage gilt punktweise entlang der Kurve γ.

Auch die Einsform, die die geleistete oder aufgenommene Arbeit beschreibt, muss noch genauer daraufhin analysiert werden, aus welchen Variablen sie herrührt und welche Bedingungen an die übrigen Variablen vorgegeben sind. So wird sie i. Allg. die Form

$$\omega = \sum_{i=1}^{n} \xi_i \, dx^i \tag{3.20}$$

haben, wobei die Paare aus je einer intensiven und einer extensiven Variablen beispielsweise die folgenden sein können

$$\left(\xi_1 = -p, x^1 = V\right), \qquad \left(\xi_2 = \mu_C, x^2 = N\right) . \tag{3.21}$$

Wie bisher ist p der Druck, V das Volumen, μ_C das chemische Potential, N die Teilchenzahl.

Beide, die Wärme-Einsform und die Arbeits-Einsform, sind i. Allg. nicht geschlossen, $d\alpha \neq 0$ und $d\omega \neq 0$. Wenn $d\omega$ nicht Null ist, bedeutet das, dass man ω nicht als Differential einer glatten Funktion schreiben kann, $\omega \neq df$. Somit ist dann auch das Integral über einen geschlossenen Weg nicht Null,

$$\omega \neq df \Longleftrightarrow \oint \omega \neq 0 .$$

Der *erste Hauptsatz* verknüpft diese beiden Einsformen. Er sagt aus, dass

$$\alpha + \omega = dE \quad \text{und somit} \quad d(\alpha + \omega) = d^2 E = 0 \tag{3.22}$$

ist. Die Änderung der Energie ist die Summe aus der aufgenommenen oder abgegebenen Wärmemenge und der aufgenommenen oder geleisteten Arbeit. Ist die Änderung der Energie gleich Null, dann müssen sich Wärme und Arbeit entsprechend kompensieren.

Der *zweite Hauptsatz* sagt aus, dass es in jeder Umgebung eines Gleichgewichtszustands X des Systems Σ andere solche Zustände gibt, die nicht mit X über eine adiabatisch-reversible Kurve zusammenhängen. Da dies empirisch so ist, sagt der Satz 3.1, dass die Wärme-Einsform immer als

$$\alpha = f \, dg \tag{3.23}$$

geschrieben werden kann, wo f und g glatte Funktionen auf M_Σ sind.

3.3.2 Mehr zur Temperatur

In Abschn. 1.1 und in der Definition 1.2 haben wir beschrieben, welche Eigenschaften die Temperatur im Blick auf unsere praktische Erfahrung haben sollte. Dort wurde auch der sog. Nullte Hauptsatz formuliert, der aussagt, dass Systeme, die miteinander im Gleichgewicht stehen, dieselbe Temperatur haben.

Auch wenn das Ergebnis (3.23) ebenfalls auf empirischer Erfahrung beruht, so geht es doch wesentlich tiefer: Es beruht auf dem zweiten Hauptsatz der Thermodynamik und macht Gebrauch von dem Satz 3.1 über Einsformen auf Euklidischen Räumen. Hier zeigen wir, dass die erwarteten Eigenschaften der Temperatur aus der allgemein gültigen Darstellung (3.23) und der oben gegebenen Analyse folgen.

Wie gewohnt gehen wir von einem Gedankenexperiment aus: Es sind zwei Einzelsysteme Σ_1 und Σ_2 in ihren jeweiligen Gleichgewichtszuständen X_1 bzw. X_2 gegeben. Dabei steht X für die thermodynamischen Variablen, die Koordinaten auf den Mannigfaltigkeiten M_{Σ_1} bzw. M_{Σ_2} sind. Ihre Energien sind $E_1(X_1)$ und $E_2(X_2)$. Bringt man diese Systeme in thermischen Kontakt, so gilt für die Energien und die Arbeits-Einsformen

$$E(X_1, X_2) = E_1(X_1) + E_2(X_2) \,,$$
$$\omega(X_1, X_2) = \omega_1(X_1) + \omega_2(X_2) \,. \tag{3.24a}$$

Wie wir weiter unten zeigen, wird sich nach einer gewissen Zeit ein Gleichgewichtszustand des Gesamtsystems einstellen, in dem sich die beiden Temperaturen angleichen. Die Gleichgewichtszustände des Gesamtsystems liegen dann auf der Untermannigfaltigkeit von $M_{\Sigma_1} \times M_{\Sigma_2}$, auf der die Temperaturen der Teilsysteme gleich sind, $T_1 = T_2$.

Additivität wie in (3.24a) gilt auch für die Wärme-Einsformen, $\alpha = \alpha_1 + \alpha_2$. Mit dem Ergebnis (3.23) für die Gestalt der Wärme-Einsform, $\alpha = f \, \mathrm{d}g$, $\alpha_1 = f_1 \, \mathrm{d}g_1$, $\alpha_2 = f_2 \, \mathrm{d}g_2$ hat man somit

$$f \, \mathrm{d}g = f_1 \, \mathrm{d}g_1 + f_2 \, \mathrm{d}g_2 \,. \tag{3.24b}$$

Da es immer möglich ist, die Temperatur eines isolierten Systems zu ändern ohne Wärme auszutauschen, schließt man, dass α_1 und $\mathrm{d}T_1$, und ebenso α_2 und $\mathrm{d}T_2$, linear unabhängig sind. Dies ist äquivalent zur Aussage, dass $\mathrm{d}g_i$ und $\mathrm{d}T_i$, $i = 1, 2$, linear unabhängig sind. Ohne Beschränkung der Allgemeinheit kann man die thermodynamischen Variablen so ordnen, dass T_i, g_i jeweils die ersten beiden Koordinaten sind, die beiden Teilsysteme also durch einen Satz $(T_i, g_i, Y_i, \dots)$ $(i = 1$ oder $2)$ beschrieben werden. Vereinigt man die beiden Systeme, dann wird das Gesamtsystem durch die Variablen $(T_1, T_2, g_1, g_2, Y_1, \dots)$ oder, wenn die Temperaturen sich angeglichen haben, $(T, g_1, g_2, Y_1, \dots)$ beschrieben. In diesen Koordinaten sagt (3.24b), dass $\mathrm{d}g$ eine Linearkombination von $\mathrm{d}g_1$ und $\mathrm{d}g_2$ ist, d. h. – für die Funktionen selbst – dass g eine differenzierbare Funktion von g_1 und von g_2 ist,

$$g = G(g_1, g_2) \,.$$

Beachtet man, dass die Wärme-Einsform $\alpha = f\,\mathrm{d}g$ nirgends gleich Null wird, so sieht man, dass diese Aussage auch für die Funktion f gilt. Deshalb kann man (3.24b) durch f dividieren,

$$\mathrm{d}g = \frac{f_1}{f}\,\mathrm{d}g_1 + \frac{f_2}{f}\,\mathrm{d}g_2 \;. \qquad (3.24c)$$

Hieraus schließt man auf die Abhängigkeiten

$$\frac{f_i}{f} = h_i(g_1, g_2) \quad \text{mit} \quad h_i = \frac{\partial G(g_1, g_2)}{\partial g_i} \;,\; i = 1, 2 \,, \text{d.h.}\; \frac{f_1}{f_2} = \frac{h_1}{h_2} \,,$$

und hieraus schließlich

$$\ln f_1 - \ln f_2 = \ln\left(\frac{h_1}{h_2}\right) \;. \qquad (3.25a)$$

Die rechte Seite von (3.25a) hängt nur von g_1 und g_2 ab. Leitet man diese Gleichung nach der Temperatur T ab, so gibt die rechte Seite Null, während die linke die Gleichung ergibt:

$$\frac{\partial \ln f_1}{\partial T} = \frac{\partial \ln f_2}{\partial T} \;. \qquad (3.25b)$$

Eigentlich ist die linke Seite eine Funktion der Variablen $(T, f_1, Y_1, \dots)$, die rechte Seite eine Funktion der Variablen $(T, f_2, Y_2, \dots)$. Wegen der Gleichheit (3.25b) können die beiden Seiten aber nur von T allein abhängen und müssen dieselbe Funktion der Temperatur T sein. Daraus folgt, dass es eine universelle Funktion $\tau(T)$ gibt derart, dass

$$\tau(T) = \frac{\partial \ln f}{\partial T} \qquad (3.25c)$$

ist. Über diese Funktion weiß man empirisch, dass sie nirgends gleich Null wird. Die Idee ist jetzt, die Variable T durch eine andere $T^{(\mathrm{abs})} = T^{(\mathrm{abs})}(T)$ zu ersetzen, die so gewählt ist, dass

$$\frac{\partial T^{(\mathrm{abs})}}{\partial T} \equiv \frac{\mathrm{d}\,T^{(\mathrm{abs})}}{\mathrm{d}\,T} = \tau(T)\,T^{(\mathrm{abs})} \qquad (3.26a)$$

ist, mit derselben Funktion τ wie in (3.25c). Dann gilt nämlich

$$\frac{\partial \ln f}{\partial T^{(\mathrm{abs})}} = \frac{1}{T^{(\mathrm{abs})}} = \frac{\partial \ln T^{(\mathrm{abs})}}{\partial T^{(\mathrm{abs})}} \;. \qquad (3.26b)$$

Gleichung (3.26a) hat die allgemeine Lösung

$$T^{(\mathrm{abs})} = c \exp\left\{ \int\limits_{T_0}^{T} \mathrm{d}T'\, \tau(T') \right\} \equiv c\,\mathrm{e}^{F(T)}$$

$$\text{mit}\quad F(T) = \int\limits_{T_0}^{T} \mathrm{d}T'\, \tau(T') \;.$$

Die Differentialgleichung (3.26a) legt somit die Temperatur $T^{(\text{abs})}(T)$ bis auf einen Skalenfaktor c fest. Ist dieser positiv gewählt, so ist $T^{(\text{abs})}$ für alle Werte von T positiv. Aus (3.26b) folgt, dass $\ln f = \ln T^{(\text{abs})} + \ln \varphi$, wo die Funktion φ nicht von $T^{(\text{abs})}$ abhängen kann. Aufgrund von (3.25b) und deren Universalität folgert man ebenso, dass

$$\ln f_1 = \ln T^{(\text{abs})} + \ln \varphi_1 \quad \text{und} \quad \ln f_2 = \ln T^{(\text{abs})} + \ln \varphi_2$$

gilt, wo auch die Funktionen φ_1 und φ_2 nicht von $T^{(\text{abs})}$ abhängen. Ausgehend von (3.25a) überlegt man sich, dass f_1 nicht von g_2, und f_2 nicht von g_1 abhängen kann und somit, dass φ_i nur von g_i, aber nicht von der jeweils anderen Funktion abhängt. Somit gilt

$$f = T^{(\text{abs})} \varphi \,, \quad f_i = T^{(\text{abs})} \varphi_i \,, \quad i = 1, 2 \,,$$

für jedes System. Die Wärme-Einsform hat demnach die allgemeine Form

$$\alpha = T \varphi(g) \, dg \,, \tag{3.27}$$

mit der Feststellung, dass die Funktion φ nirgends verschwindet. Setzt man jetzt $dS = \varphi \, dg$, wobei die Bezeichnung S schon die Entropie nahelegen soll, so sieht man, dass S ein unbestimmtes Integral über φ ist und daher bis auf eine additive Konstante festliegt.

Als Ergebnis dieser Überlegungen lässt sich folgendes feststellen: Es gibt eine universelle, absolute Temperatur $T^{(\text{abs})}$, die bis auf einen Skalenfaktor definiert ist. Trifft man für diese Temperatur eine spezifische Wahl, so wird dadurch die Entropie S bis auf eine additive Konstante festgelegt. Die Wärme-Einsform ist dann durch

$$\alpha = T^{(\text{abs})} \, dS \tag{3.28}$$

gegeben und hat die im zweiten Hauptsatz angegebene Form (2.55c).

3.4 Systeme, die nur von zwei Variablen abhängen

In diesem Abschnitt studieren wir thermodynamische Systeme im Gleichgewicht, die von der Temperatur T und nur einer weiteren Variablen X abhängen. Diese zweite Variable wird in der Regel das Volumen V oder der Druck p sein. Ziel ist dabei, die Wärme-Einsform durch die Basis-Einsformen dT und dX auszudrücken und mit Zustandsgleichungen für das betrachtete System in Verbindung zu bringen.

Als allgemeine Bemerkung sei die folgende vorausgeschickt:

Bemerkung

Man muss sich klarmachen, dass Wärme und Temperatur unabhängige Begriffe sind. Kennt man die Temperatur eines Körpers, so weiß man dennoch nicht, welche Wärmemenge er insgesamt enthält. In der Tat, führt man einem System Wärme zu (oder entzieht ihm Wärme), so erhöht (erniedrigt) sich zwar seine Temperatur, gleichzeitig wird aber ein Teil der Wärme für eine Veränderung des Volumens oder des Drucks verbraucht. Diesen Anteil der Wärme fasst man unter dem Begriff *latente Wärme* zusammen.

Wenn die Temperatur T und das Volumen $X = V$ die gewählten Variablen sind, dann lautet die Wärme-Einsform

$$\alpha = \Lambda_V \, dV + c_V \, dT \; . \tag{3.29}$$

Die Einsformen dV und dT sind linear unabhängig und T und V können in der Tat als unabhängige Variable dienen. Der Anteil $c_V \, dT$ beschreibt die spezifische Wärme bei konstantem Volumen, der Anteil $\Lambda_V \, dV$ die *latente* Wärme im Bezug auf das Volumen, d. h. der Anteil der Wärme, der mit einer Veränderung des Volumens verknüpft ist.

Wählt man neben der Temperatur den Druck $X = p$ als unabhängige Variable, so ist die Wärme-Einsform durch

$$\alpha = \Lambda_p \, dp + c_p \, dT \tag{3.30}$$

gegeben. Hier beschreibt $c_p \, dT$ die spezifische Wärme bei konstantem Druck, der erste Term $\Lambda_p \, dp$ die *latente* Wärme im Bezug auf den Druck. Das ist die Wärmemenge, die für eine Erhöhung des Drucks gebraucht oder bei Senkung des Drucks gewonnen wird.

Da die Mannigfaltigkeit M_Σ der Zustände Dimension 2 hat, werden die Rechnungen mit äußeren Formen besonders einfach. Der Raum der Zweiformen ist eindimensional, daher sind je zwei glatte Zweiformen zueinander proportional:

Für $\omega_1, \omega_2 \in \Lambda^2(M_\Sigma)$ gilt $\omega_1 = f\omega_2$ mit $f \in \Lambda^0(M_\Sigma)$

einer glatten Funktion. Solange ω_2 nicht gleich Null ist, kann man hierdurch dividieren und hat somit $\omega_1/\omega_2 = f$. Als Beispiel betrachte man die Zweiformen $\alpha \wedge dp$ und $\alpha \wedge dV$. Ihr Verhältnis muss eine Funktion sein,

$$\frac{\alpha \wedge dp}{\alpha \wedge dV} = f \; .$$

Dieses Verhältnis hat eine einfache thermodynamische Bedeutung. Es sei $x \in M_\Sigma$ ein Punkt (Zustand) auf der zweidimensionalen Mannigfaltigkeit, es seien $a, b \in T_x M_\Sigma$ zwei linear unabhängige Tangentialvektoren im Punkt x, von denen der erste tangential an eine Adiabate gewählt sein soll, die durch x geht. Dann ist $\alpha(a) = 0$, aber $\alpha(b) \neq 0$, und man berechnet

$$\begin{aligned} f(x) &= \frac{(\alpha \wedge dp)(a, b)}{(\alpha \wedge dV)(a, b)} = \frac{-\alpha(b)\,dp(a)}{-\alpha(b)\,dV(a)} \\ &= \frac{dp(a)}{dV(a)} \equiv \left(\frac{dp}{dV}\right)^{(\text{adiabatisch})} \; . \end{aligned} \tag{3.31a}$$

Wählt man jetzt $u \in T_x M_\Sigma$ als Tangentialvektor an eine Isotherme durch den Punkt x und mit $v \in T_x M_\Sigma$ einen zweiten, von u unabhängigen Tangentialvektor, so berechnet man in derselben Weise die Funktion

$$g(x) = \frac{(dT \wedge dp)(u, v)}{(dT \wedge dV)(u, v)} = \frac{dp(u)}{dV(u)} = \left(\frac{dp}{dV}\right)^{(\text{isotherm})} \; . \tag{3.31b}$$

Jetzt bildet man das Dachprodukt aus α, Gleichung (3.29), mit dV und bekommt $\alpha \wedge dV = c_V \, dT \wedge dV$. In analoger Weise folgt aus (3.30), dass $\alpha \wedge dp = c_p \, dT \wedge dp$ ist. Damit und mit (3.31a) und (3.31b) erhält man die Beziehung

$$\left(\frac{dp}{dV}\right)^{\text{(adiabatisch)}} = \gamma \left(\frac{dp}{dV}\right)^{\text{(isotherm)}} \quad \text{mit} \quad \gamma = \frac{c_p}{c_V} . \tag{3.31c}$$

Der Faktor γ ist das Verhältnis der spezifischen Wärmen bei konstantem Druck bzw. konstantem Volumen. Für das Ideale Gas hat dieser Parameter den Wert $\gamma^{\text{id. Gas}} = 5/3$, s. (2.25a).

Aus den ersten beiden Hauptsätzen folgen die Beziehungen

$$dE = \alpha - p \, dV \quad (\text{1. HS}) , \quad \alpha = T \, dS \quad (\text{2. HS}). \tag{3.32}$$

Daraus schließt man wegen $d^2 E = 0$ auf die Gleichung

$$dT \wedge dS = dp \wedge dV , \tag{3.33}$$

die weiter unten mehrfach verwendet wird.

Zunächst ist es aber instruktiv, noch einmal das Ideale Gas zu betrachten. Hier sind die *Isothermen* gemäß dem Boyle-Mariotte'schen Gesetz die Niveaukurven der Funktion

$$t(p, V) := pV \tag{3.34a}$$

mit $t(p, V) = kT$. Hieraus und aus (3.31c) zeigt man, dass die *Adiabaten* die Niveaukurven der Funktion

$$a(p, V) := pV^{\gamma} \tag{3.34b}$$

sind. Dies ist einfach zu zeigen: Bewegt man sich auf Isothermen, so folgt aus $pV = \text{const.}$ die Gleichung $V \, dp + p \, dV = 0$ und hieraus $dp/dV = -p/V$. Auf Adiabaten gilt nach (3.31c) dagegen $dp/dV = -\gamma \, p/V$. Hieraus schließt man

$$V \, dp + \gamma p \, dV = 0 \quad \text{oder} \quad V^{\gamma} \, dp + \gamma V^{\gamma-1} p \, dV = 0$$

und somit $pV^{\gamma} = \text{const.}$.

Die Kurven $t(p, V) = \text{const.}$ sind Isothermen in der (p, V)-Ebene. Die Funktion t und die Temperatur T haben dieselben Niveaukurven, ihre Ableitungen verschwinden nirgends. Daraus schließt man, dass T eine Funktion von t ist, $T = T(t)$, und dass $T'(t) \equiv dT/dt$ nirgends verschwindet. Eine analoge Überlegung gilt für die Funktion a und die Entropievariable S, so dass man diese als Funktion von a ausdrücken kann, $S = S(a)$. Damit kann man das folgende Dachprodukt berechnen:

$$dT \wedge dS = T'(t) S'(a) \, dt \wedge da ,$$

was wegen (3.33) gleich $dp \wedge dV$ ist. Man berechnet zunächst $dt \wedge da$ für das Ideale Gas,

$$dt \wedge da = (p \, dV + V \, dp) \wedge \left(p\gamma V^{\gamma-1} dV + V^{\gamma} \, dp\right)$$
$$= (\gamma - 1) p V^{\gamma} \, dp \wedge dV = (\gamma - 1) a(p, V) \, dp \wedge dV .$$

Aus diesen Gleichungen folgt, dass

$$\frac{\mathrm{d}p \wedge \mathrm{d}V}{\mathrm{d}t \wedge \mathrm{d}a} = \frac{1}{(\gamma - 1)a(p, V)} = T'(t)S'(a)$$

ist. Da diese Gleichung offensichtlich unter der gleichzeitigen Ersetzung $T' \mapsto cT'$, $S' \mapsto (1/c)S'$ invariant ist, mit c einer positiven, reellen Zahl, kann man ohne Einschränkung der Allgemeinheit erreichen, dass $T' = 1$ wird. Dann ist aber

$$S'(a) = \frac{1}{(\gamma - 1)a(p, V)}$$

und somit

$$T(t) = t + T_0, \quad S(a) = \frac{1}{\gamma - 1}\ln a + S_0. \tag{3.35}$$

Wie nicht anders erwartet, ist die Entropie bis auf eine additive Konstante bestimmt. Die Konstante T_0 dagegen lässt sich festlegen, und auch die Energie kann berechnet werden. Dies geht folgendermaßen: Aus dem Gleichungssystem

$$\mathrm{d}t = p\,\mathrm{d}V + V\,\mathrm{d}p,$$
$$\mathrm{d}a = p\gamma V^{\gamma - 1}\,\mathrm{d}V + V^{\gamma}\,\mathrm{d}p$$

und aus (3.34a) und (3.34b), die die Relation $V^{\gamma - 1} = a/t$ liefern, schließt man auf

$$p\,\mathrm{d}V = \frac{\mathrm{d}a}{(\gamma - 1)V^{\gamma - 1}} - \frac{\mathrm{d}t}{\gamma - 1}.$$

Mit diesen Zwischenergebnissen und mithilfe des ersten Hauptsatzes findet man

$$\mathrm{d}E = T\,\mathrm{d}S - p\,\mathrm{d}V = T_0\frac{1}{\gamma - 1}\mathrm{d}\,(\ln a) + \frac{dt}{\gamma - 1}. \tag{3.36}$$

Betrachtet man jetzt adiabatische Expansion des (Idealen) Gases, so ändert sich die Temperatur gemäß (2.32) nicht und auch die Energie bleibt ungeändert, d.h. $\mathrm{d}E = 0$. Diese Schlussfolgerung ist mit dem Ergebnis (3.36) nur dann verträglich, wenn

$$T_0 = 0 \tag{3.37}$$

ist. Mit diesem Ergebnis lässt sich (3.36) integrieren. Man erhält

$$E = \frac{1}{\gamma - 1}t \tag{3.38}$$

(bis auf eine additive Konstante, die hier unerheblich ist). Bezieht man wie bisher alle Größen auf ein Mol, so ist $E = (3/2)RT$, gemäß (2.25b), $t = RT$, wo T die Temperatur in Kelvin ist.

Die uns schon bekannte Beziehung zwischen den spezifischen Wärmen des Idealen Gases leitet man in diesem Rahmen wie folgt her. Setzt man die Form (3.30) der Wärme-Einsform in den ersten Hauptsatz (3.32) ein, so ergibt sich

$$\mathrm{d}E \wedge \mathrm{d}p = \alpha \wedge \mathrm{d}p - p\,\mathrm{d}V \wedge \mathrm{d}p = c_p\,\mathrm{d}T \wedge \mathrm{d}p - p\,\mathrm{d}V \wedge \mathrm{d}p$$

und daraus die Formel

$$c_p = \frac{(\mathrm{d}E + p\,\mathrm{d}V) \wedge \mathrm{d}p}{\mathrm{d}T \wedge \mathrm{d}p} = \left.\frac{\mathrm{d}E}{\mathrm{d}T}\right|_p + p\left.\frac{\mathrm{d}V}{\mathrm{d}T}\right|_p .$$

Mit $\mathrm{d}E/\mathrm{d}T|_p = R/(\gamma - 1)$ und mit $\mathrm{d}V/\mathrm{d}T|_p = R/p$ folgt die Beziehung (2.25a),

$$c_p = c_V + R .$$

Das oben ausgeführte Beispiel des Idealen Gases zeigt, wie man für *reale* Gase vorgehen kann. Die Isothermen sind auch hier die Niveaukurven der Funktion $t(p, V)$, (3.34a), $t(p, V) = \text{const.}$, die aber nicht mehr gleich pV ist. Das Verhältnis $\gamma = c_p/c_V$, das im Idealen Gas den Wert 5/3 hat, ist nicht mehr konstant. Die Gleichung (3.31c) verwendet man jetzt, um die Adiabaten zu bestimmen. Dann bestimmt man die Funktionen $T'(t)$ und $S'(a)$, mit deren Hilfe die Entropie S und über die Beziehung $\mathrm{d}E = T\,\mathrm{d}S - p\,\mathrm{d}V$ schließlich auch die Energie E folgen.

Bemerkung   Mollier-Diagramme für reale Gase

Betrachtet man als Beispiel die Enthalpie $H = pV + E$, s. Definition 2.1, so ist mit dem ersten Hauptsatz (3.32) $\mathrm{d}H = \alpha + V\,\mathrm{d}p$. Bei konstant gehaltenem Druck ist somit $\mathrm{d}H$ die zugeführte oder abgegebene Wärmemenge. Es ist nützlich, das Verhalten von realen Gasen in Diagrammen der (H, p)-Ebene, also der Enthalpie als Abszisse und des Drucks als Ordinate, darzustellen. Diese Diagramme werden als *Mollier-Diagramme* bezeichnet (nach R. Mollier, 1863–1935, Professor in Dresden). In diese Ebene trägt man die Niveaukurven $S = \text{const.}$, $V = \text{const.}$ und $T = \text{const.}$ ein. Aus der Kenntnis zweier von ihnen und aus diesem Diagramm lassen sich die Funktionen p, V, H, T und S, sowie die Energie aus $E = H - pV$ bestimmen.

3.5 *Eine Analogie zur Mechanik

Anstelle der Enthalpie betrachte man die *freie Enthalpie*, Definition 2.2,

$$G = -TS + E + pV . \tag{3.39a}$$

Dividiert man diese Definition durch RT, so lautet sie

$$\hat{G} \equiv \frac{G}{RT} = -\hat{S} + \beta E + \nu V , \tag{3.39b}$$

wobei die Abkürzungen

$$\hat{S} \equiv \frac{S}{R} , \quad \beta = \frac{1}{RT} \quad \text{und} \quad \nu = \beta p \tag{3.39c}$$

benutzt werden. Da das Produkt (RT) die physikalische Dimension einer Energie hat, ist klar, dass die Größen $\hat{G}$ und $\hat{S}$ dimensionslos werden. Aus dem ersten und dem zweiten Hauptsatz (3.32) folgt die Beziehung $dE = T\,dS - p\,dV$, d.h. nach Division durch RT,

$$d\hat{S} = \beta\,dE + \nu\,dV\,, \tag{3.40a}$$

und daraus die Beziehung

$$d\hat{G} = E\,d\beta + V\,d\nu\,. \tag{3.40b}$$

Man betrachtet jetzt einen vierdimensionalen Euklidischen Raum $\mathbb{R}^4$ mit der Wahl der Koordinaten (β, ν, E, V) und auf diesem die Zweiform

$$\Omega := d\beta \wedge dE + d\nu \wedge dV\,. \tag{3.41a}$$

Auf dem ganzen Raum $\mathbb{R}^4$ gilt

$$\Omega = d\,(\beta\,dE + \nu\,dV) \quad \text{und} \quad \Omega = -d\,(E\,d\beta + V\,d\nu)\,. \tag{3.41b}$$

Allerdings, wenn (3.40a) bzw. (3.40b) gilt, dann verschwindet Ω. Das thermodynamische System lebt somit auf einer Untermannigfaltigkeit $\mathcal{L} \subset \mathbb{R}^4$ des $\mathbb{R}^4$, auf der die Zweiform Ω gleich Null ist. Eine solche Situation ist in der kanonischen Mechanik unter dem Begriff *Lagrange'sche Mannigfaltigkeit* wohlbekannt (s. [Marsden, Ratiu 1994]). Wir betrachten ein kanonisches mechanisches System mit einem Freiheitsgrad mit zwei verschiedenen Sätzen (q, p) und (Q, P) von kanonisch-konjugierten Variablen. Auf dem direkten Produkt des Phasenraums $T^*\mathbb{R}$ mit sich selbst, $\mathbb{R}^4 \simeq T^*\mathbb{R} \times T^*\mathbb{R}$, definiert man die Zweiform

$$\Omega^{(M)} := dq \wedge dp - dQ \wedge dP\,. \tag{3.42}$$

Eine zweidimensionale Untermannigfaltigkeit $\mathcal{L}$ dieses vierdimensionalen Raums wird *Lagrange'sche Mannigfaltigkeit* genannt, wenn die Zweiform Ω, auf $\mathcal{L}$ eingeschränkt, verschwindet.

Um diese Analogie besser zu verstehen, betrachten wir einen etwas allgemeineren Rahmen: Es seien M_1 und M_2 zwei symplektische Mannigfaltigkeiten mit Dimension 2. Sie sind durch die Angaben (M_1, ω_1) und (M_2, ω_2) charakterisiert, wo ω_1 und ω_2 nichtausgeartete, geschlossene Zweiformen sind. Es sei

$$\varphi : M_1 \longrightarrow M_2$$

ein Diffeomorphismus. Sein Graph sei mit $\Gamma(\varphi) \subset M_1 \times M_2$ bezeichnet, die Inklusion in $M_1 \times M_2$ sei

$$i_\varphi : \Gamma(\varphi) \longrightarrow M_1 \times M_2\,.$$

Wenn π_i die Projektion der Produktmannigfaltigkeit $M_1 \times M_2$ auf M_i bezeichnet, so werde die Zweiform

$$\Omega^{(M)} := \pi_1^*\omega_1 - \pi_2^*\omega_2 \tag{3.43}$$

definiert, wo π_i^* die Zurückziehung der Projektion bedeutet. Die zusammengesetzte Abbildung $\pi_1 \circ i_\varphi$ ist die Projektion von der Produktmannigfaltigkeit $M_1 \times M_2$ auf M_1, wenn man sich dort auf den Graphen $\Gamma(\varphi)$ einschränkt. Auf $\Gamma(\varphi)$ gilt außerdem $\pi_2 \circ i_\varphi = \varphi \circ \pi_1$. Deshalb gilt

$$i_\varphi^* \Omega^{(\mathrm{M})} = \left(\pi_1|_{\Gamma(\varphi)}\right)^* \left(\omega_1 - \varphi^* \omega_2\right) \ .$$

Die Abbildung $\left(\pi_1|_{\Gamma(\varphi)}\right)^*$ ist injektiv. Daher ist $i_\varphi^* \Omega^{(\mathrm{M})} = 0$ genau dann, wenn φ eine symplektische Abbildung ist. In diesem Fall ist $\Gamma(\varphi)$ eine Untermannigfaltigkeit von $M_1 \times M_2$, auf der die symplektische Form Ω definiert ist.

In der Analyse der angegebenen kanonischen Transformation kann man noch einen Schritt weiter gehen. Wenn es eine Einsform θ gibt derart, dass $\Omega^{(\mathrm{M})} = -\mathrm{d}\theta$ gilt, dann gibt es auf $\Gamma(\varphi)$ lokal eine Funktion $S : \Gamma(\varphi) \to \mathbb{R}$, für die $i_\varphi^* \theta = \mathrm{d}S$ gilt. Die Funktion S ist erzeugende Funktion für die kanonische Transformation φ.

Diese aus der kanonischen Mechanik vertrauten Verhältnisse lassen sich direkt auf die Thermodynamik der in Abschn. 3.4 behandelten zweidimensionalen Systeme übertragen. Die Rolle der Koordinatenpaare (q, p) und (Q, P) wird hier durch die Paare (v, β) und (E, V) übernommen. Es ist aber auch zulässig, als lokale Koordinaten (β, V) oder (v, E) zu verwenden, solange die Differentiale eines jeden dieser Paare linear unabhängig sind. (Dies entspricht den vier verschiedenen Möglichkeiten, die Erzeugenden von kanonischen Transformationen in der Hamilton'schen Mechanik zu definieren.) Eine Untermannigfaltigkeit $\mathcal{L} \subset M_1 \times M_2$ des direkten Produkts der von (v, β) beschriebenen Mannigfaltigkeit M_1 und der mithilfe von (E, V) beschriebenen Mannigfaltigkeit M_2 sei eine Lagrange'sche Mannigfaltigkeit. Dann gilt bei Einschränkung auf $\mathcal{L}$

$$\mathrm{d}\left(\beta\,\mathrm{d}E + v\,\mathrm{d}V\right) = 0 \ . \tag{3.44a}$$

Folglich gibt es eine auf $\mathcal{L}$ definierte Funktion $\hat{S}$, für die

$$\mathrm{d}\hat{S} = \beta\,\mathrm{d}E + v\,\mathrm{d}V \tag{3.44b}$$

gilt. In genau derselben Weise und bei Bezug auf das zweite Paar von Koordinaten gilt bei Einschränkung auf $\mathcal{L}$

$$\mathrm{d}\left(-E\,\mathrm{d}\beta - V\,\mathrm{d}v\right) = 0 \ . \tag{3.45a}$$

Lokal gibt es eine auf $\mathcal{L}$ definierte Funktion $\hat{G}$, für die

$$\mathrm{d}\hat{G} = E\,\mathrm{d}\beta + V\,\mathrm{d}v \tag{3.45b}$$

gilt. Eine solche Lagrange'sche Mannigfaltigkeit und die beiden eben beschriebenen Beschreibungsweisen sind in Abb. 3.3 skizziert.

Der erste und der zweite Hauptsatz der Thermodynamik sagen folgendes aus:

Satz

Die Mannigfaltigkeit der Gleichgewichtszustände eines zweidimensionalen thermodynamischen Systems ist eine Lagrange'sche Untermannigfaltigkeit des Raumes mit Koordinaten (β, v, E, V).

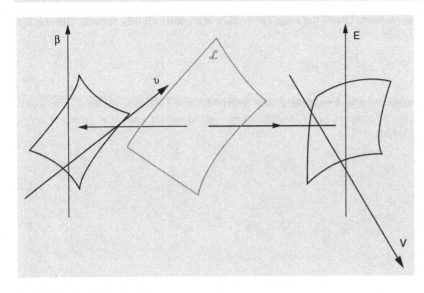

Abb. 3.3. Eine Lagrange'sche Mannigfaltigkeit $\mathcal{L}$, die Untermannigfaltigkeit des direkten Produkts zweier zweidimensionaler
Mannigfaltigkeiten M_1 und M_2 ist, $\mathcal{L} \subset M_1 \times M_2$, wird auf zwei verschiedene Weisen beschrieben

Verwendet man E und V als die lokalen Koordinaten, so ist

$$d\hat{S} = \frac{\partial \hat{S}}{\partial E}\, dE + \frac{\partial \hat{S}}{\partial V}\, dV$$

und somit

$$\beta = \frac{\partial \hat{S}}{\partial E} \quad \text{oder} \quad \frac{1}{T} = \frac{\partial S}{\partial E}\,, \tag{3.46a}$$

$$v = \frac{\partial \hat{S}}{\partial V} \quad \text{oder} \quad \frac{p}{T} = \frac{\partial S}{\partial V}\,. \tag{3.46b}$$

Die erste dieser Gleichungen ist aus Gleichung (1.26), die zweite aus Definition 1.8 bekannt.

Verwendet man alternativ die Variablen β und V, sowie

$$\Omega = -d\,(E\,d\beta - v\,dV)\,,$$

so bekommt man auf der Langrage'schen Mannigfaltigkeit

$$E\,d\beta - v\,dV \equiv -d\hat{F}\,,$$

wobei $\hat{F}$ für die Funktion

$$\hat{F} = -\beta E + \hat{S} \tag{3.47}$$

steht. Dies prüft man nach, indem man

$$d\hat{F} = -E\,d\beta - \beta\,dE + d\hat{S} = -E\,d\beta + v\,dV$$

berechnet. Dabei hat man die beiden Haupsätze (3.32) benutzt, die die Relation

$$dS = \frac{1}{T} dE + p \, dV$$

ergeben. Die Funktion $Z = \hat{F}$ wird *Massieu-Funktion* genannt. Die Funktion $\hat{F}$, mit $(-RT)$ multipliziert, ist identisch mit der freien Energie (1.42a).

Wahrscheinlichkeiten, Zustände, Statistiken

Einführung

In diesem Kapitel werden die wichtigsten Begriffe der statistischen Theorie der Wärme geklärt: Die Definition von Wahrscheinlichkeitsmaß und Zuständen in der Statistischen Mechanik werden durch die klassische Maxwell-Boltzmann-Statistik, die Fermi-Dirac-Statistik und die Bose-Einstein-Statistik illustriert. Observable und deren Eigenwerte, Zustandssumme und Entropie werden diskutiert und für einige Beispiele berechnet. Das Kapitel schließt mit einer Gegenüberstellung der statistischen Beschreibung von klassischen Gasen und Quantengasen.

4.1 Der Zustandsbegriff in der Statistischen Mechanik

Thermodynamische Systeme im Gleichgewicht haben wir in den vorhergehenden Kapiteln überwiegend mithilfe von globalen Zustandsvariablen wie Druck, Temperatur, Entropie usw. beschrieben, dies sind Größen, die gemittelte Eigenschaften des Systems im Kleinen darstellen. Um ein Beispiel zu nennen, sei an Kapitel 1 erinnert, worin die mikrokanonische Gesamtheit als die Menge aller zu einem gegebenen Makrozustand mit Energie E, Teilchenzahl N und Volumen V gehörenden Mikrozustände definiert wurde, s. Definition 1.5. Die Statistische Mechanik dringt mehr in die Tiefe vor, indem sie die mikroskopischen Zustände identifiziert und mit spezifischen Wahrscheinlichkeiten versieht. So unterteilt man beispielsweise den Phasenraum eines N-Teilchensystems in Zellen der Größe $\omega_0 = h^3$ und studiert für verschiedene makroskopische Zustände die Wahrscheinlichkeiten, mit denen die N Teilchen auf diese Zellen verteilt sind.

Eine etwas abstraktere Formulierung ist die folgende: Sei eine Menge M gegeben (im Beispiel: die Menge der Kästen im Phasenraum), die der Einfachheit halber als endlich angenommen sei. Auf dieser Menge wird ein Satz $\mathcal{A}$ von Teilmengen sowie ein *Maß* μ mit der Eigenschaft definiert, dass $\mu(A)$ für alle $A \in \mathcal{A}$ eine positiv-semidefinite Zahl ist, $\mu(A) \in \mathbb{R}_+$. Der Satz $\mathcal{A}$ von Teilmengen soll bezüglich abzählbarer Vereinigung, Schnitt und Komplement geschlossen sein. Einige einfache Beispiele erläutern diese Definitionen:

Beispiel 4.1

Es sei M eine *abzählbare* Menge und $\mathcal{A}$ die Menge *aller* Untermengen von M. Insbesondere sind auch die einzelnen Punkte $m \in M$ Untermengen $\{m\}$ von M und sind somit in $\mathcal{A}$ enthalten. Das Maß μ habe am Punkt $m \in M$ den Wert $\mu(\{m\})$. Eine Teilmenge $A \in \mathcal{A}$, die aus solchen Punkten besteht, liefert den Wert

$$\mu(A) = \sum_{m \in A} \mu(\{m\}) \,. \tag{4.1}$$

Wenn nun f eine Funktion auf der Menge M ist, die eine physikalische Größe beschreibt, so ist ihr Integral auf M durch

$$\int \mu \, f = \sum_{m \in M} \mu(\{m\}) f(m) \tag{4.2}$$

gegeben, sie ist gleich der mit dem Maß μ gewichteten Summe der Funktionswerte an den Punkten m.

Im Beispiel der ganzen Zahlen, $M = \mathbb{Z}$, gilt für das Maß

$$\mu(M) = \sum_{m=-\infty}^{+\infty} \mu(\{m\}) \,. \tag{4.3a}$$

Ist M die Menge der natürlichen Zahlen und schließt die Null ein, $M = \mathbb{N}_0$, so gilt

$$\mu(M) = \sum_{0}^{\infty} \mu(\{m\}) \,. \tag{4.3b}$$

Natürlich bleibt dabei offen, ob diese Summen konvergent sind oder nicht. Auch wenn sie nicht konvergieren, kann das Integral $\int \mu \, f$ durchaus existieren. Man sagt, f sei integrierbar, wenn diese Reihe absolut konvergiert.

Ein weiteres Beispiel ist die reelle Achse, $M = \mathbb{R}$. In diesem Fall möge $\mathcal{A}$ alle Intervalle $[a, b]$ enthalten, das Maß sei $\mu([a, b]) = b - a$. Dies ist ein Lebesgue'sches Maß. Wenn f stückweise stetig ist und im Unendlichen hinreichend rasch abklingt, so ist

$$\int \mu \, f = \int_{-\infty}^{+\infty} \mathrm{d}x \, f(x)$$

das gewohnte Integral über die reelle Achse.

In der statistischen Theorie der Wärme benötigt man ein *normiertes* Maß, das als Wahrscheinlichkeitsmaß verwendet werden kann und wie folgt definiert ist:

Definition 4.1   Wahrscheinlichkeitsmaß

Ein normiertes Maß auf der Menge M wird *Wahrscheinlichkeitsmaß* genannt, wenn $\mu(M) = 1$ gilt.

Aus dem Blickwinkel der Statistischen Mechanik gesehen, ist ein thermodynamisches System ein Raum M der oben beschriebenen Art, der mit einem Maß μ versehen ist. Die Funktion μ wird dabei als ein Maß für die Kenntnis des Systems interpretiert.

Beispiel 4.2

Es sei M ein *endlicher* Raum und $\mathcal{A} = \{m\}$ der Satz aller Untermengen. Ist

$$\mu(\{m\}) = 1 \quad \text{für alle} \quad m \in M,$$

so sind alle Zustände gleich wahrscheinlich. Dieses Maß ist nicht normiert.

Beispiel 4.3

Es seien $M = \mathbb{R}$ und $\mathcal{A}$ der Satz der Lebesgue-messbaren Mengen, d. h. $\mu([a, b]) = b - a$. Hier sind die a priori Wahrscheinlichkeiten proportional zur Länge der Intervalle. Die Funktion μ selbst ist kein Wahrscheinlichkeitsmaß, da $\mu(\mathbb{R})$ unendlich ist. Ist aber eine integrierbare, positivsemidefinite Funktion ϱ gegeben, für die $\int_{-\infty}^{+\infty} \mathrm{d}x \varrho(x) = 1$ ist, so legt diese ein Wahrscheinlichkeitsmaß auf der reellen Achse $\mathbb{R}$ fest. Es gilt

$$W([a, b]) = \int_{a}^{b} \mathrm{d}x \varrho(x).$$

Ist ein (nicht normiertes) Maß μ auf M gegeben und ist ϱ eine positivdefinite, integrierbare Funktion, so kann man für jede solche Funktion ein neues Maß $\varrho\mu$ konstruieren. Normiert man dieses überdies auf 1, so hat man ein neues Wahrscheinlichkeitsmaß.

Hieran schließt sich die

Definition 4.2 Zustand in der Statistischen Mechanik

Es seien ein Maßraum $(M, \mathcal{A}, \mu)$ und eine positiv-semidefinite Funktion ϱ auf M gegeben, $\varrho \geq 0$, für die

$$\int \mu \varrho = 1 \tag{4.4}$$

erfüllt ist. Die Funktion ϱ beschreibt einen Zustand im Sinne der Statistischen Mechanik.

Beispiel 4.4

Die Menge der Zustände sei $M = \mathbb{N} = \{1, 2, \dots\}$, das Maß sei

$$\mu(\{k\}) = \frac{1}{k!}, \tag{4.5a}$$

(die Funktion ϱ ist identisch 1). Man kann dieses Beispiel auf folgende Weise illustrieren. Es liegen n „Kästen" vor, sowie N Teilchen, die auf diese verteilt werden sollen derart, dass k_1 von ihnen sich im Kasten mit der Nummer 1, k_2 sich im Kasten 2, ... und k_n sich im Kasten n befinden. Die Teilchen sollen zunächst *unterscheidbar* sein. Die Zahl der Permutationen der N Teilchen ist bekanntlich $N!$. Wenn man auf ihre Einteilung in die n Kästen Rücksicht nimmt, darf man die Permutationen *innerhalb* eines Kastens allerdings nicht mitzählen. Dies bedeutet, dass man $N!$ durch $k_i!$, mit $i = 1, 2, \ldots, n$, teilen muss. Die Anzahl der Möglichkeiten ist somit

$$Z(N, n) = \frac{N!}{k_1! k_2! \cdots k_n!} . \tag{4.5b}$$

Auch wenn weder die Zahl N der Teilchen noch die Zahl n der Zustände bekannt ist, muss die Wahrscheinlichkeit dafür, k_i Teilchen im Kasten mit der Nummer i vorzufinden, proportional zu $1/k_i!$ sein. Die relative a priori Wahrscheinlichkeit ist gleich

$$\mu(\{k\}) = \frac{1}{k!} \quad \text{(klassisch, unterscheidbar)} . \tag{4.5c}$$

In der Form (4.5c) ist dieses Maß nicht normiert.

Beispiel 4.5   Fermionen

Ein Spezialfall von Beispiel 4.2 ist aus physikalischer Sicht besonders wichtig: Besetzung der Zustände mit Teilchen, die der *Fermi-Dirac-Statistik* genügen. Der Raum M besteht nur aus zwei Punkten, das Maß μ hat auf jedem dieser Punkte denselben Wert,

$$M = \{0, 1\} , \quad \mu(\{0\}) = \mu(\{1\}) = 1 . \tag{4.6a}$$

Unter M kann man sich Kästen vorstellen, in denen höchstens ein Teilchen sitzen kann. Solche Kästen können quantenmechanische reine Zustände sein, in die man entweder *ein* Fermion oder *keines* einfügt.

Als eine Variante dieses Beispiels kann man auch das Folgende definieren:

$$M = \mathbb{N}_0 ,$$
$$\mu(\{0\}) = \mu(\{1\}) = 1 , \mu(\{k\}) = 0 \quad \text{für alle} \quad k \geq 2 . \tag{4.6b}$$

Dies wird man so interpretieren, dass unter den möglichen Besetzungszahlen von Einteilchen-Zuständen, $n \in \mathbb{N}_0$, nur die Null und die Eins vorkommen. Ein herausgegriffener Zustand kann unbesetzt oder höchstens von einem Teilchen besetzt sein.

Beispiel 4.6   Bosonen

Besetzung der Zustände der abzählbaren Menge aus Beispiel 4.4 mit Teilchen, die der *Bose-Einstein-Statistik* genügen:

$$M = \mathbb{N} = \{1, 2, \ldots\} , \quad \mu(\{k\}) = 1 \quad \text{für alle} \quad k . \tag{4.7}$$

Im Unterschied zum Modell aus Beispiel 4.4 werden hier die $k_i!$ Permutationen der k_i Teilchen im Kasten mit der Nummer i nicht gezählt oder unterschieden. Die relativen Wahrscheinlichkeiten für k_i Teilchen in „i" sind alle gleich.

Eine andere Interpretation dieses Beispiels könnte auch die sein, dass nur ein „Kasten" vorliegt, in dem beliebig viele Teilchen sitzen können. Die a priori Wahrscheinlichkeit ist für alle Teilchen dieselbe.

Beispiel 4.7 Spinzustände

Es mögen N Teilchen vorliegen, von denen nur bekannt ist, dass jedes von ihnen sich in einem der zwei Spinzustände $\uparrow$ oder $\downarrow$ befinden kann. In vielen physikalischen Situationen kommt es nur auf die Differenz $N(\uparrow) - N(\downarrow)$ aller Teilchen mit Spin nach „oben" und aller Teilchen mit Spin nach „unten" an. Wenn N *gerade* ist, $N = 2p$, und wenn diese Differenz gleich $2q$ ist, $N(\uparrow) - N(\downarrow) = 2q$, dann ist $N(\uparrow) = N/2 + q = p + q$ und $N(\downarrow) = N/2 - q = p - q$. Die Menge M kann man dann auf denjenigen Anteil beschränken, auf den es in dieser Situation ankommt, nämlich $M = \{-N, -N + 2, \dots, N - 2, N\}$. Die Zahl der Möglichkeiten, diese Konfiguration zu realisieren, ist

$$\binom{2p}{p+q} = \frac{(2p)!}{(p+q)!(p-q)!} = \binom{2p}{p-q} . \tag{4.8a}$$

Diese Funktion nimmt bei festem p ihren größten Wert bei $q = 0$ an. Deshalb ist die relative Wahrscheinlichkeit der aktuellen Konfiguration

$$\mu(\{2q\}) = \binom{2p}{p+q}\binom{2p}{p}^{-1} = \frac{(p!)^2}{(p+q)!(p-q)!} . \tag{4.8b}$$

Für das Beispiel $N = 4$ ist $q = 0, 1$ oder 2 und es sind

$$\mu(\{0\}) = 1 , \quad \mu(\{2\}) = \frac{2}{3} \quad \text{und} \quad \mu(\{4\}) = \frac{1}{6} .$$

Wenn N sowohl gegen 1 als auch gegen q sehr groß ist, $N \gg 1$ und $N \gg q$, so kann man die Fakultäten in (4.8b) mithilfe der Stirling'schen Formel für die Asymptotik der Gammafunktion abschätzen. Es ist bekanntlich

$$x! = \Gamma(x+1) \simeq \sqrt{2\pi}\, e^{(x+1/2)\ln(x+1)-x-1}$$
$$\simeq \sqrt{2\pi}\, e^{(x+1/2)\ln x - x} = \sqrt{(2\pi x)}\, x^x\, e^{-x} , \quad (x \gg 1) .$$

Damit erhält man folgende Abschätzung,

$$\frac{(p!)^2}{(p+q)!(p-q)!} \simeq \frac{p}{\sqrt{p^2-q^2}} \frac{p^{2p}}{(p+q)^{p+q}(p-q)^{p-q}}$$
$$= \frac{p}{\sqrt{p^2-q^2}} \exp\{2p\ln p\}$$
$$\cdot \exp\{-p\,[\ln(p+q) + \ln(p-q)] - q\,[\ln(p+q) - \ln(p-q)]\}$$
$$\simeq e^{-q^2/p} . \tag{4.8c}$$

Hierbei wurden die Näherungen

$$[\ln(p+q) + \ln(p-q)] \simeq 2\ln p + \mathcal{O}\left(\frac{q^2}{p^2}\right) , \quad [\ln(p+q) - \ln(p-q)] \simeq \frac{q}{p} ,$$

sowie $p^2 \gg q^2$ benutzt.

Beispiel 4.8

Das vorige Beispiel lässt sich wie folgt abwandeln. Wenn N wieder die Teilchenzahl bezeichnet, so sei

$$M = \mathbb{Z}, \quad \mu(\{m\}) = \mathrm{e}^{-m^2/(2N)} . \tag{4.9}$$

Dies ist ein Gauß'sches Maß für den diskreten Fall. Die Funktion $\mu(\{m\})$ hat ihr Maximum bei $m = 0$, das umso schärfer ausgeprägt ist, je größer N ist. Setzt man noch $x_m := m/\sqrt{N}$, so ist

$$\mu(\{a \le x_m \le b\}) = \sum_{[a,b]} \mathrm{e}^{-x_m^2/2} . \tag{4.10a}$$

Dividiert man dieses Integral durch $\sqrt{2\pi N}$ und lässt N nach Unendlich gehen, so strebt die rechte Seite von (4.10a) nach

$$I = \frac{1}{\sqrt{2\pi}} \int_a^b \mathrm{d}x \ \mathrm{e}^{-x^2/2} . \tag{4.10b}$$

Dies prüft man leicht nach. Es ist

$$\int_a^b \mathrm{d}x \ \mathrm{e}^{-x^2/2} \simeq \sum \mathrm{e}^{-x_k^2/2}(x_{k+1} - x_k) = \frac{1}{\sqrt{N}} \sum \mathrm{e}^{-x^2/2} .$$

Als Ergebnis erhält man das normierte *Gauß'sche Maß*

$$\mu([a, b]) = \frac{1}{\sqrt{2\pi}} \int_a^b \mathrm{d}x \ \mathrm{e}^{-x^2/2} , \tag{4.11}$$

das auf der ganzen reellen Achse $M = \mathbb{R}$ gilt.

4.2 Observable und deren Erwartungswerte

Observable sind Funktionen auf der Menge M der möglichen Zustände, die Werte auf der reellen Achse annehmen,

$$\mathcal{O} : M \longrightarrow \mathbb{R} .$$

Dabei erscheint es plausibel anzunehmen, dass ihre Umkehrung $\mathcal{O}^{-1}([a, b])$ auf einem beliebigen Intervall $[a, b]$ der reellen Achse dem Satz $\mathcal{A}$ aller Untermengen von M angehört. Beschreibt nun $\mathcal{O}$ eine solche Observable und ist ϱ ein Zustand, so betrachtet man für jedes Intervall $[a, b] \in \mathbb{R}$ die Untermenge $A(\mathcal{O}) \equiv \mathcal{O}^{-1}([a, b])$ von M, sowie das Integral

$$W_F([a, b]; \varrho) := \int_{A(\mathcal{O})} \varrho\mu , \tag{4.12}$$

in dem μ das Maß ist, vgl. Definition 4.2, Gleichung (4.4). Das Integral (4.12) kann auf zwei Weisen gelesen werden: Unter der Voraussetzung, dass die Wahrscheinlichkeiten auf der Menge M gemäß $\varrho\mu$ verteilt sind, ist W die Wahrscheinlichkeit dafür, dass ein Punkt von M in der Untermenge $A(\mathcal{O}) = \mathcal{O}^{-1}([a,b])$ von M liegt. Oder: Das Integral (4.12) ist die Wahrscheinlichkeit dafür, dass die Observable $\mathcal{O}$ Werte im Intervall $[a,b]$ annimmt.

Die Observable $\mathcal{O}$ und der Zustand ϱ liefern gemeinsam eine Wahrscheinlichkeitsverteilung auf der reellen Achse. Dabei wird jedem Intervall $[a,b] \in \mathbb{R}$ die Wahrscheinlichkeit zugeordnet, die Messwerte der Observablen in diesem Intervall zu finden. Daran knüpft sich die

---

Definition 4.3 Erwartungswert einer Observablen $\mathcal{O}$ im Zustand ϱ

Der Erwartungswert der Observablen $\mathcal{O}$ ist das Integral über die ganze Menge M

$$\langle \mathcal{O} \rangle_\varrho = \int_M \varrho\mu\, \mathcal{O} \,, \tag{4.13}$$

wo μ das normierte Maß und ϱ den Zustand bezeichnen.

Beispiel 4.9 Phasenraum eines klassischen Teilchens

Es sei $M = \mathbb{R}^6$ der Phasenraum eines Teilchens in der klassischen Mechanik, der mit den Koordinaten $(q^1, q^2, q^3, p_1, p_2, p_3)$ für Ort und Impuls beschrieben werde. In diesem Beispiel ist

$$M = \mathbb{R}^6\,, \quad \text{mit} \quad \mu = \mathrm{d}q^1\,\mathrm{d}q^2\,\mathrm{d}q^3\,\mathrm{d}p_1\,\mathrm{d}p_2\,\mathrm{d}p_3 \tag{4.14a}$$

dem sogenannten *Liouville'schen Maß*. Der Zustand ϱ sei eine auf 1 normierte, positiv-semidefinite Funktion auf $\mathbb{R}^6$. Der Erwartungswert (4.13) ist dann durch das Integral

$$\langle \mathcal{O} \rangle_\varrho = \int_{\mathbb{R}^6} \varrho\, \mathrm{d}q^1\,\mathrm{d}q^2\,\mathrm{d}q^3\,\mathrm{d}p_1\,\mathrm{d}p_2\,\mathrm{d}p_3\, \mathcal{O}(\boldsymbol{q}, \boldsymbol{p}) \tag{4.14b}$$

gegeben. Als Beispiel sei die Hamiltonfunktion $\mathcal{O} \equiv H(\boldsymbol{q}, \boldsymbol{p})$ genannt,

$$H(\boldsymbol{q}, \boldsymbol{p}) = \frac{1}{2m}\left(p_1^2 + p_2^2 + p_3^2\right) + U\left(q^1, q^2, q^3\right)\,, \tag{4.14c}$$

wo U die potenzielle Energie bedeutet. Ein anderweitig freies Teilchen, das sich in einem räumlichen Kasten mit Volumen V befindet, beschreibt man mit dem Potential

$$U \equiv 0 \quad \text{für alle} \quad \boldsymbol{q} \in V\,, \; U \equiv \infty \quad \text{für} \quad \boldsymbol{q} \in \partial V\,,$$

– das Potential ist Null im Inneren des Kastens, es steigt auf den Wert Unendlich an dessen Wänden. Der Erwartungswert (4.14b) reduziert sich auf den Bereich des Kastens V im Ortsraum und ist gleich

$$\langle H \rangle_\varrho = \int_{V \times \mathbb{R}^3} \varrho(\boldsymbol{q}, \boldsymbol{p})\, \mathrm{d}^3\boldsymbol{q}\, \mathrm{d}^3\boldsymbol{p}\, \frac{\boldsymbol{p}^2}{2m}\,.$$

Wenn der Zustand ϱ innerhalb des Volumens V nicht von den Ortskoordinaten $\boldsymbol{q}$ abhängt, dann bleibt hiervon

$$\langle H \rangle_\varrho = V \int\limits_{\mathbb{R}^3} \varrho(\boldsymbol{p}) \, \mathrm{d}^3 p \, \frac{\boldsymbol{p}^2}{2m} \, .$$

Wir betrachten die Maxwell'sche Geschwindigkeitsverteilung aus Beispiel 1.7, Gleichung (1.53a),

$$\varrho(\boldsymbol{q}, \boldsymbol{p}) = \frac{1}{V} \left(\frac{\beta}{2m\pi} \right)^{3/2} \mathrm{e}^{-\beta \boldsymbol{p}^2/(2m)} \, , \quad \boldsymbol{q} \in V \, , \quad \beta = \frac{1}{kT} \, . \tag{4.15a}$$

Anhand der Rechnungen in (1.53b) und (1.53c) prüft man nach, dass der Zustand (4.15a) richtig normiert ist,

$$\int\limits_{V \times \mathbb{R}^3} \varrho\mu = 1 \tag{4.15b}$$

und berechnet den Erwartungswert

$$\langle H \rangle_\varrho = \left(\frac{\beta}{2m\pi} \right)^{3/2} \int\limits_{\mathbb{R}^3} \mathrm{d}^3 p \, \frac{\boldsymbol{p}^2}{2m} \mathrm{e}^{-\beta \boldsymbol{p}^2/(2m)} = \frac{3}{2\beta} \, . \tag{4.15c}$$

Beide Rechnungen, (4.15b) und (4.15c), prüft man mithilfe der bekannten Integralformeln

$$\int\limits_0^\infty x^2 \mathrm{d}x \, \mathrm{e}^{-x^2} = \frac{\sqrt{\pi}}{4} \, , \qquad \int\limits_0^\infty x^4 \mathrm{d}x \, \mathrm{e}^{-x^2} = \frac{3\sqrt{\pi}}{8}$$

und anhand der Substitution $p = x\sqrt{2m/\beta}$ wie folgt nach:

$$I_1 := \int \mathrm{d}^3 \boldsymbol{p} \, \mathrm{e}^{-\beta \boldsymbol{p}^2/(2m)} = 4\pi \int\limits_0^\infty p^2 \, \mathrm{d}p \, \mathrm{e}^{-\beta \boldsymbol{p}^2/(2m)}$$

$$= 4\pi \left(\frac{2m}{\beta} \right)^{3/2} \int\limits_0^\infty x^2 \mathrm{d}x \, \mathrm{e}^{-x^2} = \left(\frac{2m\pi}{\beta} \right)^{3/2} \, ,$$

$$I_2 := \int \mathrm{d}^3 \boldsymbol{p} \, \boldsymbol{p}^2 \mathrm{e}^{-\beta \boldsymbol{p}^2/(2m)}$$

$$= 4\pi \left(\frac{2m}{\beta} \right)^{5/2} \frac{1}{2m} \int\limits_0^\infty x^2 \mathrm{d}x \, x^2 \mathrm{e}^{-x^2} = \frac{3(2m\pi)^{3/2}}{2\beta^{5/2}} \, .$$

Das Ergebnis (4.15c) ist die Energie des Zustands ϱ, $E(\varrho) = \langle H \rangle_\varrho$ und ist somit eine Funktion auf dem Raum der Zustände.

Der Begriff eines Zustandes ϱ und der Ausdruck

$$E(\varrho) = \langle H \rangle_\varrho \tag{4.16}$$

für die Energie des Zustands ϱ sind jetzt definiert und geklärt. Wie aber werden Gleichgewichtszustände des Systems beschrieben? Im Beispiel 4.9 wird man die Funktion $\exp\{-\beta H\}$ mit $\beta = 1/(kT)$ betrachten. Ein Blick auf (4.15a) zeigt, dass der Ausdruck

$$\frac{1}{V}\left(\frac{\beta}{2m\pi}\right)^{3/2} e^{-\beta H} \equiv \frac{1}{Z} e^{-\beta H} \tag{4.17}$$

als *Zustand* interpretiert werden kann. Setzt man – immer noch in diesem Beispiel –

$$Z := \int_{\mathbb{R}^6} d^3q \, d^3p \, e^{-\beta H} \quad \text{und} \quad W := \ln Z \,, \tag{4.18a}$$

dann ergibt die Ableitung von W nach β die Energie,

$$\frac{\partial W}{\partial \beta} = \frac{1}{Z}\frac{\partial Z}{\partial \beta} = -\int_{\mathbb{R}^6} d^3q \, d^3p \, H \frac{1}{Z} e^{-\beta H}$$

$$= -\int_{\mathbb{R}^6} \mu \, H \varrho = -\langle H \rangle_\varrho \equiv -E(\varrho) \,. \tag{4.18b}$$

Man überlegt sich noch, dass im betrachteten Modell auch

$$\frac{\partial W}{\partial V} dV = -\beta \omega$$

gilt, wo ω die Arbeits-Einsform ist (s. Aufgabe 4.6). Mit $\omega = -p\, dV$ wird daraus

$$\frac{\partial W}{\partial V} = \beta p \equiv \nu \tag{4.18c}$$

(siehe die Definition (3.39c)). Vergleicht man die Formeln (4.18b) und (4.18c) mit den Ableitungen der Funktion $\hat{F}$, wie sie in (3.47) definiert war, nach β und nach V,

$$\frac{\partial \hat{F}}{\partial \beta} = -E\,, \quad \frac{\partial \hat{F}}{\partial V} = \nu\,,$$

so sieht man, dass $W = \hat{F}$ die in Abschn. 3.5 definierte *Massieu-Funktion* ist.

4.3 Zustandssumme und Entropie

Aus den Beispielen und Rechnungen des vorhergehenden Abschnitts ergibt sich ganz natürlich die

---

Definition 4.4   Partitionsfunktion oder Zustandssumme

Gegeben sei ein System $(M, \mathcal{A}, \mu)$, das durch die Hamiltonfunktion H auf M beschrieben wird. Dann definiert

$$Z := \int\limits_M \mu \, e^{-\beta H} \tag{4.19}$$

die *Partitionsfunktion* oder *Zustandssumme* des Systems.

Wir nehmen jetzt an, dass ein System der beschriebenen Art sich im Zustand ϱ befinde. Wie ist seine Entropie $S(\varrho)$ aus den gegebenen Daten zu berechnen?

Wieder ist es hilfreich, die Verhältnisse zunächst an einem einfachen Modell zu studieren. Dazu sei angenommen, dass $M = \{m_1, m_2, \ldots, m_k\}$ ein endlicher Raum ist. Der Zustand ϱ wird durch die Vorgabe der Wahrscheinlichkeiten

$$w_i = \varrho(\{m_1\}), \quad i = 1, 2, \ldots, k,$$

festgelegt, wobei w_i die Wahrscheinlichkeit für ein „Ereignis" in m_i ist (Teilchen befindet sich im „Kasten" Nummer „i" oder Ähnliches.). Die statistisch-mechanische Entropie der durch ϱ beschriebenen Verteilung ist dann durch die Gleichung (1.12) der Definition 1.6 gegeben,

$$\sigma(\varrho) = -\sum_{i=1}^{k} w_i \ln w_i \,.$$

Für diese Funktion gelten alle Regeln und Resultate aus Abschn. 1.3.

Aus diesem Beispiel abstrahiert man eine Definition der Entropie:

Definition 4.5   Entropiefunktion

In einem System, das durch das Tripel $(M, \mathcal{A}, \mu)$ definiert ist, wird die *Entropiefunktion* für einen Zustand ϱ als Integral

$$S(\varrho) = -k \int\limits_M \mu \, \varrho \ln \varrho \tag{4.20}$$

definiert. Dabei ist k die Boltzmann-Konstante (1.23).

Die Suche nach den Gleichgewichtszuständen eines thermodynamischen – oder allgemeiner, eines mechanisch-statistischen – Systems kann man folgendermaßen sehr allgemein formulieren. Das System Σ sei vorgegeben, ebenso wie ein Satz von reellen Observablen

$$(F_1, F_2, \ldots, F_n) \equiv \boldsymbol{F}, \quad \boldsymbol{F} : M \longrightarrow V, \tag{4.21a}$$

die auf M definiert sind. Fasst man, wie durch die Schreibweise angedeutet, diesen Satz zusammen, so ist F eine vektorwertige Observable und V ein reeller Vektorraum der Dimension n. Mit dieser Notation versehen bildet man den Erwartungswert

$$\langle F \rangle_\varrho = \int_M \mu\, \varrho\, F\,. \tag{4.21b}$$

Gleichgewichtszustände zeichnen sich dadurch aus, dass die Entropie maximal wird. Deshalb läuft die Aufgabe auf die Frage hinaus: Welcher Zustand ϱ, in dem die Funktion $\langle F \rangle_\varrho$ einen festen Wert hat, besitzt die größte Entropie?

Der zum Vektorraum V duale Vektorraum sei mit V^* bezeichnet und es sei u ein Element aus V^*. Man bildet das Skalarprodukt $u \cdot F$ und definiert damit die Größe

$$Z(u) := \int_M \mu\, e^{-u \cdot F}\,, \quad (F : M \to V\,, \ u \in V^*)\,. \tag{4.22}$$

Solange $Z(u)$ endlich bleibt, ist

$$\varrho_u := \frac{1}{Z(u)}\, e^{-u \cdot F} \tag{4.23}$$

positiv-definit und auf 1 normiert,

$$\int_M \mu\, \frac{1}{Z(u)}\, e^{-u \cdot F} = 1\,,$$

und ist somit ein *Zustand* auf M. Seine Entropie ist gemäß Formel (4.20)

$$\begin{aligned} S(\varrho_u) &= -k \int \mu\, \frac{1}{Z(u)}\, e^{-u \cdot F}\, (-\ln Z(u) - u \cdot F) \\ &= k \left(\ln Z(u) + u \cdot \langle F \rangle_{\varrho_u} \right)\,. \end{aligned} \tag{4.24}$$

Ein besonders einfaches Beispiel, bei dem nur eine Observable vorliegt, ist $F = H$. Die Menge M ist der Phasenraum, das Maß ist $\mu = d^3 q\, d^3 p$. In diesem Beispiel ist $\hat{S} = S/k = Z + \beta E$ wie in der Formel (3.47), die den ersten und den zweiten Hauptsatz enthält.

Es gilt der

Satz 4.1 Zustand maximaler Entropie

Es sei $u \in V^*$ so gewählt, dass $Z(u)$, (4.22), endlich ist. Ist ϱ_u wie oben in (4.23) definiert, dann sei

$$S(\varrho_u) = k \left(\ln Z(u) + u \cdot \langle F \rangle_{\varrho_u} \right)\,. \tag{4.25a}$$

Es sei ϱ ein anderer Zustand des Systems, in dem die Observablen $\boldsymbol{F}$ dieselben Werte haben, d. h.

$$\int \mu \, \varrho \boldsymbol{F} = \langle \boldsymbol{F} \rangle_{\varrho_u} . \tag{4.25b}$$

Dann gilt

$$S(\varrho) \leq S(\varrho_u) ; \tag{4.25c}$$

Das „Kleiner"-Zeichen gilt dann, wenn die Zustände ϱ und ϱ_u auf einer Menge mit positivem μ-Maß verschieden sind.

Beweis: Man zeigt zunächst, dass für alle Zustände ϱ und alle Elemente $m \in M$ die Ungleichung

$$-\varrho(m) \ln \varrho(m) + \varrho(m) \ln \varrho_u(m) \leq \varrho_u(m) - \varrho(m)$$

gilt. Wenn $\varrho(m)$ verschwindet, so ist sie offensichtlich. Wenn $\varrho(m) > 0$ ist, dann gilt

$$-\varrho(m) \left[\ln \varrho(m) - \ln \varrho_u(m) \right] = -\varrho(m) \ln \left(\frac{\varrho(m)}{\varrho_u(m)} \right)$$

$$\leq \varrho(m) \left[\frac{\varrho_u(m)}{\varrho(m)} - 1 \right] = \varrho_u(m) - \varrho(m) .$$

Im Schritt zur zweiten Zeile haben wir die bei (1.15) bewiesene Ungleichung $-\ln x / x \leq 1/x - 1$ benutzt.

Integriert man über M mit dem Maß μ, so gibt die rechte Seite der Ungleichung Null,

$$-\int\limits_M \mu \, \varrho \ln \varrho + \int\limits_M \mu \, \varrho \ln \varrho_u \leq \int\limits_M \mu \, \varrho_u - \int\limits_M \mu \, \varrho = 1 - 1 = 0 .$$

Somit gilt allgemein

$$-\int\limits_M \mu \, \varrho \ln \varrho \leq -\int\limits_M \mu \, \varrho \ln \varrho_u . \tag{4.26a}$$

Dies ist schon die behauptete Ungleichung (4.25c), wie die folgende Rechnung zeigt: Gemäß (4.23) ist

$$\ln \varrho_u = -\ln Z(\boldsymbol{u}) - \boldsymbol{u} \cdot \boldsymbol{F} ,$$

und, nach Multiplikation mit $\mu \varrho$ und Integration über M,

$$-\int\limits_M \mu \, \varrho \ln \varrho_u = \ln Z(\boldsymbol{u}) + \int\limits_M \mu \, \varrho \boldsymbol{u} \cdot \boldsymbol{F}$$

$$= \ln Z(\boldsymbol{u}) + \boldsymbol{u} \cdot \langle \boldsymbol{F} \rangle_{\varrho_u} = \frac{1}{k} S(\varrho_u) .$$

In derselben Weise berechnet man

$$-\int\limits_M \mu \, \varrho \ln \varrho = \frac{1}{k} S(\varrho) .$$

Setzt man diese Integrale ein, so folgt in der Tat

$$S(\varrho) \leq S(\varrho_u) . \tag{4.26b}$$

Schließlich stellt man noch fest, dass $S(\varrho)$ streng *kleiner* als $S(\varrho_u)$ ist, $S(\varrho) < S(\varrho_u)$, wenn $\varrho(m)$ für eine Menge mit positivem Maß (bezüglich μ) von ϱ_u verschieden ist.

Das Ergebnis dieses Satzes nehmen wir in eine Definition auf,

---

Definition 4.6   Gleichgewichtszustand

Es sei F eine Observable auf dem Raum $(M, \mathcal{A}, \mu)$. Ist für ein $u \in V^*$ das Integral $Z(u) = \int_M \mu \, \exp\{-u \cdot F\}$ endlich, so heißt

$$\varrho_u = \frac{1}{Z(u)} \, e^{-u \cdot F} \tag{4.27}$$

Gleichgewichtszustand bezüglich der Observablen F.

Die in Satz 4.1 gewonnenen Resultate sowie die Definition 4.6 werden durch eine Reihe von Beispielen illustriert und vertieft:

Beispiel 4.10   Großkanonische Gesamtheit

Die großkanonische Gesamtheit, Definition 2.3, wird durch die Zustandssumme (2.10) beschrieben. Hier ist somit

$$u = (\beta, -\beta\mu_C)^T , \quad F = (H, N)^T , \quad \mu = d^{3N}q \, d^{3N}p , \tag{4.28a}$$

wo $\beta = 1/kT$ ist und μ_C das chemische Potential bezeichnet. Der Zustand, der bei festen Werten von H und N die größte Entropie hat, ist durch

$$\varrho_u = \frac{1}{Z(u)} \exp\{-\beta(H(q, p) - \mu_C N)\} \tag{4.28b}$$

gegeben, mit dem Normierungsfaktor (Integral über den Phasenraum)

$$Z(u) = \int_{\mathbb{P}} d^{3N}q \, d^{3N}p \, \exp\{-\beta(H(q, p) - \mu_C N)\} . \tag{4.28c}$$

Es ist interessant zu sehen, dass die *extensiven* Größen H (Energie) und N (Teilchenzahl) ihre Werte im Vektorraum V, die *intensiven* Größen β (stellvertretend für die Temperatur) und μ_C (Chemisches Potential) ihre Werte im dualen Vektorraum V^* annehmen.

Beispiel 4.11   Maxwell-Boltzmann-Verteilung

Dieses Beispiel greift Beispiel 4.2 auf, in dem

$$M = \{m_1, m_2, \dots, m_k\} , \quad \mu(m_i) = 1 \tag{4.29a}$$

für alle i gesetzt ist. Hier sei der Vektorraum V eindimensional, $V = \mathbb{R}$, und es sei

$$F(m_i) = \varepsilon_i , \quad \text{wo mit} \quad \varepsilon_1 \leq \varepsilon_2 \leq \cdots \leq \varepsilon_k \tag{4.29b}$$

eine Reihe von Energien gegeben ist. Der zu V duale Vektorraum ist $V^* = \mathbb{R}$. Für

$$\beta \in V^* \quad \text{sei} \quad Z(\beta) = \sum_{j=1}^{k} e^{-\beta \varepsilon_j} , \quad \left(\beta = \frac{1}{kT} \right) . \tag{4.29c}$$

Der Gleichgewichtszustand bei gegebenem β ist

$$\varrho_\beta(m_i) = \frac{e^{-\beta \varepsilon_i}}{\sum_{j=1}^{k} e^{-\beta \varepsilon_j}} \tag{4.29d}$$

und beschreibt eine *Maxwell-Boltzmann-Verteilung*. Mit seiner Hilfe berechnet man den Erwartungswert

$$\langle F \rangle_{\varrho_\beta} = \frac{1}{Z(\beta)} \sum_{j=1}^{k} \varepsilon_j e^{-\beta \varepsilon_j} = -\frac{\partial}{\partial \beta} \ln Z(\beta) . \tag{4.29e}$$

Berechnet man die negative Ableitung des Erwartungswertes, so ergibt sich ein interessantes Resultat:

$$-\frac{\partial \langle F \rangle_{\varrho_\beta}}{\partial \beta} = \frac{\sum \varepsilon_j^2 e^{-\beta \varepsilon_j}}{\sum e^{-\beta \varepsilon_j}} - \frac{\left(\sum \varepsilon_j e^{-\beta \varepsilon_j} \right)^2}{\left(\sum e^{-\beta \varepsilon_j} \right)^2}$$

$$= \int \mu \, \varrho_\beta F^2 - \left(\int \mu \, \varrho_\beta F \right)^2 = \int \mu \, \varrho_\beta \left(F - \langle F \rangle_{\varrho_\beta} \right)^2 .$$

Wenn nicht alle Energien gleich sind, d.h. wenn nicht der Sonderfall $\varepsilon_1 = \varepsilon_2 = \ldots = \varepsilon_k$ vorliegt, ist dieser Ausdruck immer größer als Null. Der Erwartungswert $\langle F \rangle_{\varrho_\beta}$ ist daher eine streng fallende Funktion von β, bzw. eine streng *steigende* Funktion der Temperatur T. Außerdem gilt

$$\lim_{\beta \to 0} \langle F \rangle_{\varrho_\beta} = \frac{1}{k} (\varepsilon_1 + \varepsilon_2 + \ldots + \varepsilon_k) \equiv \bar{\varepsilon} , \quad \lim_{\beta \to +\infty} \langle F \rangle_{\varrho_\beta} = \varepsilon_1 .$$

Daraus folgt, dass der Erwartungswert $\langle F \rangle_{\varrho_\beta}$ durch eine geeignete Wahl von β (bzw. der Temperatur) jeden Wert zwischen ε_1 und $\bar{\varepsilon}$ annehmen kann. Die Wahl von β bzw. von T ist eindeutig.

Beispiel 4.12 Normalverteilung

Hier knüpfen wir an Beispiel 4.3 an mit $M = \mathbb{R}$, mit $\mu([a, b]) = b - a$ und mit $\mathcal{A}$ dem Satz aller Lebesgue-messbaren Untermengen. Als Observablen werden x und sein Quadrat x^2 gewählt,

$$\boldsymbol{F} : M = \mathbb{R} \to \mathbb{R}^2 : x \mapsto (x, x^2) . \tag{4.30a}$$

Mit $\boldsymbol{u} = (u_1, u_2)^T$ und mit der Einschränkung $u_2 > 0$ hat man

$$Z(\boldsymbol{u}) = \int_{-\infty}^{+\infty} dx \, e^{-u_1 x - u_2 x^2} = \sqrt{\frac{\pi}{u_2}} e^{u_1^2 / (4 u_2)} .$$

Der Zustand mit der größten Entropie ist somit

$$\varrho_u = \frac{1}{Z(u)} e^{-u_1 x - u_2 x^2} = \frac{1}{Z(u)} e^{u_1^2/(4u_2)} e^{-u_2[x + u_1/(2u_2)]^2} . \tag{4.30b}$$

Diese Funktion ist von einer Form, die üblicherweise als

$$\varrho_{m,\sigma}(x) = \frac{1}{\sigma\sqrt{2\pi}} e^{-(x-m)^2/(2\sigma^2)} , \tag{4.31}$$

notiert wird, wo m der *Mittelwert* von x und σ^2 die *Varianz* bezeichnen. In der Tat ist mit $z = (x - m)//\sigma\sqrt{2}$

$$\langle x \rangle = \frac{1}{\sigma\sqrt{2\pi}} \int\limits_{-\infty}^{+\infty} dx\, x\, e^{-(x-m)^2/(2\sigma^2)} = \frac{1}{\sqrt{\pi}} m \int\limits_{-\infty}^{+\infty} dz\, e^{-z^2} = m ,$$

$$\langle x^2 \rangle = \frac{1}{\sqrt{\pi}} \left\{ 2\sigma^2 \int\limits_{-\infty}^{+\infty} dz\, z^2 e^{-z^2} + m^2 \int\limits_{-\infty}^{+\infty} dz\, e^{-z^2} \right\} = \sigma^2 + m^2 ,$$

so dass $\langle x^2 \rangle - \langle x \rangle^2 = \sigma^2$ folgt. *Die Normalverteilung (4.31) für die Zufallsvariable x, bei vorgegebenem Mittelwert m und vorgegebener Varianz σ, hat maximale Entropie.*

Wir schließen dieses Beispiel mit der expliziten Berechnung der Entropie ab. Ohne Beschränkung der Allgemeinheit kann man den Ursprung auf der reellen Achse so wählen, dass m in (4.31) gleich Null ist. Im oben studierten Beispiel heißt dies, dass $u_1 = 0$ ist, $u_2 = 1/(2\sigma^2)$ und $Z(u) = \sqrt{2\pi}\sigma$. Die Entropie berechnet sich entweder aus

$$\frac{1}{k}S = Z + u \cdot \langle F \rangle_{\varrho_u} = \ln Z + u \cdot \langle F \rangle_{\varrho_u}$$

$$= \tfrac{1}{2} \ln 2\pi + \ln \sigma + \frac{1}{2\sigma^2} \langle x^2 \rangle_{\varrho_u} = \tfrac{1}{2} \ln 2\pi + \ln \sigma + \frac{1}{2} , \tag{4.32a}$$

oder aus dem Integral

$$\frac{1}{k}S = - \int\limits_{-\infty}^{+\infty} dx\, \varrho_u \ln \varrho_u$$

$$= \frac{1}{\sigma\sqrt{2\pi}} \int\limits_{-\infty}^{+\infty} dx\, e^{-x^2/(2\sigma^2)} \left\{ \frac{x^2}{(2\sigma^2)} + \ln \sigma + \tfrac{1}{2} \ln 2\pi \right\}$$

$$= \tfrac{1}{2} + \ln \sigma + \tfrac{1}{2} \ln 2\pi . \tag{4.32b}$$

Lässt man σ nach Null streben, so strebt S nach minus Unendlich. Was bedeutet dies?

Beispiel 4.13   Poisson-Verteilung

Dieses Beispiel baut auf Beispiel 4.4 auf. Im Einzelnen sei

$$M = \mathbb{N} , \quad \mu(\{k\}) = \frac{1}{k!} \quad \text{und} \quad F(k) = k . \tag{4.33}$$

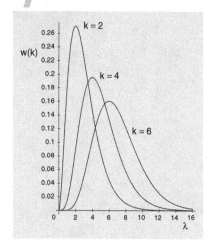

Abb. 4.1. Die Poisson-Verteilung (4.35) als Funktion von λ, für $k = 2$, $k = 4$ und $k = 6$

Setzt man für u eine eindimensionale reelle Variable β ein, so ist

$$Z(\beta) = \sum_{k=1}^{\infty} \frac{1}{k!} e^{-\beta k} = \exp\{e^{-\beta}\} \,. \tag{4.34a}$$

Es bietet sich an, $e^{-\beta} =: \lambda$ zu setzen, so dass $Z(\beta) = e^{\lambda}$ wird. Der Zustand mit der größten Entropie ist somit

$$\varrho_\beta(k) = \frac{1}{Z(\beta)} e^{-\beta k} \equiv e^{-\lambda} \lambda^k \,. \tag{4.34b}$$

Die Wahrscheinlichkeit, bei einer Messung den Zustand k anzutreffen, ist

$$w(k) = e^{-\lambda} \frac{\lambda^k}{k!} \,. \tag{4.35}$$

Diese Verteilung wird *Poisson-Verteilung* genannt und ist in Abb. 4.1 illustriert. Man berechnet leicht den Erwartungswert der Observablen F,

$$\langle F \rangle_{\varrho_\beta} = -\frac{\partial}{\partial \beta} \ln Z(\beta) = -\frac{\partial}{\partial \beta} e^{-\beta} = e^{-\beta} = \lambda \,.$$

Dies ist ein Maß für die Anzahl der Teilchen im „Kasten" Nummer k.

Fasst man die bisherigen Ergebnisse und Beispiele zusammen, so stellt man fest, dass die Entropiefunktion unterschiedliche Formen annimmt und demgemäß physikalisch auch verschiedene Interpretationen zulässt. Im Einzelnen haben wir folgende Bedeutungen der Entropie gefunden:

1. Die *thermodynamische Entropie:* Diese ist in der Wärme-Einsform

$$\alpha = T \, dS \tag{4.36a}$$

enthalten, die Gegenstand von Satz 2.3, Satz 3.1 und Gleichung (3.28) ist. In einem etwas allgemeineren Rahmen trägt sie zur Gibbs'schen Fundamentalform bei

$$dE = T \, dS + \sum \xi_\alpha \, dX^\alpha \,, \tag{4.36b}$$

in der neben der Wärme-Einsform analoge Einsformen für Arbeits- und andere Beiträge vorkommen.

2. Die *statistisch-mechanische* Form der Entropie enthält den Logarithmus der Anzahl der zugrunde liegenden Zustände,

$$S = k \ln \Omega(E, X^1, X^2, \ldots, X^n) \,, \tag{4.37}$$

vgl. Abschn. 1.3 (siehe auch Abschn. 2.3 und die Gleichungen dort).

3. Die zuletzt behandelte Form der Entropiefunktion

$$S = -k \sum w_i \ln w_i \tag{4.38}$$

ist in Wahrheit eine *informationstheoretische Entropie,* für deren Interpretation es zwei Alternativen gibt:

a) Der Satz $\{w_i\}$ beschreibt ein Ensemble von möglichen Zuständen. Die Größe w_j gibt die relative Häufigkeit, mit der ein herausgegriffener Zustand „j" in diesem Ensemble vertreten ist;

b) Die $\{w_i\}$ können aber auch als Maß für die Unkenntnis über ein einzelnes System verstanden werden, wobei w_j die Wahrscheinlichkeit dafür ist, dass es sich im Zustand „j" befindet.

Man zeigt nun, dass die erste dieser Alternativen zur Interpretation (4.37) äquivalent ist. Für eine kanonische Gesamtheit ist $\langle E \rangle = \sum w_i E_i$ und somit

$$\mathrm{d}\langle E \rangle = \sum_i \mathrm{d}w_i E_i + \sum_i w_i \,\mathrm{d}E_i$$

$$= \sum_i \mathrm{d}w_i E_i + \sum_\alpha \xi_\alpha \,\mathrm{d}X^\alpha \quad \text{mit} \quad \xi_\alpha = \sum_i w_i \frac{\partial E_i}{\partial X^\alpha} \;.$$

Aus (4.38) folgt

$$\frac{1}{k}\mathrm{d}S = -\sum_i \mathrm{d}w_i \ln w_i - \sum_i \mathrm{d}w_i = -\sum_i \mathrm{d}w_i \ln w_i \;,$$

da $\sum_i \mathrm{d}w_i = 0$ ist. Setzt man noch $w_i = \mathrm{e}^{-\beta E_i}/Z$ ein, so ist

$$\frac{1}{k}\mathrm{d}S = \sum_i \mathrm{d}w_i \,(\ln Z + \beta E_i) = \beta \sum_i \mathrm{d}w_i E_i \;.$$

Setzt man dies in den Ausdruck für $\mathrm{d}\langle E \rangle$ ein, so folgt

$$\mathrm{d}\langle E \rangle = \frac{1}{\beta k}\mathrm{d}S + \sum_\alpha \xi_\alpha \,\mathrm{d}X^\alpha = T\,\mathrm{d}S + \sum_\alpha \xi_\alpha \,\mathrm{d}X^\alpha \;. \tag{4.39}$$

Dies ist aber genau die Gibbs'sche Fundamentalform (1.34b).

4.4 Klassische Gase und Quantengase

Es seien N unabhängige Teilchen gegeben, die entweder als klassisch beschriebene Objekte unterscheidbar sind oder, wenn sie alle von derselben Sorte sind und die Quantenmechanik für ihre Beschreibung zuständig ist, die ununterscheidbar sind. Im zweiten Fall tragen sie entweder halbzahligen Spin und sind somit Fermionen, oder ganzzahligen Spin und sind Bosonen. Die Energieniveaus, die sie einnehmen können, sollen diskret sein. Sie werden im Folgenden mit ε_i bezeichnet, die Besetzungszahlen der Niveaus „i" seien n_i. Dann ist

$$\sum_{i=1}^{k} n_i = N \;, \quad \sum_{i=1}^{k} n_i \varepsilon_i = E \equiv \langle E \rangle \;. \tag{4.40}$$

Für eine großkanonische Gesamtheit, s. Definition 2.3 und Beispiel 4.10, ist der Zustand (4.28b) dann gleich

$$\varrho_u = \frac{1}{Z}\mathrm{e}^{-\beta \sum_i n_i(\varepsilon_i - \mu_C)} = \frac{1}{Z}\prod_i \mathrm{e}^{-\beta n_i(\varepsilon_i - \mu_C)} \;. \tag{4.41}$$

Greift man einen einzelnen Zustand heraus, der die Energie ε_i besitzt, dann ist die Verteilung in den Besetzungszahlen n

$$w_i(n) = \frac{1}{Z_i}\, e^{-\beta n(\varepsilon_i - \mu_C)} \mu(\{n\}) \tag{4.42a}$$

$$\text{mit} \quad Z_i = \sum_{n=0}^{\infty} e^{-\beta n(\varepsilon_i - \mu_C)} \mu(\{n\}) \,. \tag{4.42b}$$

An dieser Stelle kann man verschiedene Spezialfälle studieren.

1. Setzt man wie in Beispiel 4.4 $M = \mathbb{N}$ und wählt das Maß (4.5a), $\mu(\{n\}) = 1/n!$, so ist

$$Z_i = \exp\left\{ e^{-\beta(\varepsilon_i - \mu_C)} \right\} \equiv \exp\left\{ e^{-u_1 \varepsilon_i - u_2} \right\} \,, \quad \text{mit} \tag{4.43a}$$

$$u_1 = \beta \,, \quad u_2 = -\beta \mu_C \,, \tag{4.43b}$$

und der Erwartungswert der Energie wird

$$\langle E \rangle_i = -\frac{\partial}{\partial u_1} \ln Z_i = \varepsilon_i\, e^{-\beta(\varepsilon_i - \mu_C)} \,. \tag{4.43c}$$

Dies ist wieder vom Typus der Maxwell-Boltzmann-Verteilung (4.29d).

2. Setzt man analog zum Beispiel 4.5

$$\mu(\{0\}) = 1 = \mu(\{1\}) \,,$$
$$\mu(\{n\}) = 0 \quad \text{für alle} \quad n \geq 2 \,, \tag{4.44a}$$

so sind die Zustandssumme und der Erwartungswert der Energie

$$Z_i = 1 + e^{-\beta(\varepsilon_i - \mu_C)} \equiv 1 + e^{-u_1 \varepsilon_i - u_2} \,, \tag{4.44b}$$

$$\langle E \rangle_i = -\frac{\partial}{\partial u_1} \ln Z_i = \frac{\varepsilon_i\, e^{-\beta(\varepsilon_i - \mu_C)}}{1 + e^{-\beta(\varepsilon_i - \mu_C)}} \,. \tag{4.44c}$$

Diese Formel entspricht der *Fermi-Dirac Statistik*.

3. Die entsprechende Verteilung für Bosonen bekommt man mit der Abkürzung $z := e^{-\beta(\varepsilon_i - \mu_C)}$ und mit

$$M = \mathbb{N} \,, \quad \mu(\{n\}) = 1 \quad \text{für alle} \quad n \,, \tag{4.45a}$$

$$Z_i = \sum_{n=0}^{\infty} e^{-\beta n(\varepsilon_i - \mu_C)} \equiv 1 + z + z^2 + z^3 + \cdots = \frac{1}{1-z}$$

$$= \frac{1}{1 - e^{-\beta(\varepsilon_i - \mu_C)}} \equiv \frac{1}{1 - e^{-u_1 \varepsilon_i - u_2}} \,, \tag{4.45b}$$

$$\langle E \rangle_i = -\frac{\partial}{\partial u_1} \ln Z_i = \frac{\varepsilon_i\, e^{-\beta(\varepsilon_i - \mu_C)}}{1 - e^{-\beta(\varepsilon_i - \mu_C)}} \,. \tag{4.45c}$$

Diese Verteilung entspricht der *Bose-Einstein Statistik*.

Alle drei Fälle fasst die folgende Tabelle zusammen: Für fest gehaltene Energie ε_i sei

$$v := e^{-\beta(\varepsilon_i - \mu_C)} \,. \tag{4.46}$$

Dann sind die Ergebnisse für die Wahrscheinlichkeiten (4.42a):

Tab. 4.1. Wahrscheinlichkeiten für unterscheidbare und nicht unterscheidbare Teilchen

Statistik	Wahrscheinlichkeit
Maxwell-Boltzmann	$w(n_i) = e^{-v} v^{n_i} / n_i!$
Fermi-Dirac	$w(n_i = 0) = 1/(1+v)$
	$w(n_i = 1) = v/(1+v)$
	$w(n_i \geq 2) = 0$
Bose-Einstein	$w(n_i) = (1-v) v^{n_i}$

Man bestätigt, dass in allen drei Fällen $\sum_0^\infty w(n_i) = 1$ erfüllt ist.

Um die Unterschiede in den drei Typen von Statistiken zu illustrieren, berechne man aus (4.43c), aus (4.44c) und aus (4.45c) das Verhältnis $\langle E \rangle_i / \varepsilon_i$ des Erwartungswertes der Energie im Zustand „i" zur Energie ε_i. Mit der Abkürzung $t := \beta(\varepsilon_i - \mu_C)$ folgen

$$\frac{\langle E \rangle_i}{\varepsilon_i} = e^{-t} \quad \text{(Maxwell-Boltzmann)}, \tag{4.47a}$$

$$\frac{\langle E \rangle_i}{\varepsilon_i} = \frac{1}{e^t + 1} \quad \text{(Fermi-Dirac)}, \tag{4.47b}$$

$$\frac{\langle E \rangle_i}{\varepsilon_i} = \frac{1}{e^t - 1} \quad \text{(Bose-Einstein)}. \tag{4.47c}$$

Diese drei Verteilungen sind in Abb. 4.2 über der Variablen t aufgetragen. Wenn die Variable t anwächst, so verschwinden die Unterschiede zwischen den drei Statistiken. Der Grenzfall $t \to \infty$ entspricht einer zunehmenden Verdünnung des Gases. Umgekehrt, strebt t gegen Null, so werden die Unterschiede deutlich sichtbar.

Beispiel 4.14 Mittlere Besetzungszahl und Entropie

Als Beispiel berechnen wir die mittlere Besetzungszahl $\langle n \rangle_i$ des Niveaus mit der Energie ε_i. Setzt man

$$\alpha_i := -\beta \left(\varepsilon_i - \mu_C \right) , \tag{4.48a}$$

so lautet Gleichung (4.42b)

$$Z_i = \sum_k e^{\alpha_i n_k} \mu(\{n_k\}) , \tag{4.48b}$$

die mittlere Besetzungszahl ist

$$\langle n \rangle_i = \frac{1}{Z_i} \sum_k n_k e^{\alpha_i n_k} \mu(\{n_k\}) = \frac{\partial Z_i / \partial \alpha_i}{Z_i} = \frac{\partial}{\partial \alpha_i} \ln Z_i . \tag{4.48c}$$

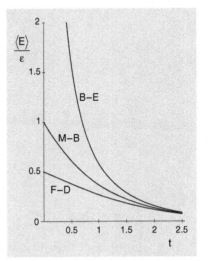

Abb. 4.2. Die klassische Maxwell-Boltzmann Verteilung (4.47a) im Vergleich mit der Fermi-Dirac Verteilung (4.47b) und der Bose-Einstein Verteilung (4.47c)

Auch die Varianz dieser Größe lässt sich allgemein berechnen. Sie ist

$$\sigma_i^2(n) = \langle n^2 \rangle_i - (\langle n \rangle_i)^2 = \frac{1}{Z_i} \left\{ \frac{\partial^2 Z_i}{\partial \alpha_i^2} - \frac{1}{Z_i} \left(\frac{\partial Z_i}{\partial \alpha_i} \right)^2 \right\}$$

$$= \frac{\partial^2}{\partial \alpha_i^2} \ln Z_i \ . \tag{4.48d}$$

Hat es man mit identischen Fermionen zu tun, so ist die Fermi-Dirac-Statistik die richtige. Mit (4.44a) ist

$$Z_i = 1 + e^{\alpha_i} \ ,$$

woraus sich die mittlere Teilchenzahl und die zugehörige Varianz ergeben:

$$\langle n \rangle_i = \frac{\partial}{\partial \alpha_i} \ln (1 + e^{\alpha_i}) = \frac{e^{\alpha_i}}{1 + e^{\alpha_i}} = \frac{1}{e^{-\alpha_i} + 1} \ , \tag{4.49a}$$

$$\sigma_i^2(n) = \frac{\partial^2}{\partial \alpha_i^2} \ln (1 + e^{\alpha_i}) = \frac{\partial}{\partial \alpha_i} \frac{e^{\alpha_i}}{1 + e^{\alpha_i}}$$

$$= \frac{e^{\alpha_i}}{1 + e^{\alpha_i}} - \frac{e^{2\alpha_i}}{(1 + e^{\alpha_i})^2} = \langle n \rangle_i (1 - \langle n \rangle_i) \ . \tag{4.49b}$$

Hat man es mit Bosonen zu tun, so ist gemäß (4.45b)

$$Z_i = \frac{1}{1 - e^{\alpha_i}} \ ,$$

die mittlere Teilchenzahl und die Varianz sind

$$\langle n \rangle_i = -\frac{\partial}{\partial \alpha_i} \ln (1 - e^{\alpha_i}) = \frac{e^{\alpha_i}}{1 - e^{\alpha_i}} = \frac{1}{e^{-\alpha_i} - 1} \ , \tag{4.50a}$$

$$\sigma_i^2(n) = -\frac{\partial^2}{\partial \alpha_i^2} \ln (1 - e^{\alpha_i}) = \frac{\partial}{\partial \alpha_i} \frac{e^{\alpha_i}}{1 - e^{\alpha_i}} = \langle n \rangle_i (1 + \langle n \rangle_i) \ . \tag{4.50b}$$

Man beachte – mit Blick auf (4.48a) –, dass der Ausdruck für $\langle n \rangle_i$ nur dann positiv ist, wenn die Energie des tiefsten Zustands größer als das chemische Potential ist, $\varepsilon_0 > \mu_C$.

Wir beschließen dieses Beispiel mit der Berechnung der Entropie sowohl für Fermionen als auch für den Fall von Bosonen.

1. Im Fall der *Fermi-Dirac-Statistik* ist die Entropie eines herausgegriffenen Zustands „i" sehr einfach zu berechnen. Mit

$$w(0) = \frac{1}{1 + e^{\alpha_i}} = 1 - \langle n \rangle_i \ , \quad w(1) = \frac{e^{\alpha_i}}{1 + e^{\alpha_i}} = \langle n \rangle_i$$

und $w(n) = 0$ für $n \geq 2$ folgt für die Entropie

$$S^{\text{F-D}}(i) = -k \sum_{n=0}^{\infty} w(n) \ln w(n)$$

$$= -k \left\{ (1 - \langle n \rangle_i) \ln (1 - \langle n \rangle_i) + \langle n \rangle_i \ln \langle n \rangle_i \right\} \ . \tag{4.51}$$

2. Im Fall der *Bose-Einstein-Statistik* ist die Rechnung etwas aufwändiger. Hier ist

$$\text{mit}\quad w(n) = \frac{1}{Z_i}\,e^{\alpha_i n} = (1 - e^{\alpha_i})\,e^{\alpha_i n}\;:$$

$$\sum_{n=0}^{\infty} w(n)\ln w(n) = \sum_{n=0}^{\infty} e^{\alpha_i n}\,(1 - e^{\alpha_i})\left[\alpha_i n + \ln(1 - e^{\alpha_i})\right]$$

$$= \sum_{n=0}^{\infty} \alpha_i n\,e^{\alpha_i n}\,(1 - e^{\alpha_i}) + \ln(1 - e^{\alpha_i})\;. \tag{4.52a}$$

Hier wurde $\sum_{n=0}^{\infty} e^{\alpha_i n} = 1/(1 - e^{\alpha_i})$ benutzt. Den ersten Term von (4.52a) kann man wie folgt umschreiben:

$$\sum_{n=0}^{\infty} \alpha_i n\,e^{\alpha_i n}\,(1 - e^{\alpha_i})$$

$$= \alpha_i\left\{\frac{\partial}{\partial \alpha_i}\left(\sum_{n=0}^{\infty} e^{\alpha_i n}(1 - e^{\alpha_i})\right) - \sum_{n=0}^{\infty} e^{\alpha_i n}\,\frac{\partial}{\partial \alpha_i}(1 - e^{\alpha_i})\right\}$$

$$= \alpha_i\left\{\frac{\partial}{\partial \alpha_i}1 + \frac{e^{\alpha_i}}{1 - e^{\alpha_i}}\right\} = \frac{\alpha_i\,e^{\alpha_i}}{1 - e^{\alpha_i}}\;.$$

Setzt man dies in (4.52a) ein, so folgt

$$\sum_{n=0}^{\infty} w(n)\ln w(n) = \frac{\alpha_i\,e^{\alpha_i}}{1 - e^{\alpha_i}} + \ln(1 - e^{\alpha_i})$$

$$= \langle n\rangle_i \ln\langle n\rangle_i - (1 + \langle n\rangle_i)\ln(1 + \langle n\rangle_i)\;. \tag{4.52b}$$

Die Entropie des Zustands „i" ist somit

$$S^{\text{B-E}}(i) = -k\left\{\langle n\rangle_i \ln\langle n\rangle_i - (1 + \langle n\rangle_i)\ln(1 + \langle n\rangle_i)\right\}\;. \tag{4.53}$$

Diese Ergebnisse für ein System mit den Energieniveaus $\varepsilon_0 \leq \varepsilon_1 \leq \varepsilon_2 \cdots$ lassen sich für beide Fälle, den der Fermionen und den der Bosonen, zusammenfassen. Dabei gilt jeweils das obere Vorzeichen für Fermionen, das untere für Bosonen. Für die Zustandssumme erhält man

$$Z = \prod_i Z_i\;,\quad \ln Z = \sum_i \ln Z_i = \pm \sum_i \ln(1 \pm e^{\alpha_i})\;. \tag{4.54}$$

Die gesamte Teilchenzahl und die Energie sind, respektive

$$N = \sum_i \langle n\rangle_i = \sum_i \frac{e^{\alpha_i}}{1 \pm e^{\alpha_i}}\;, \tag{4.55}$$

$$E = \sum_i \langle n\rangle_i \varepsilon_i = \sum_i \frac{\varepsilon_i\,e^{\alpha_i}}{1 \pm e^{\alpha_i}}\;. \tag{4.56}$$

Für die Entropie schließlich findet man

$$
\begin{aligned}
S &= k \left\{ \ln Z + \beta \left(E - \mu_C N \right) \right\} \\
&= k \sum_i \left\{ \pm \ln \left(1 \pm e^{\alpha_i} \right) + \beta \langle n \rangle_i \left(\varepsilon_i - \mu_C \right) \right\} \\
&= k \sum_i \left\{ \pm \ln \left(1 \pm e^{\alpha_i} \right) - \alpha_i \langle n \rangle_i \right\} \\
&= -k \sum_i \left\{ \langle n \rangle_i \ln \langle n \rangle_i \pm \left(1 \mp \langle n \rangle_i \right) \ln \left(1 \mp \langle n \rangle_i \right) \right\} .
\end{aligned}
\tag{4.57}
$$

Damit ist das Beispiel abgeschlossen.

4.5 Klassische und quantenmechanische Statistik

In diesem Abschnitt gehen wir den Ähnlichkeiten und spezifischen Unterschieden von *klassischer Statistik* und *Quantenstatistik* nach. Der Einfachheit halber nehmen wir wieder an, dass der Raum M eine diskrete, endliche Menge ist und dass das Maß μ für alle seine Punkte den gleichen Wert hat.

4.5.1 Der Fall der klassischen Mechanik

Im Rahmen der *klassischen* Physik wird ein Zustand durch eine positivsemidefinite Funktion ϱ beschrieben, s. Definition 4.2, deren Werte $\varrho(1)$, $\varrho(2), \ldots$ auf den Punkten von M gegeben sind. Im Blick auf den Vergleich mit Quantenstatistiken ist es sinnvoll, den Zustand in Form einer Diagonalmatrix zu notieren,

$$
\varrho = \mathrm{diag} \left(\varrho(1), \varrho(2), \ldots \right) .
\tag{4.58}
$$

Auch eine mehrkomponentige Observable (4.21a) schreibt man als vektorwertige Diagonalmatrix, ihren Erwartungswert im Zustand (4.58) als Spur des Produkts von zwei Diagonalmatrizen,

$$
\boldsymbol{F} = \mathrm{diag} \left(\boldsymbol{F}(1), \boldsymbol{F}(2), \ldots \right) ,
\tag{4.59a}
$$

$$
\langle \boldsymbol{F} \rangle_\varrho = \mathrm{Sp} \left(\boldsymbol{F} \cdot \varrho \right) .
\tag{4.59b}
$$

Die Partitionsfunktion (4.19) erscheint dann ebenfalls als Spur einer Diagonalmatrix,

$$
Z(\beta) = \mathrm{Sp} \left(e^{-\beta \mathcal{E}} \right) \quad \text{mit} \quad \mathcal{E} = \mathrm{diag} \left(\varepsilon_1, \varepsilon_2, \ldots \right) .
\tag{4.60}
$$

Zustände, in denen Gleichgewicht herrscht, lassen sich in derselben Weise schreiben,

$$
\varrho_\beta = \frac{1}{Z(\beta)} \, \mathrm{diag} \left(e^{-\beta \varepsilon_1}, e^{-\beta \varepsilon_2}, \ldots \right) \equiv \frac{1}{Z(\beta)} \, e^{-\beta \mathcal{E}} ,
\tag{4.61}
$$

d. h. als – im Beispiel endliche – Diagonalmatrizen im Raum M.

4.5.2 Quantenstatistik

In der klassischen, nicht quantisierten Physik sind die Observablen reelle Funktionen, die wie in (4.59a) als Einträge in Diagonalmatrizen erscheinen. Die Quantentheorie ersetzt diese klassischen Observablen durch *selbstadjungierte Operatoren* $\mathcal{O}$, die auf Elemente eines Hilbert-Raums $\mathcal{H}$ wirken. Wir wiederholen hier zunächst die wichtigsten Begriffsbildungen der Quantenmechanik.

Der Hilbert-Raum ist mit einem Skalarprodukt (f, g), $f, g \in \mathcal{H}$, ausgestattet. Dieses ist im zweiten Argument linear, d. h. es gilt $(f, cg) = c(f, g)$ mit c einer komplexen Zahl, im ersten dagegen antilinear, d. h. es gilt $(cf, g) = c^*(f, g)$. Zur Angabe eines Operators gehört sein Definitionsbereich $\mathcal{D}$, so dass man korrekterweise das Paar $(\mathcal{O}, \mathcal{D})$, mit $\mathcal{D} \subset \mathcal{H}$, angeben muss. Ist ein Operator $(\mathcal{O}, \mathcal{D})$ gegeben, dessen Definitionsbereich in $\mathcal{H}$ dicht liegt, und ist g ein beliebiges Element aus $\mathcal{D}$, so ist der zu $\mathcal{O}$ adjungierte Operator über das Skalarprodukt $(\cdot, \cdot)$

$$(f, \mathcal{O}g) = \left(\mathcal{O}^\dagger f, g\right)$$

definiert. Die Menge aller $f \in \mathcal{H}$, für die es ein $f' \in \mathcal{H}$ gibt derart, dass $(f, \mathcal{O}g) = (f', g)$ für alle $g \in \mathcal{D}$ gilt, bildet den Definitionsbereich $\mathcal{D}^\dagger$ des adjungierten Operators. Für jedes $f \in \mathcal{D}^\dagger$ ist dann in der Tat $\mathcal{O}^\dagger f = f'$.

Ein *selbstadjungierter* Operator fällt mit seinem Adjungierten zusammen, d. h. es ist $\mathcal{D}^\dagger = \mathcal{D}$ und $\mathcal{O}f = \mathcal{O}^\dagger f$ für alle $f \in \mathcal{D}$. Für Skalarprodukte gilt dann

$$(g, \mathcal{O}f) = (\mathcal{O}g, f) = (f, \mathcal{O}g)^* \quad \text{für alle} \quad f, g \in \mathcal{D}, \tag{4.62a}$$

$$(f, \mathcal{O}f) \quad \text{ist reell für alle} \quad f \in \mathcal{D}. \tag{4.62b}$$

Die Eigenwerte eines selbstadjungierten Operators sind reell. Zwei seiner Eigenfunktionen f_1 und f_2, die zu zwei verschiedenen Eigenwerten λ_1 bzw. λ_2 gehören, sind orthogonal,

$$\mathcal{O}\varphi_1 = \lambda_1 \varphi_1, \; \mathcal{O}\varphi_2 = \lambda_2 \varphi_2, \; \lambda_1 \neq \lambda_2 : \quad (\varphi_1, \varphi_2) = 0. \tag{4.62c}$$

Sind alle Eigenwerte von $\mathcal{O}$ positiv-semidefinit, so gilt auch

$$(f, \mathcal{O}f) \geq 0 \quad \text{für alle} \quad f \in \mathcal{H}. \tag{4.62d}$$

Ein solcher Operator heißt *positiv-semidefinit* und man schreibt symbolisch $\mathcal{O} \geq 0$.

Besonders wichtig sind die *Projektionsoperatoren* P_λ, die jedes Element des Hilbert-Raums auf den Unterraum $\mathcal{H}_\lambda$ projizieren, der zum Eigenwert λ eines selbstadjungierten Operators $\mathcal{O}$ gehört,

$$P_\lambda f = \sum_{i=1}^{K} \varphi_{\lambda,i}(\varphi_{\lambda,i}, f) \quad \text{für alle} \quad f \in \mathcal{H}, \tag{4.63a}$$

wo K die Dimension von $\mathcal{H}_\lambda$ (und somit der Entartungsgrad des Eigenwerts λ) ist und wo die Funktionen $\varphi_{\lambda,i}$ Eigenfunktionen von $\mathcal{O}$ zum

Eigenwert λ sind. Projektionsoperatoren sind selbstadjungiert und idempotent, d. h.

$$P_\lambda^\dagger = P_\lambda \, , \qquad P_\lambda P_\lambda = P_\lambda \, . \tag{4.63b}$$

Ihr Eigenwertspektrum ist $\{0, 1\}$. Physikalisch interpretiert beschreiben sie „Ja/Nein"-Experimente: Sie beantworten die Frage, ob man bei einer Messung der Observablen $\mathcal{O}$ im Zustand f den Eigenwert λ finden wird, mit „Ja" beim Eigenwert 1, mit „Nein" beim Eigenwert 0. Stellt man zwei Mal dieselbe Frage, so bekommt man dieselbe Antwort wie wenn man sie nur einmal stellt. Die Projektionsoperatoren werden bei der nun folgenden Konstruktion von Zuständen verwendet.

Ein *Zustand* eines Quantensystems wird durch einen *statistischen Operator* W bzw. eine *Dichtematrix* ϱ dargestellt. Die Dichtematrix ist dabei nichts weiter als eine Matrixdarstellung – im Sinne der Darstellungstheorie der Quantentheorie – des abstrakt definierten statistischen Operators. Der statistische Operator W ist eine konvexe Linearkombination von Projektionsoperatoren, d. h. eine Linearkombination mit reellen und nichtnegativen Koeffizienten, deren Summe 1 ist. Er ist somit selbstadjungiert, positiv-semidefinit und normiert,

$$W = W^\dagger \, , \quad W \geq 0 \, , \quad \mathrm{Sp}(W) = 1 \, , \tag{4.64a}$$

$$W = \sum_i w_i P_i \quad \text{mit} \quad 0 \leq w_i \leq 1 \, , \ \sum_i w_i = 1 \, . \tag{4.64b}$$

Welche Werte die reellen Koeffizienten w_i annehmen, hängt von der Art der Präparation des Zustandes ab. Die Schreibweise in (4.64b) setzt voraus, dass die Präparation durch die Eigenwerte einer Observablen sowie deren Eigenräume definiert ist. Einzelheiten hierzu findet man z. B. in Band 2, Abschnitt 3.4. Die Formeln der Gleichung (4.64a) gelten ganz allgemein, die der Gleichung (4.64b) spiegeln eine spezielle Darstellung wider.

Der Einfachheit halber bleiben wir bei der Darstellung des statistischen Operators als Dichtematrix. Ein Quantenzustand wird dann durch die Dichtematrix ϱ beschrieben, die dieselben Eigenschaften (4.64a) hat wie W, d. h.

$$\varrho = \varrho^\dagger \, , \quad \varrho \geq 0 \, , \quad \mathrm{Sp}(\varrho) = 1 \, . \tag{4.65}$$

Man weiß darüber hinaus, dass ϱ einen *reinen*, voll interferenzfähigen Zustand beschreibt, wenn $\mathrm{Sp}(\varrho^2) = \mathrm{Sp}(\varrho) = 1$ ist. In diesem Fall gilt $\sum_i w_i^2 = \sum_i w_i = 1$. Wegen der Normierungsbedingung ist dies nur möglich, wenn nur eines der Gewichte von Null verschieden und damit gleich 1 ist, während alle anderen verschwinden. Findet man statt dessen $\mathrm{Sp}(\varrho^2) < \mathrm{Sp}(\varrho) = 1$, so liegt ein *gemischter* Zustand vor. In diesem Fall müssen mindestens zwei Gewichte w_j und w_k von Null verschieden und somit kleiner als 1 sein. Die volle, für die Quantenmechanik typische Interferenzfähigkeit ist nur noch in den Unterräumen $\mathcal{H}_i \subset \mathcal{H}$ des Hilbert-Raums vorhanden, auf die die Projektionsoperatoren P_i projizieren. Zwischen *verschiedenen* Unterräumen sind keine Interferenzen möglich und es liegen Verhältnisse vor, die analog zu denen in der klassischen statistischen Mechanik sind.

Der Erwartungswert einer Observablen $\mathcal{O}$, die auf dem Hilbert-Raum definiert ist, im Zustand ϱ ist bekanntlich durch die Spur des Produkts $\mathcal{O}\varrho$ gegeben,

$$\langle\mathcal{O}\rangle_\varrho = \mathrm{Sp}\,(\mathcal{O}\varrho) \ . \tag{4.66}$$

Mit diesen Vorbereitungen kann man jetzt die folgenden Gleichungen aufstellen.

Es sei $F = (F_1, F_2, \dots, F_k)^T$ ein Satz von Observablen, deren Kommutatoren sämtlich verschwinden,

$$\left[F_i, F_j\right] = 0 \quad\text{für alle}\quad i, j \in (1, 2, \dots, k) \ .$$

Sei $\beta = (\beta_1, \beta_2, \dots, \beta_k)^T$ ein Satz von reellen Zahlen. Mit der Abkürzung $\beta \cdot F = \sum_{i=1}^k \beta_i F_i$ definiert

$$Z(\beta) = \mathrm{Sp}\left(\mathrm{e}^{-\beta\cdot F}\right) \tag{4.67}$$

die Partitionsfunktion für ein System, dessen Gleichgewichtszustand durch

$$\varrho_\beta = \frac{1}{Z(\beta)}\,\mathrm{e}^{-\beta\cdot F} \tag{4.68}$$

beschrieben wird. Der Erwartungswert einer Observablen $\mathcal{O}$ ist gleich

$$\langle\mathcal{O}\rangle_{\varrho_\beta} = \frac{1}{Z(\beta)}\,\mathrm{Sp}\left(\mathcal{O}\,\mathrm{e}^{-\beta\cdot F}\right) \ . \tag{4.69}$$

Diese Gleichungen bilden die Grundgleichungen der Quantenstatistik.

Bemerkungen

1. Auch im Rahmen der *klassischen* statistischen Physik kann man Operatoren einführen, die auf Teilmengen von M projizieren. Dies ist für den Vergleich mit der Quantentheorie besonders instruktiv. Wie in Abschn. 4.1 sei $\mathcal{A} = \{A_i\}$ ein Satz von Teilmengen von M. Man definiert Funktionen f_i auf M, die folgendes tun:

$$f_i(p) = 1 \quad\text{für alle}\quad p \in A_i \ , \tag{4.70a}$$

$$f_i(q) = 0 \quad\text{für alle}\quad q \in A_j \quad\text{mit}\quad j \neq i \ . \tag{4.70b}$$

Offensichtlich gibt f_i nicht mehr als die Antwort auf die Frage, ob ein beliebiger Punkt von M in der Teilmenge A_i liegt. Deshalb gilt wie in (4.63b) $f_i f_i = f_i$. Das Produkt zweier Funktionen $f_i f_j$ ist wieder eine „Ja/Nein"-Observable, die die Frage beantwortet, ob ein Punkt im Durchschnitt von A_i und A_j liegt,

$$f_i f_j = f_{A_i \cap A_j} \ , \quad\text{oder}$$
$$f_i(q) f_j(q) = 1 \Longleftrightarrow \left\{f_i(q) = 1 \ und \ f_j(q) = 1\right\} \ ,$$

d. h. ob $q \in A_i \cap A_j$ zutrifft. Umgekehrt, wenn A_i und A_j keinen Durchschnitt haben, dann gilt

$$A_i \cap A_j = \emptyset \Longleftrightarrow f_i f_j = 0 \quad \text{und} \quad f_i + f_j = f_{A_i \cup A_j} \, .$$

Für diese klassischen Projektionsoperatoren gilt ein Distributivgesetz,

$$f_{\mathcal{A}_1} \left(f_{\mathcal{A}_2} + f_{\mathcal{A}_3} \right) = f_{\mathcal{A}_1} f_{\mathcal{A}_2} + f_{\mathcal{A}_1} f_{\mathcal{A}_3} \, . \tag{4.71a}$$

Dies ist gleichbedeutend mit der Relation

$$\mathcal{A}_1 \cap (\mathcal{A}_2 \cup \mathcal{A}_3) = (\mathcal{A}_1 \cap \mathcal{A}_2) \cup (\mathcal{A}_1 \cap \mathcal{A}_3) \tag{4.71b}$$

für die Mengen selbst. Die Aussage „ein Punkt liegt in $\mathcal{A}_1$ *und* in $\mathcal{A}_2$ *oder* $\mathcal{A}_3$" ist gleichbedeutend mit „dieser Punkt liegt in $\mathcal{A}_1$ *und* $\mathcal{A}_2$, *oder* er liegt in $\mathcal{A}_1$ *und* $\mathcal{A}_3$".

2. Die Verhältnisse sind anders in der *Quantentheorie*: Es seien $P_{\mathcal{H}_i}$ die Projektionsoperatoren auf die paarweise orthogonalen Unterräume $\mathcal{H}_i$, die zu den ausgearteten Eigenwerten λ_i eines selbstadjungierten Operators gehören. Jeder solche Operator $P_{\mathcal{H}_i}$ beschreibt die (orthogonale) Projektion auf den Unterraum $\mathcal{H}_i$ und hat dort den Eigenwert 1, d. h. es gilt für alle $i \neq j$

$$P_{\mathcal{H}_i} P_{\mathcal{H}_j} = 0 \Longleftrightarrow \mathcal{H}_i \cap \mathcal{H}_j = \{0\} \, .$$

Wenn $P_{\mathcal{H}_i} P_{\mathcal{H}_j} = 0$ ist, so gilt dies auch für die andere Reihenfolge, $P_{\mathcal{H}_j} P_{\mathcal{H}_i} = 0$. Ihre Summe ist ebenfalls eine „Ja/Nein"-Observable, denn es gilt

$$\left(P_{\mathcal{H}_i} + P_{\mathcal{H}_j} \right)^2 = P_{\mathcal{H}_i} + P_{\mathcal{H}_j} \, . \tag{4.72a}$$

Sie beschreibt die Projektion auf die direkte Summe $\mathcal{H}_i \oplus \mathcal{H}_j$ der beiden Unterräume:

$$\text{Wenn} \quad P_{\mathcal{H}_j} P_{\mathcal{H}_i} = 0 \quad \text{so} \quad P_{\mathcal{H}_i} + P_{\mathcal{H}_j} = P_{\mathcal{H}_i \oplus \mathcal{H}_j} \, . \tag{4.72b}$$

Das *Produkt* zweier Projektionsoperatoren ist – im Gegensatz zum *klassischen* Fall – i. Allg. keine Observable. Das Produkt $P_{\mathcal{H}_i} P_{\mathcal{H}_j}$ ist i. Allg. nicht gleich $P_{\mathcal{H}_j} P_{\mathcal{H}_i}$ und ist daher nicht selbstadjungiert. Das Distributivgesetz, das zur klassischen Relation (4.71b) analog wäre,

$$\mathcal{H}_i \cap \left(\mathcal{H}_j \oplus \mathcal{H}_k \right) \overset{?}{=} \left(\mathcal{H}_i \cap \mathcal{H}_j \right) \oplus \left(\mathcal{H}_i \cap \mathcal{H}_k \right) \tag{4.73}$$

ist, außer in Spezialfällen, nicht richtig.

4.5.3 Planck'sche Strahlungsformel

Für die frühe Entwicklung der Quantenmechanik war die Erkenntnis der Quantennatur des Lichts von zentraler Bedeutung. Die Bose-Einstein-Statistik auf Photonen angewandt, lieferte die richtige Beschreibung der Strahlung eines schwarzen Körpers.[1] Ein schwarzer Körper ist ein Hohlraum mit Volumen V, der im Inneren keine Materie enthält und der

---

[1] Eine klare Zusammenfassung der Vorgeschichte der Planck'schen Formel und ihrer Bedeutung für die Quantentheorie findet man z. B. bei [Straumann 2002], im Prolog seines Buches.

kontrolliert erhitzt wird. Gemessen wird dabei die spektrale Verteilung der von einem solchen Körper emittierten elektromagnetischen Strahlung. Im Rahmen der Statistischen Mechanik handelt es sich um ein Gas freier, masseloser Photonen, die somit der Bose-Einstein-Statistik genügen. Aus thermodynamischer Sicht liegt eigentlich eine großkanonische Gesamtheit vor, da die Temperatur T, das Volumen V und ein chemisches Potential μ_C vorgegeben werden. Die Zahl der Photonen ist nicht erhalten – im Gegensatz zu einem Gas, das aus massiven Bosonen besteht. Da Photonen keine Ruhemasse haben, ihre Energie folglich beliebig klein sein kann, ist es jederzeit möglich, Photonen an den Innenwänden des Hohlraums zu erzeugen oder zu vernichten. Aus diesem Grund ist es nicht sinnvoll, überhaupt ein chemisches Potential einzuführen. Man darf unbeschadet $\mu_C = 0$ setzen. Die Teilchenzahl stellt sich bei fester Energie und festem Volumen immer so ein, dass ein Gleichgewichtszustand erreicht wird.

Unter der Voraussetzung $\mu_C = 0$ ist die Zustandssumme für die Strahlung des schwarzen Körpers somit die der kanonischen Verteilung. Die Formeln (4.45b) und (4.45c) aus Abschn. 4.4 lassen sich auf den Fall übertragen, in dem die Energie der Photonen kontinuierliche Werte annehmen kann. Das Photongas ist im Ortsraum im Volumen V des schwarzen Körpers enthalten. Denkt man sich das Phasenraumvolumen wieder in elementare Zellen mit der Größe h^3 eingeteilt, dann bedeutet dies, dass der Impulsraum durch Zellen mit dem Volumen $\Delta = h^3/V$ beschrieben wird. In der Aufgabe 4.7 zeigt man, dass die Summe über die Zustände „i" dann gemäß der Vorschrift

$$\sum_i \longrightarrow \sum_{m_s} \frac{V}{h^3} \iiint \mathrm{d}^3 p \qquad (4.74)$$

durch ein Integral ersetzt wird, wo $h = 2\pi\hbar$ die (ursprüngliche) Planck'sche Konstante und $|\boldsymbol{p}|c = E = \hbar\omega$ ist. Ein Photon als strikt masseloses Teilchen trägt keinen Spin im herkömmlichen Sinn mit den bekannten $(2s+1)$ Einstellmöglichkeiten, sondern trägt die *Helizität* $|\lambda| = 1$, die nur *zwei* Einstellmöglichkeiten hat, nämlich $\lambda = \pm 1$. Da nichts in den statistischen Überlegungen von λ abhängt, wird die Summe über m_s in der Ersetzung (4.74) durch einen Faktor 2 ersetzt. Für die Integration über alle Impulse verwendet man sphärische Polarkoordinaten,

$$\mathrm{d}^3 p = |\boldsymbol{p}|^2 \, \mathrm{d}\,|\boldsymbol{p}| \, \mathrm{d}\Omega_{\boldsymbol{p}} = (\hbar/c)^3 \, \omega^2 \, \mathrm{d}\omega \, \mathrm{d}\Omega_{\boldsymbol{p}} \,.$$

Wenn schließlich der Integrand isotrop ist, d. h. wenn er keine Richtung auszeichnet, dann kann man das Integral über die Winkelvariablen $\int \mathrm{d}\Omega_{|\boldsymbol{p}|}$ durch den Faktor (4π) ersetzen. Mit (4.45c) und mit $\mu_C = 0$ ist

$$\langle E \rangle_i = \frac{\varepsilon_i}{\mathrm{e}^{\beta\varepsilon_i} - 1} \,.$$

Für die Gesamtenergie erhält man daher aus der Kontinuumsversion von Gleichung (4.56), zusammen mit (4.48a)

$$E = V \frac{8\pi}{(2\pi c)^3} \int\limits_0^\infty \omega^2 \, d\omega \, \frac{\hbar\omega}{e^{\hbar\omega/(kT)} - 1} \tag{4.75a}$$

$$= \frac{4\sigma}{3c} V T^4 \quad \text{mit} \quad \sigma = \frac{\pi^2 k^4}{60\hbar^3 c^2} \, . \tag{4.75b}$$

Hierbei hat man $x = \hbar/(kT)\omega$ definiert und von der Integralformel

$$\int\limits_0^\infty dx \, \frac{x^{2n-1}}{e^x - 1} = \frac{(2\pi)^{2n}}{4n} \, |B_{2n}|$$

Gebrauch gemacht, in der die Symbole B_m Bernoulli'sche Zahlen bedeuten, hier mit $B_4 = 1/30$. Die Formel (4.75b) heißt *Stefan-Boltzmann-Gesetz*, die Konstante σ hat den numerischen Wert

$$\sigma = 5{,}6704 \cdot 10^{-8} \, \text{Wm}^{-2}\text{K}^{-4} \, . \tag{4.75c}$$

In analoger Weise berechnet man die gesamte Photonenzahl durch Integration über alle Impulse. Man erhält

$$N = V \frac{8\pi}{h^3} \int\limits_0^\infty |\boldsymbol{p}|^2 d|\boldsymbol{p}| \, \frac{1}{e^{\beta c|\boldsymbol{p}|} - 1}$$

$$= V \frac{8\pi \hbar^3}{h^3 c^3} \int\limits_0^\infty \omega^2 \, d\omega \, \frac{1}{e^{\hbar\omega/(kT)} - 1}$$

$$= V \frac{2(kT)^3}{\pi^2 (\hbar c)^3} \zeta(3) \, . \tag{4.76}$$

In diesem Ausdruck wurde die Integralformel

$$\int\limits_0^\infty x^2 \, dx \, \frac{1}{e^x - 1} = \Gamma(3)\zeta(3) = 2\zeta(3)$$

benutzt, in der

$$\zeta(n) = \sum_{k=1}^\infty \frac{1}{k^n} \quad \text{mit} \quad n = 2, 3, \ldots$$

die Riemann'sche Zetafunktion ist.

Zur eigentlichen Planck'schen Strahlungsformel gelangt man von (4.55) aus, indem man dort α_i gemäß (4.48a) durch $-\beta\varepsilon = -\beta\hbar\omega$ ersetzt. Die mittlere Besetzungszahl des Zustandes mit der Energie $\hbar\omega$ ist

$$\langle n \rangle_{(\omega, T)} = \frac{1}{e^{\hbar\omega/(kT)} - 1} \, . \tag{4.77a}$$

Der Beitrag eines kleinen Intervalls $d\omega$ um den Wert ω zur Gesamtenergie lässt sich aus (4.75a) ablesen,

$$V \frac{8\pi}{(2\pi c)^3} \hbar\omega \langle n \rangle_{(\omega, T)} \omega^2 \, d\omega$$

$$= V \, d\omega \, \frac{\hbar}{\pi^2 c^3} \frac{\omega^3}{e^{\hbar\omega/(kT)} - 1} \equiv V \, d\omega \, \varrho(\omega, T) \,. \qquad (4.77b)$$

Die solcherart definierte Funktion

$$\varrho(\omega, T) = \frac{\hbar}{\pi^2 c^3} \frac{\omega^3}{e^{\hbar\omega/(kT)} - 1} \qquad (4.77c)$$

beschreibt die spektrale Energiedichte der Strahlung des schwarzen Körpers. Dies ist die *Planck'sche Strahlungsformel* des schwarzen Körpers. In Abb. 4.3 ist die Funktion

$$v(x) := \frac{\varrho(\omega, T)}{\varrho_0} \frac{x^3}{e^{(T_0/T)x} - 1}$$

$$\text{mit} \quad \varrho_0 = \frac{\hbar}{\pi^2} \left(\frac{kT_0}{\hbar c} \right)^3 \quad \text{und} \quad x = \frac{\hbar}{kT_0} \omega$$

für $T = 0{,}8\,T_0$, $T = T_0$ und $T = 1{,}2\,T_0$ dargestellt. Dabei ist T_0 eine beliebige Referenztemperatur.

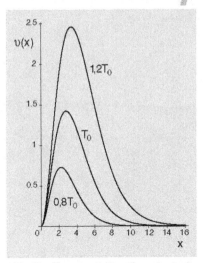

Abb. 4.3. Die spektrale Verteilung der Strahlung des schwarzen Körpers für drei verschiedene Temperaturen (Planck'sche Strahlungsformel): $T = T_0$ (*mittlere Kurve*), $T = 0.8\,T_0$ (*untere Kurve*), $T = 1.2\,T_0$ (*obere Kurve*). Für Einzelheiten siehe den Text

Bemerkungen

1. Das Maximum der in Abb. 4.3 dargestellten Kurve ist Lösung der Gleichung

$$3(e^u - 1) = u\,e^u \quad \text{mit} \quad u = \frac{\hbar\omega}{kT}$$

und liegt bei $u \simeq 2{,}82$. Als Funktion der Temperatur wandert das Maximum linear mit der Temperatur gemäß

$$\hbar\omega_{\text{max}} \simeq 2{,}82\,(kT) \,. \qquad (4.78)$$

Dies ist das *Wien'sche Verschiebungsgesetz*.

2. Die Konstante σ in (4.75b) ist proportional zu k^4/h^3, während man aus (4.78) das Verhältnis k/h bestimmen kann. Man erhält somit sowohl die Planck'sche Konstante h als auch die Boltzmann-Konstante k. Entnimmt man in der Beziehung $R = kL$ die Konstante R aus der Zustandsgleichung für ideales Gas, so erhält man aus vollkommen makroskopischen Messungen die Loschmidt'sche Zahl L,

$$L = 6{,}022 \cdot 10^{23} \,. \qquad (4.79)$$

3. Für sehr hohe Temperaturen ist $\hbar\omega \ll kT$. Mit $e^{\hbar\omega/(kT) - 1} \simeq \hbar\omega/(kT)$ kann man die Verteilung (4.77c) genähert schreiben als

$$\varrho(\omega, T) \simeq \frac{\omega^2 kT}{\pi^2 c^3} \,, \qquad (4.80a)$$

eine Formel, in der die Planck'sche Konstante nicht mehr vorkommt. Dies ist das Rayleigh-Jeans'sche Strahlungsgesetz, das schon aus der klassischen Theorie abgeleitet werden kann.

4. Für kleine Temperaturen andererseits ist $\hbar\omega \gg kT$, der Nenner in der Formel (4.77c) für die Spektralverteilung kann durch die Exponentialfunktion allein ersetzt werden, so dass man

$$\varrho(\omega, T) \simeq \frac{\hbar\omega^3}{\pi^2 c^3} \, e^{-\hbar\omega/(kT)} \qquad\qquad (4.80b)$$

erhält. Dieser Grenzfall, der wie das Rayleigh-Jeans'sche Strahlungsgesetz schon vor der Entwicklung der Quantenhypothese des Photons bekannt war, heißt das *Wien'sche Strahlungsgesetz.*

Phasengemische, Phasenübergänge, Stabilität der Materie

Einführung

Die beiden großen Themen dieses letzten Kapitels sind Phasengemische und Phasenübergänge, sowie eine heuristische Diskussion der Stabilität makroskopischer Materie. Phasenübergänge werden sowohl aus dem Blickwinkel der Thermodynamik behandelt als auch im Rahmen von diskreten Modellen der Statistischen Mechanik. Phasengemische lassen sich sehr schön geometrisch analysieren und veranschaulichen. Für Phasenübergänge in diskreten Systemen liefert das Ising-Modell, dessen einfachste Versionen wir behandeln, eine gute Einführung. Die Analyse der Bedingungen dafür, wann makroskopische Materie stabil ist, also weder implodiert noch explodiert, besteht in einfachen Abschätzungen der Grundzustandsenergien und – bei positiven Temperaturen – in etwas Thermodynamik. Dieses wichtige Problem der Physik baut auf einer Synthese aus klassischer Viel-Teilchendynamik, Quantenmechanik und Thermodynamik auf.

5.1 Phasenübergänge

Wie auch in anderen Bereichen der Thermodynamik und Statistischen Physik machen die in diesem Kapitel behandelten Probleme häufig Gebrauch von der Theorie konvexer Funktionen und deren Legendre-Transformierten. Auch in der Behandlung der Stabilität von Materie verwendet man den Satz 5.1, der die Superadditivität (Subadditivität) einer Funktion, ihre Konkavität (Konvexität) und ihre Eigenschaft, extensiv zu sein, verknüpft. Deshalb stellen wir diese mathematischen Begriffe und Aussagen der eigentlichen Diskussion von Phasenübergängen voran.

5.1.1 Konvexe Funktionen und Legendre Transformation

Für die folgenden Abschnitte ist es nützlich, einige mathematische Definitionen, Aussagen und Sätze zusammenzustellen, auf die im folgenden physikalischen Kontext verwiesen werden kann.

Definition 5.1 Simplex

Es sei ein Satz von Punkten $x_0, x_1, \dots, x_k$ des $\mathbb{R}^n$ vorgegeben derart, dass die Differenzen $(x_1 - x_0)$, $(x_2 - x_0)$, $\dots$, $(x_k - x_0)$ linear unabhängig sind. Die Menge der konvexen Kombinationen von $x_0, x_1, \dots, x_k$ bildet ein *k-Simplex*.

Diese Definition ergänzen wir sogleich durch eine Erinnerung daran, was eine konvexe Kombination bedeutet:

Definition 5.2 Konvexe Kombination

Ein Punkt $x \in \mathbb{R}^n$ ist eine *konvexe Kombination* der Punkte $x_1, x_2, \dots, x_m$ in $\mathbb{R}^n$, wenn er sich wie folgt darstellen lässt:

$$x = \sum_{i=1}^{m} t_i x_i \quad \text{mit} \quad t_i \geq 0 \quad \text{und} \quad \sum_{i=1}^{n} t_i = 1 . \tag{5.1}$$

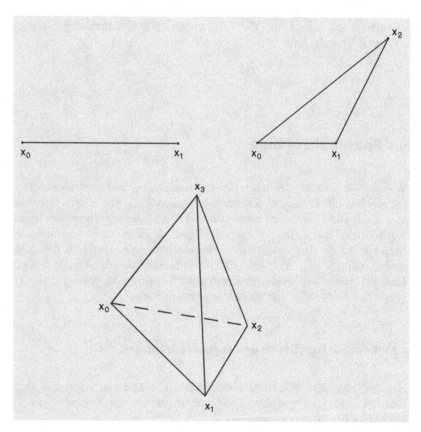

Abb. 5.1. Beispiele für Simplizes: Ein 1-Simplex, ein 2-Simplex und ein 3-Simplex

Abbildung 5.1 zeigt drei Beispiele für Simplizes, einen 1-Simplex, einen 2-Simplex und einen 3-Simplex. Ein 1-Simplex zum Beispiel besteht aus der Menge $(1-t)x_0 + tx_1$ mit $0 \le t \le 1$, das sind die Punkte der Geraden, die x_0 mit x_1 verbindet. Sie gehört als Ganzes dazu.

Für einen 2-Simplex lautet die Bedingung (5.1)

$$x = t_0 x_0 + t_1 x_1 + t_2 x_2 \quad \text{mit} \quad 0 \le t_i \le 1, \; t_0 + t_1 + t_2 = 1.$$

Das sind die Punkte, die in dem von x_0, x_1 und x_2 aufgespannten Dreieck oder auf dessen Rand liegen.

Ein 3-Simplex ist durch die Bedingungen

$$x = t_0 x_0 + t_1 x_1 + t_2 x_2 + t_3 x_3, \; t_0 + t_1 + t_2 + t_3 = 1,$$

mit $t_i \in [0, 1]$, definiert. Dies sind die Punkte im Inneren und auf den Außenflächen des von x_0, x_1, x_2 und x_3 definierten Tetraeders.

Simplizes sind Spezialfälle von *konvexen Körpern,* die wie folgt definiert werden:

Definition 5.3 Konvexer Körper

Ein Körper K, der in den $\mathbb{R}^n$ eingebettet ist, heißt konvex, wenn die gerade Strecke, die zwei beliebige Punkte $p \in K$ und $q \in K$ verbindet, ganz in K enthalten ist.

Ein Beispiel im $\mathbb{R}^3$ ist in Abb. 5.2 skizziert.

Thermodynamische Potentiale von Systemen im Gleichgewicht werden i. d. R. durch drei Variablen beschrieben. Beispiele sind die Entropie als Funktion der Energie, des Volumens und der Teilchenzahl, $S = S(E, V, N)$, oder die Energie, $E = E(S, V, N)$, als Funktion von Entropie, Volumen und Teilchenzahl. Wird eine der Variablen fest vorgegeben, so z. B. die Teilchenzahl, dann hängt das Potential nur von zwei Variablen ab, im ersten Beispiel also $S(E, V)$. In jedem Fall kürzen wir den Satz der Variablen (E, V, N) oder (E, V) wieder durch X, einer symbolischen, mehrkomponentigen Variablen ab. In diesem und in anderem Zusammenhang ist folgende Definition von Belang, die an Satz 2.5 anknüpft:

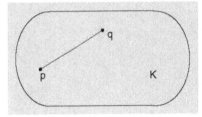

Abb. 5.2. Beispiel für einen in den $\mathbb{R}^3$ eingebetteten konvexen Körper

---

Definition 5.4 Konvexe (konkave) Funktion

Eine Funktion $S(u, v)$ heißt *konvex,* wenn die Menge der Punkte $(u, v, Z) \in \mathbb{R}^3$, für die $S(u, v) \le Z$ gilt, einen konvexen Körper bildet, bzw. wenn mit $X_1 \equiv (u_1, v_1)$, $X_2 \equiv (u_2, v_2)$ und für alle $0 \le t \le 1$

$$S(tX_2 + (1-t)X_1) \le tS(X_2) + (1-t)S(X_1) \tag{5.2}$$

gilt. Dies ist das schon aus (1.46) bekannte Kriterium.

Die Funktion heißt *konkav,* wenn die Menge der Punkte $(u, v, Z) \in \mathbb{R}^3$, für die $S(u, v) \ge Z$ ist, einen konvexen Körper bildet. In diesem Fall gilt mit $0 \le t \le 1$

$$S(tX_2 + (1-t)X_1) \ge tS(X_2) + (1-t)S(X_1). \tag{5.3}$$

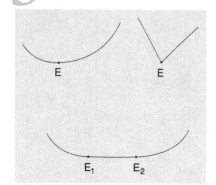

Abb. 5.3. Berandungen von konvexen Körpern in Dimension Zwei. Ein Randpunkt ist entweder Extremalpunkt oder innerer Punkt einer geraden Strecke (im dritten Beispiel zwischen E_1 und E_2)

Der Einfachheit halber haben wir diese Definition für den Fall zweier Variablen formuliert, die Verallgemeinerung auf mehr als zwei sollte aber klar sein. Man kann jetzt an dieser Stelle einige einfache Folgerungen angeben. Sei F eine konvexe Funktion und sei K^+ die Menge aller Punkte, die *oberhalb* des Graphen von F liegen. Kraft der Definition 5.3 ist K^+ ein konvexer Körper. (Wenn F konkav ist, so betrachtet man die Menge K^- aller Punkte unterhalb des Graphen. Diese ist ebenfalls ein konvexer Körper.) Besonders interessant sind solche Punkte, die auf dem Rand des Körpers liegen. Ein Punkt auf dem Rand ist entweder ein Extremalpunkt oder ein innerer Punkt eines Geradenstücks wie in Abb. 5.3 skizziert.

Für konvexe Funktionen beweist man den folgenden Satz:[1]

Satz 5.1

Gegeben eine stetige reelle Funktion $f(X)$, für die $f(0) = 0$ gilt. Diese Funktion besitze zwei der folgenden Eigenschaften:
(a) Mit μ einer reellen, positiven Zahl ist

$$f(\mu X) = \mu f(X) \,, \tag{5.4a}$$

d. h. die Funktion f ist *extensiv*, bzw. *homogen* vom Grade 1.
(b) Es gilt

$$f(X_2 + X_1) \geq f(X_2) + f(X_1) \,, \tag{5.4b}$$

man sagt auch, f sei *superadditiv*.
(c) Für $0 \leq t \leq 1$ ist

$$f\left(tX_2 + (1-t)X_1\right) \geq t f(X_2) + (1-t) f(X_1) \,, \tag{5.4c}$$

d. h. die Funktion f ist *konkav*.
Aus je zwei dieser Eigenschaften folgt die jeweils dritte.

Beweis: Zwei der auftretenden Möglichkeiten sind sehr einfach zu zeigen.

1. Aus (5.4a) und (5.4b) folgt (5.4c): Um dies zu zeigen, setzt man $tX_2 = Y_2$ und $(1-t)X_1 = Y_1$. Mit (5.4b) ist

$$f(Y_2 + Y_1) \geq f(Y_2) + f(Y_1) \,.$$

Mit der Eigenschaft (5.4a) ist die rechte Seite gleich

$$f(Y_2) + f(Y_1) = t f(X_2) + (1-t) F(X_1) \,,$$

es gilt somit die Eigenschaft (5.4c).

2. Aus (5.4a) und (5.4c) folgt (5.4b): Dies ist offensichtlich, wenn man (5.4c) bei $t = 1/2$ notiert,

$$f\left(\tfrac{1}{2}X_2 + \tfrac{1}{2}X_1\right) \geq \tfrac{1}{2} f(X_2) + \tfrac{1}{2} f(X_1)$$

und beachtet, dass die linke Seite dieser Ungleichung wegen (5.4a) gleich $\tfrac{1}{2} f(X_2 + X_1)$ ist.

3. Der dritte Fall, aus (5.4b) und (5.4c) die Gleichung (5.4a) zu beweisen, ist etwas aufwändiger: Man setze zunächst $t = 1/n$, $X_2 = Y$ und $X_1 = 0$.

[1] P.T. Landsberg, J. Stat. Phys. **35** (1984) 159

Aus (5.4c) hat man mit der Voraussetzung $f(0) = 0$:

$$f(\tfrac{1}{n}Y) \geq \tfrac{1}{n} f(Y) + \tfrac{n-1}{n} f(0) = \tfrac{1}{n} f(Y) \,. \qquad (5.5a)$$

Setzt man in (5.4b) $X_1 = X_2$, so schließt man auf

$$f(2X_2) \geq 2 f(X_2) \quad \text{und} \quad f(nX_2) \geq n f(X_2) \,.$$

Man wählt jetzt $nX_2 = Y$ und erhält

$$f(Y) \geq n f(\tfrac{1}{n}Y) \,. \qquad (5.5b)$$

Aus den beiden Zwischenresultaten (5.5a) und (5.5b) folgt

$$n f(\tfrac{1}{n}Y) \leq f(Y) \leq n f(\tfrac{1}{n}Y) \,,$$
$$\text{somit} \quad f(Y) = n f(\tfrac{1}{n}Y) \quad \text{bzw.} \quad f(nX_2) = n f(X_2) \,.$$

Wenn man jetzt noch n durch rationale und dann durch reelle, positive Zahlen ersetzt, dann ist (5.4a) bewiesen. Dies schließt den Beweis von Satz 5.1 ab.

Der folgende geometrische Zugang zur Legendre-Transformation ist für die Diskussion von Phasenübergängen besonders instruktiv [Wightman, 1979]. Dabei betrachten wir der Einfachheit halber den Fall einer einzigen Variablen, bei dem alle Zeichnungen und Funktionsgraphen in der Ebene liegen. Im $\mathbb{R}^2$ sei der Einheitskreis

$$(x = \cos\alpha \,,\ y = \sin\alpha) \quad \text{oder} \quad x^2 + y^2 = 1 \,, \qquad (5.6a)$$

sowie ein fester Punkt P mit Abszisse $z = b\cos\phi_0$ und Ordinate $w = b\sin\phi_0$ gegeben, der außerhalb des Kreises liegt. Die Gerade

$$\cos\alpha\cos\phi_0 + \sin\alpha\sin\phi_0 = \frac{1}{b} =: a \quad \text{oder} \quad xz + yw = 1 \qquad (5.6b)$$

steht auf der Geraden, die durch den Ursprung und durch P geht, senkrecht und geht durch den zu P konjugierten Punkt $P' = (a\cos\phi_0, a\sin\phi_0)$ (Inversion am Einheitskreis). Wie man aus Abb. 5.4 abliest, gehen die Tangenten in den beiden Schnittpunkten T_1 und T_2 des Kreises und der Geraden durch P. In diesem Sinne ist die Gerade (5.6b) dual zum Punkt (z, w).

Aus der elementaren Geometrie (oder aus der Funktionentheorie) weiß man, dass eine beliebige projektive Transformation

$$x \longmapsto x' = \frac{a_1 x + b_1 y + c_1}{a_3 x + b_3 y + c_3} \,, \qquad (5.7a)$$

$$y \longmapsto y' = \frac{a_2 x + b_2 y + c_2}{a_3 x + b_3 y + c_3} \,, \qquad (5.7b)$$

den Einheitskreis in einen allgemeineren Kegelschnitt

$$Ax^2 + By^2 + 2Cxy + 2Dx + 2Ey + F = 0$$

überführt, während die zu P duale Gerade (5.6b) für feste Werte von z und w wieder in eine Gerade

$$Axz + Byw + C(xw + yz) + D(x + z) + E(y + w) + F = 0$$

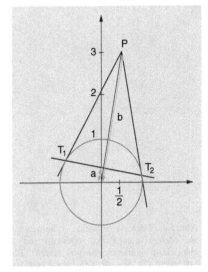

Abb. 5.4. Inversion am Einheitskreis: Die Gerade $T_1 T_2$ ist dual zum Punkt P

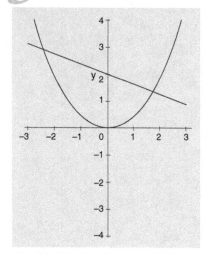

Abb. 5.5. Die Inversion am Einheitskreis gibt nach einer konformen Abbildung das hier gezeigt Bild

übergeht. Anstelle des allgemeinen Falles beleuchtet das folgende einfache Beispiel recht gut, was dabei geschieht: Man wähle

$$(a_1 = 1, \ a_2 = 0 = a_3), \quad (b_1 = 0, \ b_2 = \tfrac{1}{\sqrt{2}} = b_3),$$
$$(c_1 = 0, \ c_2 = -\tfrac{1}{\sqrt{2}} = -c_3).$$

In den Koordinaten (x, y) und (z, w) bedeutet dies die Ersetzungen

$$x \longmapsto x' = \frac{x\sqrt{2}}{y+1}, \quad y \longmapsto y' = \frac{y-1}{y+1},$$
$$z \longmapsto z' = \frac{z\sqrt{2}}{w+1}, \quad w \longmapsto w' = \frac{w-1}{w+1}.$$

Der Einheitskreis (5.6a) und die zu P konjugierte Gerade (5.6b) gehen dabei über in

$$x'^2 + y'^2 = 1 \longmapsto 2y - x^2 = 0, \tag{5.8a}$$
$$x'z' + y'w' = 1 \longmapsto y + w - xz = 0, \tag{5.8b}$$

d. h. in die in Abb. 5.5 gezeichnete Parabel bzw. Gerade, die den Fall $(z' = 0,5, \ w' = 3)$ illustrieren.

Mit diesen Hilfsmitteln lässt sich nun auf einfache Weise zeigen, dass die Legendre-Transformierte einer konvexen Funktion selbst konvex ist. Es sei $f(x)$ eine konvexe Funktion, $\mathcal{L}f(z) \equiv f^*(z)$ ihre Legendre-Transformierte oder *konjugierte* Funktion, vgl. (1.48),

$$f^*(z) \equiv \mathcal{L}f(z) = \sup_x \left[xz - f(x) \right]. \tag{5.9}$$

Die Menge K_+ aller Punkte, die *oberhalb* des Graphen der Funktion f liegen, bildet einen konvexen Körper. Dies ist in Abb. 5.6a skizziert. Zu zeigen ist, dass die Menge aller Punkte, die oberhalb der konjugierten Funktion f^* liegen, ebenfalls einen konvexen Körper bilden, s. Abb. 5.6b.

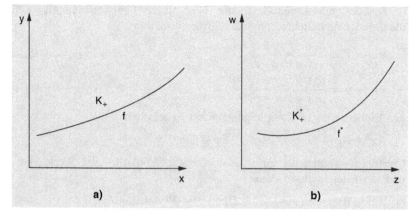

Abb. 5.6. Wenn die Funktion f konvex ist, die Menge aller Punkte oberhalb von f also einen konvexen Körper bilden (Teil (a)), dann gilt dies auch für ihre Legendre-Transformierte (oder konjugierte) Funktion (Teil (b))

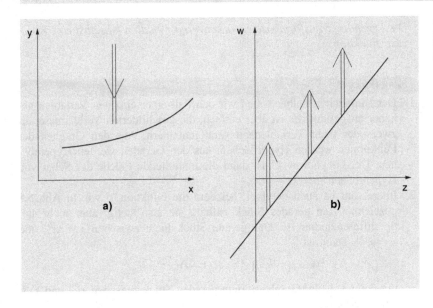

In Analogie zu (5.6b) und mit Blick auf die Gerade (5.8b) ordne man jedem Punkt $(x, y) \in K_+$ die transformierte Gerade

$$(x, y) \in K_+ \longleftrightarrow w = xz - y$$

in der (z, w)-Ebene zu. Diese Gerade teilt die (z, w)-Ebene in einen oberen und einen unteren Halbraum ein. Lässt man den Punkt (x, y) bei festgehaltenem x wie in Abb. 5.7a skizziert von oben her nach f streben, so wandert der obere Halbraum der Geraden nach oben, s. Abb. 5.7b. Daraus schließt man einerseits, dass die Schnittmenge aller Punkte (z, w), für die $w \geq xz - y$ für alle $y \geq f(x)$ gilt, gleich der Menge der Punkte der (z, w)-Ebene ist, für die $w \geq xz - f(x)$ gilt. In Symbolen ausgedrückt also

$$\bigcap_{y \geq f(x)} \{(z, w)\,|\, w \geq xz - y\} = \{(z, w)\,|\, w \geq xz - f(x)\} \; . \tag{5.10a}$$

Nimmt man andererseits die Schnittmenge der rechten Seite von (5.10a) über alle x, dann erhält man den Raum K_+^* aller Punkte oberhalb des Graphen von f^*,

$$\bigcap_x \{(z, w)\,|\, w \geq xz - f(x)\}$$

$$= \left\{(z, w)\,\Big|\, w \geq \sup_x [xz - f(x)]\right\} = K_+^* \; . \tag{5.10b}$$

Wenn $(x, y = f(x))$ den Graphen von f durchläuft, dann ist der Graph der konjugierten Funktion f^* die Einhüllende der Geradenschar $w = xz - f(x)$. Der Raum K_+^* ist die Schnittmenge von Halbräumen, die offensichtlich konvex sind. Als Schnittmenge von konvexen Räumen ist K_+^* ein konvexer Körper. Somit ist gezeigt, dass f^* eine konvexe Funktion ist.

> *Die Legendre-Transformierte einer konvexen Funktion ist selbst eine konvexe Funktion.*

Bemerkungen

1. Der Einfachheit halber haben wir den Fall einer einzigen Variablen genauer ausgeführt. Es ist aber einfach, die geschilderten Verhältnisse auf zwei oder mehr Variablen zu verallgemeinern. Aus den Graphen der Funktionen werden Hyperflächen, aus den Geraden werden Hyperebenen. Der Graph von f^* ist dann die einhüllende Fläche der Schar von Hyperebenen $w = xz - f(x)$.

2. Interessant ist auch der Fall, bei dem die Funktion f wie in Abb. 5.8 gezeichnet, ein gerades Stück enthält, sie also stetig, aber nicht stetig differenzierbar ist. Das gerade Stück liege zwischen $x = x^{(0)}$ und $x = x^{(1)}$. Dann ist

$$\left(x^{(t)}, f(x^{(t)})\right) = t(x^{(1)}, f(x^{(1)})) + (1-t)(x^{(0)}, f(x^{(0)})),$$

mit $0 \le t \le 1$, der Graph auf dem geraden Stück zwischen $x^{(0)}$ und $x^{(1)}$. Aus den Geraden

$$w = x^{(0)}z - f(x^{(0)}) \quad (t = 0),$$
$$w = x^{(1)}z - f(x^{(1)}) \quad (t = 1)$$

bildet man als Linearkombination mit den Koeffizienten $(1-t)$ bzw. t die Schar

$$w = x^{(t)}z - f(x^{(t)}) . \tag{5.11}$$

Diese Geraden gehen alle durch den Punkt $(z, f^*(z))$ mit

$$f^*(z) = \sup_x \left\{ x^{(t)}z - f(x^{(t)}) \right\} .$$

Bei der Legendre-Transformation geht das ganze Geradenstück zwischen $x^{(0)}$ und $x^{(1)}$ in einen Punkt über, wie in Abb. 5.8 gezeigt.

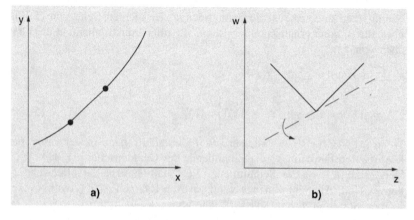

Abb. 5.8. Ein Geradenstück als Teil einer stetigen konvexen Kurve geht bei Legendre-Transformation in einen Punkt über

a)

b)

Während $x^{(t)}$ von $x^{(0)}$ nach $x^{(1)}$ wandert, $x^{(t)} = (1-t)x^{(0)} + tx^{(t)}$, dreht sich die duale Gerade (5.11) um diesen Eckpunkt.

5.1.2 Phasengemische und Phasenübergänge

Wir betrachten eine vorgegebene Menge einer einfachen Flüssigkeit wie zum Beispiel Wasser. Da die Teilchenzahl konstant ist, hat die Mannigfaltigkeit M_Σ der Gleichgewichtszustände die Dimension 2. Das System kann somit

- entweder durch die Entropie S als Funktion der Energie E und des Volumens V,
- oder durch die Energie E als Funktion von S und V

beschrieben werden. Dabei sind die Wertebereiche

$$S_0 \le S \le +\infty, \quad E_0 \le E \le +\infty.$$

Bei der ersten Wahl ist $S(E, V)$ eine mindestens einmal differenzierbare, *konkave* Funktion, besitzt also erste Ableitungen nach der Energie E und nach dem Volumen V. Bezeichnet man die beiden Variablen als $(E, V) \equiv X$, dann gilt gemäß (5.3) und (2.64)

$$S(tX_2 + (1-t)X_1) \ge tS(X_2) + (1-t)S(X_1) \tag{5.12a}$$

mit $t \in [0, 1]$. Aus dem ersten und aus dem zweiten Hauptsatz folgen die Gleichungen

$$\frac{1}{T} = \frac{\partial S}{\partial E}\bigg|_V > 0, \quad \frac{p}{T} = \frac{\partial S}{\partial V}\bigg|_E. \tag{5.12b}$$

Bei der zweiten Wahl ist $E(S, V)$ eine einwertige, *konvexe* Funktion, d. h. mit $Y \equiv (S, V)$ gilt mit $t \in [0, 1]$ und gemäß (5.2) und (1.46)

$$E(tY_2 + (1-t)Y_1) \le tE(Y_2) + (1-t)E(Y_1). \tag{5.13a}$$

Die Funktion $E(Y)$ ist eine C^1-Funktion in beiden Argumenten, ihre ersten Ableitungen sind

$$T = \frac{\partial E}{\partial S}\bigg|_V > 0, \quad p = -\frac{\partial E}{\partial V}\bigg|_S. \tag{5.13b}$$

Wie in Abschn. 2.6 gezeigt, gilt die Homogenitätsrelation (2.63). Gesetzt der Fall, die Fläche $Z = E(S, V)$ hat einen Rand, der zwischen den Punkten $P_1 = (S_1, E_1, V_1)$ und $P_2 = (S_2, E_2, V_2)$ ein Geradenstück enthält. Ein Punkt auf diesem geraden Teil hat die Koordinaten

$$P(X) = (S, E, V) \quad \text{mit} \quad X = tX_2 + (1-t)X_1 \tag{5.14}$$

wobei t das Intervall $[0, 1]$ durchläuft. Die physikalische Interpretation ist naheliegend: Ein Zustand $P(X)$ mit $0 < t < 1$, (5.14), ist eine *Mischung* zweier koexistierender Phasen P_1 und P_2. Die Randpunkte P_1 und P_2

Abb. 5.9. (a): Eine Fläche $E = E(S, V)$. Enthält diese ein flaches Stück, dann ist der Durchschnitt der Tangentialebene in einem seiner Randpunkte mit der Fläche konvex und kompakt. Jeder Punkt hierauf ist eine konvexe Kombination von reinen Phasen. **(b):** Eine Regelfläche am Beispiel eines Gemisches aus zwei reinen Phasen. Der Extremalpunkt C ist ein kritischer Punkt

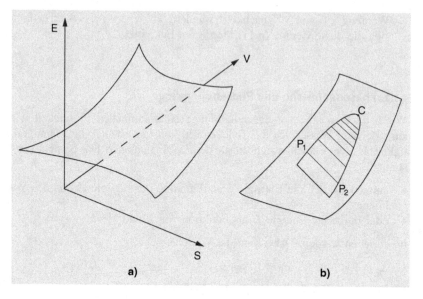

beschreiben *reine Phasen*. Die Tangentialebene bei P_1 berührt das Geradenstück $P_1 P_2$. Somit haben alle Mischungen P denselben Druck und dieselbe Temperatur,

$$T = \frac{\partial E}{\partial S}\bigg|_V \,, \quad p = -\frac{\partial E}{\partial V}\bigg|_S \,.$$

Diese spannen die Tangentialebenen an die Fläche $E(S, V) = \text{const.}$ auf. Der Durchschnitt der Fläche $E = E(S, V)$ mit der Tangentialebene $T_P E$ ist konvex und kompakt, s. Abb. 5.9. Daher lässt sich jeder Zustand P auf dieser Fläche als konvexe Kombination von reinen Phasen darstellen.

Analoge Überlegungen gelten für die konkave Fläche $S = S(E, V)$ und deren Tangentialebenen, s. (5.12b).

Im Fall eines Phasengemisches aus *zwei* reinen Phasen liegt ein 1-Simplex vor, das ist ein Geradenstück $P_1 P_2$, s. Abschn. 5.1.1. Die Fläche ist lokal eine sog. *Regelfläche,* d. h. sie wird wie in Abb. 5.9b skizziert, durch eine einparametrige Schar von Geradenstücken erzeugt, enthält selbst aber keine ebenen Flächenstücke mehr. Der Extremalpunkt C in Abb. 5.9b ist ein thermodynamisch kritischer Punkt: In jeder Umgebung dieses Punktes gibt es zwei verschiedene, koexistierende reine Phasen der betrachteten Substanz.

Für alle Zustände auf der Regelfläche sind der Druck p und die Temperatur T voneinander abhängig und nur eine dieser beiden Größen kann innerhalb ihres Wertebereichs frei gewählt werden. Liegt die Regelfläche im $\mathbb{R}^3$, dann gibt dies Anlass zu einer Kurve $p(T)$ in der (p, T)-Ebene, die für die Koexistenz zweier Phasen charakteristisch ist. Jedem geraden Streckenstück der Regelfläche entspricht ein Punkt in dieser Ebene.

Beispiel 5.1   Gleichung von Clausius und Clapeyron

Es sei eine Regelfläche auf $S = S(E, V)$ gegeben. Aus dem großkanonischen Potential $K(T, \mu_C, V)$ des Abschn. 2.1.3 folgen die Formeln (2.8b) und (2.8a)

$$S = -\frac{\partial K}{\partial T}, \quad p = -\frac{\partial K}{\partial V}$$

für Entropie und Druck, und daraus die Maxwell-Relation

$$\left.\frac{\partial S}{\partial V}\right|_T = \left.\frac{\partial p}{\partial T}\right|_V , \tag{5.15}$$

(siehe auch Abb. 5.10). Auf der Regelfläche gilt

$$\left.\frac{\partial p}{\partial T}\right|_V = \frac{\mathrm{d} p}{\mathrm{d} T} .$$

Außerdem ist die Entropie S eine lineare Funktion der Energie und des Volumens und es gilt

$$\left.\frac{\partial S}{\partial V}\right|_T = \frac{S_2 - S_1}{V_2 - V_1} .$$

Die Maxwell-Relation (5.15) liefert damit die *Dampfsdruckgleichung* von Clausius und Clapeyron

$$\frac{\mathrm{d} p}{\mathrm{d} T} = \frac{S_2 - S_1}{V_2 - V_1} \equiv \frac{L}{T\Delta V} \quad \text{mit} \quad L = T(S_2 - S_1) . \tag{5.16}$$

Sie verknüpft die Ableitung der Kurve $p(T)$ des Phasengleichgewichts mit der latenten Wärme L, d. h. der Wärme, die man bei der reversiblen Umwandlung einer Phase in eine andere zu- oder abführen muss.

Ein konkretes Beispiel liefert die Verdampfung einer Flüssigkeit. Bezieht man alle Größen auf Volumina v_1 bzw. v_2 und Entropien s_1 bzw. s_2 pro Teilchen, dann ist das Volumen v_2 im Dampf sicher sehr viel größer als in der Flüssigkeit, $v_2 \gg v_1$. Die Dampfphase mag man genähert als Ideales Gas beschreiben, so dass $pv = kT$ gilt und somit

$$\frac{\mathrm{d} p}{\mathrm{d} T} = \frac{Lp}{kT^2} .$$

Unter der Annahme, dass die latente Wärme nicht wesentlich von der Temperatur abhängt, lässt sich die Gleichung von Clausius und Clapeyron sogar integrieren:

$$p(T) = p_0 \, \mathrm{e}^{-L/(kT)} .$$

Der nächst interessante Fall ist der eines Gemischs aus *drei* reinen Phasen, für den Wasser in der Nähe des Tripelpunkts ein gutes Beispiel ist. Im Raum, der von den Variablen $\{S, E, V\}$ aufgespannt wird, hat die Darstellung der konvexen Funktion $E(S, V)$ flache Anteile, ein Dreieck sowie drei daran anschließende Regelflächen, die in Abb. 5.11 in Draufsicht skizziert sind. Auf dem ganzen Dreieck haben der Druck p und die Temperatur T

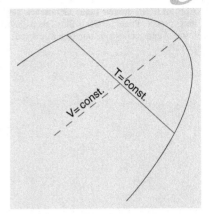

Abb. 5.10. Beispiel einer Regelfläche mit den Kurven konstanten Volumens bzw. konstanter Temperatur

Abb. 5.11. Illustration eines Gemisches aus drei reinen Phasen, Gas, Flüssigkeit und fester Aggregatzustand, mit den Koexistenzgebieten

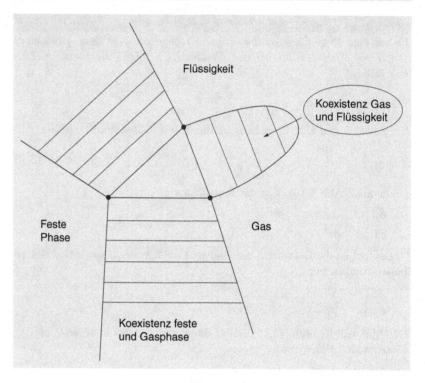

dieselben Werte. An die Seiten des Dreiecks in Abb. 5.11 schließen drei Regelflächen an, die der Koexistenz von Gas und Flüssigkeit, von Flüssigkeit und fester Phase, sowie von Gas und fester Phase entsprechen. Das Bild dieses Dreiecks in der (T, p)-Ebene ist ein einzelner Punkt, der sogenannte *Tripelpunkt*. In der Projektion auf die (T, p)-Ebene und für das Beispiel des Wassers sehen die Verhältnisse qualitativ wie in Abb. 5.12 gezeigt aus. Vom Tripelpunkt ($T = 273,16$ K, $p = 0,61 \cdot 10^{-2}$ bar) gehen die drei Koexistenzkurven aus, die Dampf, Eis und flüssiges Wasser trennen. Die Trennlinie zwischen flüssigem Wasser und der Gasphase, die Dampfdruckkurve, endet im Bild C' des kritischen Punktes. Unterhalb dieses Punktes sind die chemischen Potentiale $\mu_C^{\text{flüssig}}$ und $\mu_C^{\text{gasförmig}}$ verschieden, wobei das erste von ihnen nur im Bereich „Flüssigkeit", das zweite nur im Bereich „Dampf" definiert ist. Für Temperaturen oberhalb von T_C, der Abszisse von C', werden diese Potentiale gleich, der Unterschied zwischen flüssigem Wasser und Wasserdampf verschwindet. Man stellt noch fest, dass

- im Ein-Phasengebiet *zwei* unabhängige Variablen vorliegen,
- im Zwei-Phasengebiet *eine* Variable vorliegt, aber
- im Drei-Phasengebiet keine Variable mehr auftritt.

Natürlich kann man anstelle der konvexen Energiefunktion $E = E(S, V)$ genauso gut die konkave Entropiefunktion $S = S(E, V)$ diskutieren und analog zu den Bildern in Abb. 5.11 und Abb. 5.12 illustrieren. Auch die Ver-

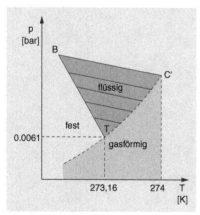

Abb. 5.12. Dampfdruckkurve TC und drei reine Phasen am Beispiel des Wassers

allgemeinerung auf Systeme mit mehr als einer Substanz ist in analoger Weise möglich.

5.1.3 Systeme mit zwei oder mehr Substanzen

Wir betrachten ein Gemisch aus n reinen Substanzen mit dem Ziel, die verschiedenen Phasen und deren Koexistenzbereiche qualitativ zu verstehen. Die Energie ist hier eine konvexe, stückweise stetig differenzierbare Funktion der Entropie S, des Volumens V und der Anzahlen N_1, N_2, ... ,N_n der Teilchen aller im Gemisch enthaltenen Substanzen. Laut Definition 1.9 und (1.35) sind die chemischen Potentiale $\mu_C^{(j)}$ durch die Ableitung der Energie nach N_j gegeben, wobei alle anderen Variablen festgehalten werden,

$$\mu_C^{(j)} = \frac{\partial E}{\partial N_j}\bigg|_{\{X\}} \tag{5.17}$$

$$\text{mit} \quad \{X\} = (S, V, N_1, \ldots, N_{j-1}, \widehat{N}_j, N_{j+1}, \ldots, N_n) \,.$$

Per Definition liegen *reine* Phasen bei den Extrema der Energie bzw. der Entropie vor. Als Kriterium für die Koexistenz von je zwei Phasen ist folgendes geeignet: In der Hyperfläche $E(S, V, N_1, \ldots, N_n)$ (oder $S = S(E, V, N_1, \ldots, N - N)$) ist ein Geradenstück enthalten, dessen Endpunkte mit P_1 und P_2 bezeichnet seien. Für alle Punkte auf dieser Strecke gilt

$$p_1 = p_2\,, \quad T_1 = T_2\,, \quad \mu_C^{(j)1} = \mu_C^{(j)2} \ (j = 1, 2, \ldots, n)\,.$$

In diesem Zusammenhang lässt sich Maxwells Regel der gleichen Flächen ableiten:

Die Homogenitätsrelation (2.63), als $E = TS - pV + \mu_C N$ geschrieben, gibt die Differentialbedingung

$$dE = T\,dS + S\,dT - p\,dV - V\,dp + \mu_C\,dN + N\,d\mu_C\,. \tag{5.18a}$$

Aus dem ersten und dem zweiten Hauptsatz, siehe (2.55c), (3.22) oder (3.23) folgt, dass diese Einsform gleich

$$dE = T\,dS - p\,dV + \mu_C\,dN \tag{5.18b}$$

ist. Aus der Differenz von (5.18a) und (5.18b) folgt die Beziehung

$$S\,dT = V\,dp - N\,d\mu_C = 0\,. \tag{5.18c}$$

Jetzt nimmt man das Integral von P_1 bis P_2 entlang einer Isothermen in der (V, p)-Ebene, wie in Abb. 5.13 gezeichnet,

$$0 = \int_{P_1}^{P_2} dp\,V + N\left(\mu_C^{(2)} - \mu_C^{(1)}\right)\,. \tag{5.18d}$$

Da der zweite Term gleich Null ist, folgt, dass das Integral des ersten Terms verschwindet. Die beiden von der Isothermen und der Geraden $P_1 P_2$ eingeschlossenen Flächen sind gleich. Dies ist die *Maxwell'sche Regel der gleichen Flächen*.

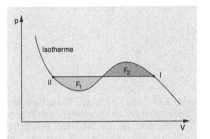

Abb. 5.13. Eine Isotherme in der (V, p)-Ebene. Die Flächen F_1 und F_2, die von der Geraden $P_1 P_2$ und der Kurve eingeschlossen werden, sind gleich

Die bildhaften Methoden des vorhergehenden Abschn. 5.1.2 in der Beschreibung von Phasenübergängen lassen sich auf Mischungen von n Substanzen erweitern und anwenden, wie dies sehr schön in dem Artikel [Wightman 1979] ausgeführt ist. Bei gegebener Zahl n von Substanzen ist der Simplex mit der größten Dimension, der auf der Energie-Hyperfläche liegen kann, der $(n+1)$-Simplex. Ein solcher Simplex beschreibt einen $(n+2)$-tupel Punkt koexistierender reiner Phasen. Für $n = 2$ als Beispiel ist dies ein 3-Simplex, d. h. ein Tetraeder. Als Variablen verwendet man die auf die Teilchenzahl normierten Größen

$$\varepsilon := \frac{E}{N}\,, \quad s := \frac{S}{N}\,, \quad v := \frac{V}{N}\,, \quad x_1 := \frac{N_1}{N}\,.$$

Da die Gesamtzahl von Teilchen festgehalten wird, $N = N_1 + N_2$, kommt die Zahl N_2 von Teilchen der zweiten Substanz nicht als Variable vor.

Auf dem Tetraeder hat die Hyperfläche $\varepsilon(s, v, x_1)$ ein flaches Stück. An den Ecken des Tetraeders liegen jeweils vier koexistierende Phasen vor. Auf einer herausgegriffenen Seite des Tetraeders baut sich ein sich verjüngendes Gebilde aus Dreiecken auf, das in Abb. 5.14 skizziert ist. Jedes der Dreiecke stellt einen Tripelpunkt koexistierender Phasen dar. Die Punkte F' und F'' sind kritische Punkte von der Art des kritischen Punkts bei Wasser, an dem Flüssigkeit und Dampf sich nicht mehr unterscheiden. Wenn die Geradenstücke $A_i C_i$ und $B_i C_i$ ähnliche, verwandte Phasen darstellen wie im Beispiel des Wassers, dann ist der Punkt tP ein trikritischer Punkt, an dem die angrenzenden Phasen ununterscheidbar werden.

Weitere Beispiele und eine vertiefende Diskussion findet man in dem Artikel von Wightman [Wightman, 1979], der die Nützlichkeit der in Abschn. 5.1.1 entwickelten geometrischen Methoden schön illustriert.

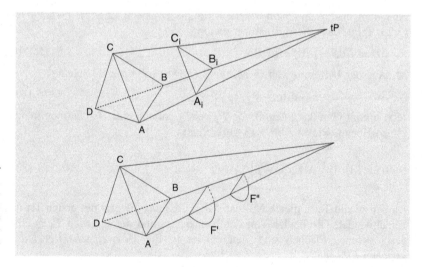

Abb. 5.14. (a): Bildliche Darstellung der Verhältnisse bei vier koexistierenden Phasen. Die Dreiecke in den Schnitten stellen Tripelpunkte koexistierender Phasen dar; **(b):** Punkte wie F' und F'' sind kritische Punkte wie bei Wasser. Der Punkt tP ist ein trikritischer Punkt, an dem alle angrenzenden Phasen ununterscheidbar sind

5.2 Thermodynamische Potentiale als konvexe oder konkave Funktionen

In diesem Abschnitt greifen wir erneut die thermodynamischen Potentiale und ihre wechselseitige Beziehung auf, hier unter Zuhilfenahme der in Abschn. 5.1.1 entwickelten mathematischen Begriffe. Damit werden die Ergebnisse des zweiten Kapitels abgerundet und vervollständigt. Die thermodynamischen Potentiale seien hier noch einmal aufgezählt:

Entropie $S(E, V, N_1, \ldots, N_n)$, $\qquad$ (5.19a)

Energie $E(S, V, N_1, \ldots, N_n)$, $\qquad$ (5.19b)

Enthalpie $H(S, p, N_1, \ldots, N_n) = pV + E$, $\qquad$ (5.19c)

Freie Energie $F(T, V, N_1, \ldots, N_n) = E - TS$, $\qquad$ (5.19d)

Freie Enthalpie $G(T, p, N_1 \ldots, N_n) = E - TS + pV$, $\qquad$ (5.19e)

Großkanonisches Potential

$$K(T, V, N_1, \ldots, N_n) = E - TS - \sum \mu_C^{(i)} N_i \,. \qquad (5.19f)$$

Die Enthalpie H ist in Definition 2.1, die freie Energie in Definition 1.12, die freie Enthalpie in Definition 2.2 und das großkanonische Potential in Definition 2.3 definiert. Eine weitere Wahl kann die Variable $(-p)$ als Legendre-Transformierte von E/V sein. Mit dieser Wahl hat man

$$\frac{E}{V} = \varepsilon\left(\frac{S}{V}, \frac{N_i}{V}\right) \longmapsto -p = g(T, \mu_C^{(i)}), \quad i = 1, 2, \ldots, n \,,$$

wobei der Druck als thermodynamisches Potential durch

$$-p = \frac{E}{V} - T\frac{S}{V} - \sum_{i=1}^{n} \mu_C^{(i)} \frac{N_i}{V} \qquad (5.20)$$

gegeben ist. Wir diskutieren einige Beispiele:

Beispiel 5.2 Enthalpie aus der Energie

Die Legendre-Transformation von der Energie E zur Enthalpie H geschieht in der Variablen V (zugunsten von p). Falls die Funktion E differenzierbar ist, geht man wie in Abschn. 1.7 vor. Die Energie ist eine streng konvexe Funktion, so dass die Gleichung

$$p = \frac{\partial(-E(S, V, N_i))}{\partial V}$$

nach V auflösbar ist. Die Enthalpie ist in diesem Fall

$$H(S, p, N_i) = pV(S, p, N_i) + E\left(S, V(S, p, N_i), N_i\right) \,. \qquad (5.21)$$

Ist die Energiefunktion zwar stetig, aber nur stückweise differenzierbar, dann wird diese Konstruktion durch

$$H(S, p, N_i) = \sup_{V}\{(-p)V - E(S, V, N_i)\}$$

$$= \inf_{V}\{pV + E(S, V, N_i)\} \qquad (5.22)$$

ersetzt.

Beispiel 5.3   Freie Energie

Führt man die Legendre-Transformation von der Energie E auf die freie Energie F in der Variablen S durch, so sind das Volumen V und die Teilchenzahlen N_i die Zuschauervariablen. Im differenzierbaren Fall ist $T = \partial E/\partial S$ eine Gleichung, die nach S aufgelöst werden kann. Anderenfalls erhält man F aus der Bedingung

$$F(T, V, N_i) = \inf_S \{E(S, V, N_i) - TS\} \, , \tag{5.23}$$

wodurch die Variable S durch die Temperatur ersetzt wird.

Beispiel 5.4   Freie Enthalpie

Die freie Enthalpie G kann man entweder aus der freien Energie F oder aus der Enthalpie H durch Legendre-Transformation gewinnen. Geht man von F nach G, so bedeutet dies Legendre-Transformation von der Variablen V auf die Variable p, im differenzierbaren Fall mit $-p = \partial F/\partial V$, sonst aber aus

$$G(T, p, N_i) = \inf_V \{E(S, V, N_i) - TS + pV\} \, . \tag{5.24a}$$

Führt man statt dessen die Legendre-Transformation an H aus, so ersetzt man die Variable S durch $T = \partial H/\partial S$. Ist die dafür notwendige Differenzierbarkeit nicht gegeben, so gewinnt man die Transformierte aus

$$G(T, p, N_i) = \inf_S \{H(S, p, N_i) - TS\} \, . \tag{5.24b}$$

In diesem Fall sind p und N_i die Zuschauervariablen.

Beispiel 5.5   Druck als Potential

In diesem Beispiel werden S/V durch T, sowie N_i/V durch $\mu_C^{(i)}$ für alle i ersetzt, die Transformation gewinnt man aus

$$-p\left(T, \mu_C^{(1)}, \ldots, \mu_C^{(n)}\right)$$
$$= \inf_X \left\{ \frac{1}{V} \left(E(S, V, N_i) - TS - \sum_{i=1}^n \mu_C^{(i)} N_i \right) \right\} \, , \tag{5.25}$$

wobei X symbolisch für den Satz

$$X \equiv \left\{ \frac{S}{V}, \frac{N_1}{V}, \ldots \frac{N_n}{V} \right\}$$

steht. Man bestätigt die bekannten Relationen

$$\frac{\partial p}{\partial T}\bigg|_{(\mu_C^{(1)}, \ldots, \mu_C^{(n)})} = \frac{S}{V} \, ,$$

$$\frac{\partial p}{\partial \mu_C^{(j)}}\bigg|_{(T, \mu_C^{(1)}, \ldots, \hat{\mu}_C^{(j)}, \ldots, \mu_C^{(n)})} = \frac{N_j}{V} \, .$$

Dies schließt die Reihe der Beispiele ab.

5.3 Die Gibbs'sche Phasenregel

Man betrachtet ein thermodynamisches System, das aus n Substanzen besteht und in dem r koexistierende Phasen auftreten können. Als Variablen seien der Druck, die Temperatur und die chemischen Potentiale gewählt,

$$p , T , \mu_C^{(1)} , \ldots , \mu_C^{(n)} . \tag{5.26}$$

Liegt nur eine Phase vor, so hat die Energie-Hyperfläche die Dimension $(n+1)$. Dies stimmt überein mit dem Beispiel einer einzigen Substanz, $n=1$, bei dem die Energiefläche (und ebenso die Entropiefläche) zweidimensional war. Liegen zwei koexistierende Phasen vor, so hat diese Hyperfläche die Dimension n. Im Beispiel einer Substanz, $n=1$, waren dies die Grenzen zwischen den Regelflächen der in Abb. 5.11 gezeigten Art.

Die Koexistenz von r reinen Phasen bedeutet, dass die Zustände auf dem Durchschnitt von $(r-1)$ solcher Hyperflächen liegen müssen. Bis auf Ausnahmen hat die verbleibende Hyperfläche der möglichen Zustände die Dimension

$$F = (n+1) - (r-1) = n - r + 2 . \tag{5.27}$$

Dies ist die *Gibbs'sche Phasenregel.*

Man kann dieselbe Regel auch auf folgende Weise herleiten. Die n Substanzen seien mit den Teilchenzahlen $N_1, N_2, \ldots, N_n$ gemischt. Von den N_i Teilchen der Substanz „i" befinden sich N_i^α in der Phase α, wo α die Werte 1 bis r annehmen kann. Da die Teilchenzahlen konstant sind, ist die Summe der Teilchen, die die Phase wechseln, gleich Null,

$$\sum_{\alpha=1}^{r} dN^{(i)\alpha} = 0 . \tag{5.28a}$$

Hat sich bei r koexistierenden Phasen ein Gleichgewichtszustand eingestellt, so sind die chemischen Potentiale einer gegebenen Teilchensorte „i" alle gleich,

$$\mu_C^{(i),\alpha=1} = \mu_C^{(i),\alpha=2} = \cdots = \mu_C^{(i),\alpha=r} . \tag{5.28b}$$

Pro Substanz sind dies $(r-1)$ Gleichungen, insgesamt somit $n(r-1)$ Bedingungen. Die chemischen Potentiale $\mu_C^{(j),\alpha}$ der Substanz „j" in der Phase α sind *intensive* Größen und können daher nur von den Verhältnissen

$$\frac{N_j^\alpha}{\sum_{k=1}^n N_k^\alpha} \quad \text{mit} \quad j = 1, 2, \ldots, n,$$

abhängen. Für jede Phase α gibt es $(n-1)$ solcher Verhältnisse. Die chemischen Potentiale hängen außerdem von den Variablen p und T und somit von insgesamt $r(n-1)+2$ Variablen ab. Zieht man hiervon die Zahl der Bedingungen (5.28b) ab, so folgt

$$F = [r(n-1)+2] - n(r-1) = n - r + 2 . \tag{5.28c}$$

Dies ist wieder die Gibbs'sche Phasenregel.

Bemerkungen

1. Die Gibbs'sche Phasenregel ist nur dann anwendbar, wenn die Zerlegung einer gemischten Phase in reine Phasen eindeutig ist. Dies ist immer dann der Fall, wenn die gemischte Phase auf einem Simplex liegt. Wie wir gesehen haben, kann dies bei Vorliegen einer einzigen Substanz höchstens ein 2-Simplex, d. h. ein Dreieck sein. In dem Artikel [Wightman, 1979] findet man einige instruktive Gegenbeispiele zur Regel (5.27).

2. Im Rahmen der Statistischen Mechanik zeigt es sich, dass die Dynamik verfeinert werden kann und muss. Die Hamiltonoperatoren (oder, klassisch, Hamiltonfunktionen) für die Systeme auf mikroskopischen oder semi-mikroskopischen Skalen enthalten mehr Information als die thermodynamischen Potentiale. Diese zusätzliche Information ist beispielsweise in den Korrelationsfunktionen des Systems sichtbar. Beispiele sind magnetische Systeme, bei denen semi-makroskopische Variablen wie die Magnetisierung eingehen, sowie Mischungen aus ^{3}He und ^{4}He im Koexistenzbereich von flüssigem und superfluidem Helium.

5.4 Diskrete Modelle und Phasenübergänge

Realistische Beispiele für Phasenübergänge und deren theoretische Beschreibung sind eigentlich schon Gegenstand einer vertieften Theorie der Kondensierten Materie, die weit über den Rahmen eines Lehrbuchs der Theorie der Wärme hinausgeht. In diesem Abschnitt behandeln wir daher nur einige schematische, diskrete Modelle, an denen man allgemeine Eigenschaften im Zusammenhang mit Phasenübergängen exemplarisch studieren kann. Für vertiefende Behandlungen des großen Gebiets der Phasenübergänge und ihrer Modellierung verweisen wir auf die spezialisierte Literatur, so z. B. [Balian 2007], [Thompson 1979], [Römer, Filk 1994], [Binder, Landau 2005]. In der Auswahl der Beispiele stützen wir uns hauptsächlich auf [Thompson 1979].

5.4.1 Ein Gitter-Gas

Ein Gas von endlich vielen Teilchen N, das mithilfe eines diskreten Gitters modelliert wird, ist vielleicht die einfachste mikroskopische Beschreibung eines thermodynamischen Systems im Gleichgewicht. Das Modell ist wie folgt spezifiziert.

Die N Teilchen sind auf die Punkte eines gegebenen Gitters derart verteilt, dass an jedem Gitterplatz höchstens ein Teilchen sitzt. Die Anzahl der Punkte sei mit V bezeichnet, um daran zu erinnern, dass die Zahl V im Fall eines Kontinuums für das Volumen steht. Man nummeriert die Gitterpunkte mit dem Index $p \in V$ und führt den Besetzungsparameter n_p ein, der nur die Werte Null oder Eins annehmen soll. Eine *Konfiguration*

$$\{n\} = \big(n_1, n_2, \dots, n_V \,|\, (n_p = 0 \text{ oder } 1),\, p \in V\big) \tag{5.29}$$

liegt fest, wenn die Besetzungszahlen n_1 bis n_V gegeben sind und wenn diese die Nebenbedingung

$$\sum_{p=1}^{V} n_p = N \tag{5.30}$$

erfüllen. Was die *Wechselwirkung* zwischen zwei Gasteilchen angeht, so wird vorausgesetzt, dass diese nur dann von Null verschieden ist, wenn die Teilchen unmittelbare Nachbarn sind, d. h. für zwei beliebige Gitterpunkte $p_i, p_k \in V$

$$U(i, k) = \begin{cases} +\infty\,, & \text{wenn } p_i \text{ und } p_k \text{ besetzt und } i = p\,, \\ -A\,, & \text{wenn } p_i \text{ und } p_k \text{ nächste Nachbarn,} \\ 0\,, & \text{wenn mehr als einen Gitterplatz entfernt.} \end{cases} \tag{5.31}$$

(Die erste dieser Bedingungen sagt aus, dass an einem gegebenen Gitterplatz nie mehr als ein Teilchen sitzen kann.)

Die Stärke der Wechselwirkung wird durch eine noch unbekannte Kopplungskonstante A charakterisiert. Die Energie als Funktion der Konfiguration ist somit gegeben durch

$$E(\{n\}) = -A\, \Sigma'_{i,k}\, n_i n_k \quad \text{mit} \quad \sum_{i=1}^{V} n_i = N\,. \tag{5.32}$$

Die Notation $\Sigma'_{i,k}$ weist darauf hin, dass hier nur über Paare von benachbarten Gitterpunkten summiert wird.

Als Beispiel betrachten wir ein Gitter in der *Ebene*, das wie in Abb. 5.15 skizziert, aus $m = 4$ Zeilen und $n = 5$ Spalten besteht. Jeder Gitterpunkt, der im Inneren liegt, hat vier Nachbarn, d. h. vier Valenzen, $v_0 = 4$, die in der Summe Σ' zu berücksichtigen sind. Jede innere Verbindung tritt jedoch zwei Mal auf, soll aber nur einfach gezählt werden. Bei insgesamt $N_0 = n \cdot m$ Gitterpunkten ist die Summe der Nächsten-Nachbarn-Relationen somit $\Sigma' = N_0(v_0/2)$. Im Beispiel der Abb. 5.15 wären dies ohne Berücksichtigung von Randeffekten 40 Relationen. Davon abzuziehen sind die in dieser Summe fälschlicherweise mitgezählten Verbindungen der Randpunkte nach außen. Die Zahl der Nachbarrelationen ist daher

$$\Sigma' = \Big(N_0 - \tfrac{n+m}{2}\Big)\tfrac{v_0}{2}\,, \tag{5.33}$$

im Beispiel also $40 - 9 = 31$. Der Zusatzterm auf der rechten Seite ist ein typischer Randterm, der mit wachsender Größe des Gitters immer unbedeutender wird und schließlich ganz vernachlässigt werden kann.

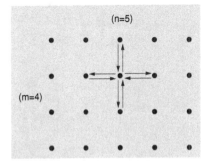

Abb. 5.15. Modell für ein Gitter-Gas in der Ebene. Jedes Teilchen an einem Gitterpunkt wechselwirkt nur mit seinen vier unmittelbaren Nachbarn

Als *kanonische* Gesamtheit aufgefasst würde das Gas auf dem Gitter durch die Zustandsfunktion

$$Z_{\text{kan.}}(T, V, N) = \sum e^{-\beta E(\{n\})}$$

$$\text{mit} \quad \beta = \frac{1}{kT} \quad \text{und} \quad \sum_{p=1}^{V} n_p = N \tag{5.34}$$

beschrieben. Die Nebenbedingung $\sum_{p=1}^{V} n_p = N$ kann man aber auch in die Zustandsfunktion einbauen, indem man die Zustandsfunktion der *großkanonischen* Gesamtheit nach der Teilchenzahl entwickelt. Gemäß (2.13) und (4.28c) ist

$$Z_G = e^{-\beta K(T, \mu_C, V)} \quad \text{mit} \quad \beta K = \beta H - \beta \mu_C N = \beta H - \alpha N \,,$$

wo H der Hamiltonoperator (die Hamiltonfunktion) ist. Diese Zustandssumme wird dabei zu einer Reihe über Zustandsfunktionen von *kanonischen* Gesamtheiten ,

$$Z_G = \sum e^{-\beta H + \alpha N} = \sum_N z^N \sum e^{-\beta H}$$

$$\equiv \sum_N z^N Z_{\text{kan.}}(T, V, N) \,. \tag{5.35}$$

Der Entwicklungsparameter in dieser Reihe,

$$z = e^{\alpha} \,, \tag{5.36}$$

wird *Flüchtigkeit*, oder, auf Englisch, *fugacity* genannt.

Wendet man diese Überlegung auf das Beispiel des Gitter-Gases an, so ist

$$Z_G(T, z, V) = \sum_{\{n\}} z^{\sum_p n_p} e^{-\beta E(\{n\})} \,. \tag{5.37}$$

Die Nebenbedingung (5.30) ist jetzt in die Zustandssumme eingebaut. Auf die weitere Analyse dieses Beispiels gehen wir weiter unten ein.

5.4.2 Modelle für Magnetismus

Angenommen die Bausteine eines Gitters tragen magnetische Momente $\boldsymbol{\mu}_i = g \mu_B \boldsymbol{s}_i$, mit μ_B dem Bohr'schen Magneton und g dem gyromagnetischen Verhältnis. Entsprechend den Werten $s^{(3)} = \pm 1/2$ der Spinkomponente nehmen die Momente zwei Orientierungen an, die wir als $+1$ oder $\uparrow$ und -1 oder $\downarrow$ bezeichnen. Ein instruktives Modell für ein solches Gitter setzt voraus, dass die magnetischen Momente – außer mit äußeren Feldern $\boldsymbol{B}$ – nur dann wechselwirken, wenn sie unmittelbare Nachbarn sind. Die Energie einer gegebenen Konfiguration hat dann die Form

$$E(\{\mu\}) = -J \, \Sigma'_{i,k} \mu_i \mu_k - B \, \Sigma_i \mu_i \,, \tag{5.38}$$

worin Σ' nur die nächsten Nachbarn berücksichtigt. Ohne Einschränkung der Allgemeinheit und der Einfachheit halber kann man voraussetzen, dass die „magnetischen Momente" μ_i die Werte $+1$ und -1 annehmen. Je nachdem, ob die nächsten Nachbarn parallel oder antiparallel ausgerichtet sind, ist dann

$$-J\mu_i\mu_k = \begin{cases} -J & \text{für } \uparrow\uparrow \text{ und } \downarrow\downarrow , \\ +J & \text{für } \uparrow\downarrow \text{ und } \downarrow\uparrow . \end{cases}$$

Wenn J positiv ist, dann ist die Konfiguration mit parallelen Spins die energetisch günstigste. In diesem Fall und bei insgesamt N Teilchen ist die Grundzustandsenergie

$$E_0 = \inf_{\{\mu\}} E(\{\mu\}) = -\frac{1}{2}v_0 NJ - N|B| .$$

(Die Zahl der Nachbarplätze ist wie in (5.33) gleich v_0.) Für $J > 0$ ist der Ausdruck (5.38) somit ein Modell für *Ferromagnetismus*. Mit einem Parameter $J < 0$ würde man entsprechend einen *Antiferromagneten* modellieren.

Im einfachsten Fall eines eindimensionalen Gitters ist die Energie

$$E(\{\mu\}) = -J \sum_{i=1}^{N-1} \mu_i\mu_{i+1} - B \sum_{i=1}^{N} \mu_i , \tag{5.39a}$$

wenn das Gitter an seinen Enden offen ist, und

$$E(\{\mu\}) = -J \sum_{i=1}^{N} \mu_i\mu_{i+1} - B \sum_{i=1}^{N} \mu_i \quad \text{mit} \quad \mu_{N+1} = \mu_1 , \tag{5.39b}$$

wenn es zu einem Ring geschlossen wird, vgl. Abb. 5.16a. Dieser Fall entspricht der Annahme periodischer Randbedingungen.

Für ein Gitter in zwei Dimensionen ist der Ausdruck für die Gesamtenergie eine Summe über alle besetzten Gitterplätze, für ein voll besetztes $m \times n$-Gitter somit

$$E(\{\mu\}) = -J \left\{ \sum_{i=1}^{m-1} \sum_{k=1}^{n} \mu_{ik}\mu_{(i+1)k} + \sum_{i=1}^{m} \sum_{k=1}^{n-1} \mu_{ik}\mu_{i(k+1)} \right\}$$
$$- B \sum_{i,k} \mu_{ik} . \tag{5.40a}$$

Die Zustandsfunktion der entsprechenden großkanonischen Gesamtheit bildet man aus der Formel (5.37).

In Analogie zu (5.39b) kann man auch in diesem Modell periodische Randbedingungen annehmen, indem man das zweidimensionale Gitter zum Torus T^2 der Abbildung 5.16b schließt. Für die magnetischen Momente bedeutet dies bei m Zeilen und n Spalten des ebenen Gitters die Annahme

$$\mu_{(m+1)k} = \mu_{1k} \quad \text{und} \quad \mu_{i(n+1)} = \mu_{i1} . \tag{5.40b}$$

Als eine erste Anwendung zeigt man leicht, dass das Gitter-Gas der vorhergehenden Abschn. 5.4.1 von genau diesem Typus (5.38) ist. Dazu setze

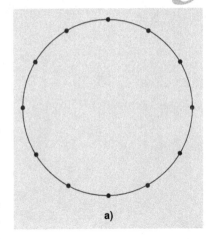

a)

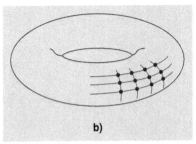

b)

Abb. 5.16. (a): Eine lineare Kette von magnetischen Momenten mit Nächste-Nachbar-Wechselwirkung, die alternativ zum Ring geschlossen werden kann. **(b):** Ein Gitter in zwei Dimensionen mit periodischen Randbedingungen kann zum Torus zusammengefügt werden

man die Besetzungszahl n_i des Gitter-Gases mit dem magnetischen Moment μ_i über

$$n_i = \frac{1}{2}(1 - \mu_i)$$

in Beziehung. Die Zustandsfunktion der großkanonischen Gesamtheit (5.37), zusammen mit der Formel (5.32) für die Energie, geht dann über in

$$Z_{\mathrm{G}} = \sum_{\{n\}} z^{\Sigma_i(1-\mu_i)/2} \exp\left\{\beta A \frac{1}{4} \Sigma_{ik}'(1-\mu_i)(1-\mu_k)\right\}$$

$$= \exp\left\{\tfrac{1}{2}V\ln z - \tfrac{1}{2}\Sigma_i\mu_i\ln z + \beta A \tfrac{1}{8}v_0 V - \tfrac{1}{4}v_0\beta A \Sigma_i\mu_i + \tfrac{1}{4}\beta A \Sigma'\mu_i\mu_k\right\}\ .$$

Hierbei wurden die Summen über nächste Nachbarn

$$\Sigma_{ik}' 1 = \frac{1}{2}v_0 V \quad \text{und} \quad \Sigma_{ik}'\mu_i = \frac{1}{2}v_0 \sum_i \mu_i$$

benutzt, wie dort ist v_0 die Zahl unmittelbarer Nachbarn für jeden inneren Punkt des Gitters. Schließlich setzt man noch

$$A =: 4J\ , \qquad -\frac{1}{2}\ln z - \frac{1}{4}v_0\beta A =: \beta B \tag{5.41}$$

und erhält so das direkte Analogon des Modells (5.40a),

$$Z_{\mathrm{G}}(T, z, V) = \exp\left\{\tfrac{1}{2}V\ln z + \tfrac{1}{8}v_0\beta V A\right\}$$

$$\times \sum_{\{n\}} \exp\left\{\beta J \Sigma'\mu_i\mu_k + \beta B \sum_i \mu_i\right\}\ ,$$

$$= \exp\left\{\tfrac{1}{2}V\ln z + \tfrac{1}{8}v_0\beta V A\right\} Z_{\mathrm{kan.}}(T, V, N) \tag{5.42}$$

wobei man die Formeln (5.35) und (5.37) für Z_{G} beachtet.

Aus der großkanonischen Zustandsfunktion lassen sich verschiedene Zustandsgrößen und Materialeigenschaften berechnen. Hier sind zwei Beispiele: Für den Druck gilt gemäß Formel (5.20)

$$\beta p = \frac{1}{V}\ln Z_{\mathrm{G}} = -\frac{1}{V}\beta K\ . \tag{5.43a}$$

Diese Funktion berechnet man aus der Formel (5.42), die von der Form $Z_{\mathrm{G}} = \exp\{\Phi(z, V)\}Z_{\mathrm{kan.}}$ ist. Dabei steht $\Phi(z, V)$ für

$$\Phi(z, V) = \tfrac{1}{2}V\ln z + \tfrac{1}{8}v_0\beta V A$$

$$= -\beta V \left(B + \frac{1}{8}v_0 A\right) = -\beta V \left(B + \frac{1}{2}v_0 J\right)\ ,$$

im zweiten Schritt ausgedrückt durch die Definitionen (5.41) für B und J. Aus (5.42) folgt dann

$$p\beta = -\beta \left(B + \frac{1}{2}v_0 J\right) + \frac{1}{V}\ln Z_{\mathrm{kan.}}(T, V, N)\ . \tag{5.43b}$$

Der letzte Term auf der rechten Seite ist bis auf das Vorzeichen und einen Faktor β die freie Energie f pro Spin

$$\beta f = -\frac{1}{V}\ln Z_{\mathrm{kan.}}(T, V, N)\ , \tag{5.43c}$$

so dass der Druck gleich $p = -f - B - v_0 J/2$ ist.

In analoger Weise erhält man die Dichte ϱ aus der Formel

$$\varrho = z \frac{\partial}{\partial z} \left(\frac{1}{V} \ln Z_{\mathrm{G}} \right) . \tag{5.44}$$

Weitere Beispiele folgen weiter unten.

5.4.3 Eindimensionale Modelle mit und ohne Magnetfeld

Magnetische Modelle in einer Dimension sind zwar nicht sehr realistisch, haben aber den Vorzug, dass sie exakt lösbar sind. Wir beginnen mit einer Kette von Spins ohne Magnetfeld, $B = 0$, die nur mit ihren unmittelbaren Nachbarn wechselwirken. Die Zustandssumme für eine kanonische Gesamtheit von N Spins und unter denselben Voraussetzungen wie in Abschn. 5.4.2 sei wie folgt definiert

$$\begin{aligned} Z_{\mathrm{kan.}}^{(N)} &= \exp\{-\beta E(\{\mu\})\} \\ &= \sum_{\mu_1=-1}^{+1} \cdots \sum_{\mu_N=-1}^{+1} \exp\{x(\mu_1\mu_2 + \mu_2\mu_3 + \dots \mu_{N-1}\mu_N)\} \end{aligned} \tag{5.45}$$

mit $x = \beta J$. Führt man zuerst die Summe über $\mu_N = \pm 1$ aus und beachtet, dass

$$\sum_{\mu_N=-1}^{+1} e^{x\mu_{(N-1)}\mu_N} = e^{x\mu_{(N-1)}} + e^{-x\mu_{(N-1)}} = e^x + e^{-x} = 2\cosh x$$

ist, unabhängig davon, ob $\mu_{(N-1)}$ gleich plus oder minus Eins ist, dann folgt

$$Z_{\mathrm{kan.}}^{(N)} = (2\cosh x)\, Z_{\mathrm{kan.}}^{(N-1)} .$$

Diese einfache Rekursionsformel lässt sich fortsetzen und man erhält das Ergebnis

$$Z_{\mathrm{kan.}}^{(N)} = 2\,(2\cosh x)^{N-1} . \tag{5.46}$$

Dies ist die einfachste Version des sog. *Ising-Modells*, das von E. Ising 1925 entwickelt wurde.

Berechnet man hieraus gemäß Formel (5.43c) die freie Energie pro Spin im Grenzfall $N \to \infty$, dann findet man mit $x = J/(kT)$

$$-\beta f = -\frac{f}{kT} = \lim_{N\to\infty} \frac{1}{N} \ln Z_{\mathrm{kan.}}^{(N)} = \ln(2\cosh x) . \tag{5.47}$$

Als Funktion der Temperatur bleibt diese Funktion für alle Werte $T > 0$ analytisch. *Es gibt keinen Phasenübergang.*

Als nächst einfaches Modell in einer Dimension betrachten wir eine periodische Kette mit N Gliedern, bei der somit $\mu_{N+1} = \mu_1$ identifiziert werden müssen. Im Unterschied zum vorhergehenden Modell lassen wir zu, dass die magnetischen Momente mit einem nichtverschwindenden Magnetfeld wechselwirken. Die Zustandsfunktion hat dann die Form

$$Z_{\mathrm{kan.}}^{(N)} = \sum_{\{\mu\}} \exp\left\{ x \sum_{i=1}^{N} \mu_i\mu_{i+1} + y \sum_{i=1}^{N} \mu_i \right\} \tag{5.48}$$

mit $\quad x = \beta J \quad$ und $\quad y = \beta B$.

Greift man zwei benachbarte Kettenglieder heraus, so tragen sie in der Zustandssumme mit dem Faktor

$$\mathbf{M}(\mu_i, \mu_{i+1}) = \exp\left\{x\mu_i\mu_{i+1} + \tfrac{1}{2}y(\mu_i + \mu_{i+1})\right\} \tag{5.49a}$$

bei. Da nun μ_i und μ_{i+1} nur die Werte $+1$ und -1 annehmen, ist dies eine 2×2-Matrix, die man wie folgt schreiben kann

$$\mathbf{M} = \begin{pmatrix} M(+,+) & M(+,-) \\ M(-,+) & M(-,-) \end{pmatrix} = \begin{pmatrix} e^{x+y} & e^{-x} \\ e^{-x} & e^{x-y} \end{pmatrix}$$

$$= e^x \cosh y \, \mathbb{1}_2 + e^x \sinh y \sigma_3 + e^{-x} \sigma_1 , \tag{5.49b}$$

worin σ_3 und σ_1 zwei der drei Pauli-Matrizen sind,

$$\sigma_1 = \begin{pmatrix} 0 & 1 \\ 1 & 0 \end{pmatrix} , \quad \sigma_2 = \begin{pmatrix} 0 & -i \\ i & 0 \end{pmatrix} , \quad \sigma_3 = \begin{pmatrix} 1 & 0 \\ 0 & -1 \end{pmatrix} .$$

Alle Faktoren $\mathbf{M}(\mu_i, \mu_{i+1})$ haben diese selbe Form (5.49b) und sind sogar alle gleich. Da außerdem $\mu_{N+1} = \mu_1$ ist (die Kette somit schließt), ist die Zustandssumme gleich der Spur des N-fachen Produkts von $\mathbf{M}$ mit sich selbst. Daher gilt

$$Z_{\text{kan.}}^{(N)} = \text{Sp}\left(\mathbf{M}^N\right) = \lambda_1^N + \lambda_2^N , \tag{5.50}$$

wo (λ_1, λ_2) die Eigenwerte der Matrix $\mathbf{M}$ sind. Diese Eigenwerte sind einfach zu berechnen. Der erste Summand in (5.49b) ist bereits diagonal und proportional zur Einheitsmatrix. Eine orthogonale Transformation $\mathbf{A}$, die die Summe der beiden übrigen Terme diagonalisiert,

$$\mathbf{A}\left(e^x \sinh y \sigma_3 + e^{-x}\sigma_1\right)\mathbf{A}^T = \text{diag}(\varrho, -\varrho)$$

$$\text{mit} \quad \varrho = \sqrt{e^{2x}\sinh^2 y + e^{-2x}}$$

lässt den ersten Term invariant. In der Tat, die Eigenwerte dieses zweiten Anteils sind einfach zu finden: Die Matrix

$$e^x \sinh y \sigma_3 + e^{-x}\sigma_1 \equiv \begin{pmatrix} a & b \\ b & -a \end{pmatrix}$$

hat Spur Null, ihre Eigenwerte (ϱ_1, ϱ_2) sind daher entgegengesetzt gleich. Ihr Produkt ist gleich der Determinante $\det(\cdots) = -(a^2 + b^2)$ und somit folgt $\varrho_1 = -\varrho_2 = \sqrt{a^2 + b^2}$.

Mit diesen Ergebnissen sind die gesuchten Eigenwerte von $\mathbf{M}$

$$\left.\begin{array}{c} \lambda_1 \\ \lambda_2 \end{array}\right\} = e^x \cosh y \pm \sqrt{e^{2x}\sinh^2 y + e^{-2x}} . \tag{5.51}$$

Für alle positiven Werte von x ist λ_1 echt größer als λ_2. Deshalb wird der erste Term in (5.50), λ_1^N, bei großen N über den zweiten dominieren. So ist zum Beispiel die freie Energie pro Spin

$$\lim_{N \to \infty} \frac{1}{N} \ln Z_{\text{kan.}}^{(N)} = \lim_{N \to \infty} \frac{1}{N} \ln \left\{ \lambda_1^N \left(1 + \left(\tfrac{\lambda_2}{\lambda_1} \right)^N \right) \right\}$$

$$= \ln \lambda_1 + \lim_{N \to \infty} \ln \left(1 + \left(\tfrac{\lambda_2}{\lambda_1} \right)^N \right)$$

$$= \ln \left\{ e^x \cosh y + \sqrt{e^{2x} \sinh^2 y + e^{-2x}} \right\} . \tag{5.52}$$

Bei verschwindendem Magnetfeld, $y = 0$, wird die Zustandssumme (5.50) zu

$$Z_{\text{kan.}}^{(N)}(y = 0) = (\cosh x)^N + (\sinh x)^N \tag{5.53}$$

und ist somit zunächst nicht mit dem Ergebnis (5.46) der offenen Kette identisch. Erst für $N \to \infty$, im sog. *thermodynamischen Limes,* nähern sich die Ausdrücke (5.46) und (5.53) einander an.

5.4.4 Ising-Modell in Dimension Zwei

Ein zweidimensionales Ising-Modell wird durch ein Gitter mit m Zeilen und n Spalten definiert. Darüber hinaus sei das Gitter zu einem Zylinder aufgerollt derart, dass die $(n + 1)$-te Spalte wie in Abb. 5.17 gezeichnet mit der Spalte Nr. 1 identifiziert wird. Die Wechselwirkungsenergie zwischen nächsten Nachbarn und mit einem äußeren Magnetfeld ist

$$E(\{\mu\}) = -J \sum_{i=1}^{m-1} \sum_{k=1}^{n} \mu_{ik} \mu_{(i+1)k} - J \sum_{i=1}^{m} \sum_{k=1}^{n} \mu_{ik} \mu_{i(k+1)}$$

$$- B \sum_{i=1}^{m} \sum_{k=1}^{n} \mu_{ik} \tag{5.54}$$

Es ist hilfreich, die magnetischen Momente der k-ten Spalte zusammenzufassen,

$$S_k := (\mu_{1k}, \mu_{2k}, \dots, \mu_{mk}) \equiv (\mu_1, \dots, \mu_m) . \tag{5.55}$$

Die Wechselwirkung *innerhalb* dieser Spalte ist dann

$$U^{(\text{vert.})}(S_k) = -J \sum_{i=1}^{m-1} \mu_{ik} \mu_{(i+1)k} - B \sum_{i=1}^{m} \mu_{ik} , \tag{5.56a}$$

während die Nachbarwechselwirkung zwischen der Spalte mit der Nummer k und der Spalte mit der Nummer $k + 1$ durch

$$U^{(\text{Nachb.})}(S_k, S_{k+1}) = -J \sum_{i=1}^{m} \mu_{ik} \mu_{i(k+1)} \tag{5.56b}$$

gegeben ist. Die gesamte Energie (5.54) ist die Summe dieser Beiträge

$$E(\{\mu\}) = \sum_{k=1}^{n} \left\{ U^{(\text{vert.})}(S_k) + U^{(\text{Nachb.})}(S_k, S_{k+1}) \right\} . \tag{5.56c}$$

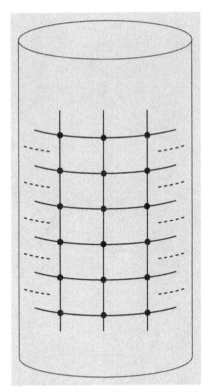

Abb. 5.17. Ein ebenes Gitter von magnetischen Momenten mit periodischen Randbedingungen wird zu einem Zylinder zusammengeklebt

Die kanonische Zustandsfunktion ist somit

$$Z_{\text{kan.}}^{(m,n)} = \sum_{\{\mu\}} e^{-\beta E(\{\mu\})}$$

$$= \sum_{S_1,\cdots,S_n} e^{-\beta \sum_{k=1}^{n} \left\{ U^{(\text{vert.})}(S_k) + U^{(\text{Nachb.})}(S_k, S_{k+1}) \right\}} . \tag{5.57}$$

Auch in diesem Modell lässt die Zustandssumme sich als Produkt über n Matrizen schreiben, das sogar zu einer Spurberechnung führt, wenn das Gitter zum Zylinder geschlossen ist. Zu diesem Zweck definiert man die Matrix

$$\mathbf{M}(S, S') := e^{(\beta/2)U^{(\text{vert.})}(S)} e^{-\beta U^{(\text{Nachb.})}(S,S')} e^{(\beta/2)U^{(\text{vert.})}(S')} \tag{5.58}$$

und stellt fest, dass die Zustandssumme als Produkt

$$Z_{\text{kan.}}^{(m,n)} = \sum \mathbf{M}(S_1, S_2)\mathbf{M}(S_2, S_3) \cdots \mathbf{M}(S_{n-1}, S_n)\mathbf{M}(S_n, S_1) \tag{5.59a}$$

erscheint. Schreibt man die Matrix $\mathbf{M}$ für zwei Spalten S und S' aus, so ist mit der Abkürzung (5.55), hier also $S_k \equiv (\mu_1, \ldots, \mu_m)$ und $S_{k+1} \equiv (\mu'_1, \ldots, \mu'_m)$

$$\mathbf{M}(S_k, S_{k+1}) = \exp\left\{ (x/2) \sum_{i=1}^{m-1} \mu_i \mu_{i+1} + (y/2) \sum_{i=1}^{m} \mu_i \right\}$$

$$\exp\left\{ x \sum_{i=1}^{m} \mu_i \mu'_i \right\} \exp\left\{ (x/2) \sum_{i=1}^{m-1} \mu'_i \mu'_{i+1} + (y/2) \sum_{i=1}^{m} \mu'_i \right\}$$

mit $x = \beta J$ und $y = \beta B$. Da die Momente μ_i nur die Werte ± 1 annehmen, hat jede Spalte S_k insgesamt 2^m Konfigurationen. Die Matrizen $\mathbf{M}(S, S')$ in (5.59a) sind daher symmetrische $2^m \times 2^m$-Matrizen und sind überdies alle gleich. Somit folgt für die Zustandsfunktion

$$Z_{\text{kan.}}^{(m,n)} = \text{Sp}\left(\mathbf{M}^n\right) = \sum_{k=1}^{2^m} \lambda_k^n , \tag{5.59b}$$

worin $\lambda_1, \ldots, \lambda_{2^m}$ die Eigenwerte von $\mathbf{M}$ sind. Diese Eigenwerte seien absteigend geordnet,

$$\lambda_1 > \lambda_2 \geq \lambda_3 \geq \cdots \geq \lambda_{2^m} .$$

Auch in diesem Modell kommt es im thermodynamischen Limes nur auf den größten Eigenwert λ_1 an. So ist zum Beispiel die freie Energie pro Spin

$$-\frac{f}{kT} = \lim_{m \to \infty} \lim_{n \to \infty} \frac{1}{mn} Z_{\text{kan.}}^{(m,n)} = \lim_{m \to \infty} \frac{1}{m} \ln \lambda_1$$

$$+ \lim_{m \to \infty} \left\{ \lim_{n \to \infty} \frac{1}{mn} \ln\left(1 + \sum_{k=2}^{2^m} \left(\tfrac{\lambda_k}{\lambda_1}\right)^n \right) \right\} . \tag{5.60}$$

Die Lösung dieses Problems ist eine große und umfangreiche Aufgabe. Bis heute ist keine analytische Lösung mit nichtverschwindendem Magnetfeld bekannt. Selbst im Spezialfall ohne Magnetfeld, $y = 0$, in dem λ_1 analytisch bestimmt werden kann, sind die publizierten Lösungswege aufwändig. Eine Methode, die von Lie-algebraischen Techniken Gebrauch macht und die von Onsager entwickelt wurde, findet man z. B. in [Thompson 1979] im Anhang ausgeführt. Wir beschränken uns hier darauf, das Resultat ohne Herleitung anzugeben und einige Folgerungen daraus zu ziehen. Für Einzelheiten und eine ausführliche Darstellung der Methode von Onsager und anderer, kombinatorischer Zugänge verweisen wir auf [Thompson 1979].

Setzt man $B = 0$, so ist der höchste Eigenwert mit $x = \beta J = J/(kT)$

$$\lambda_1 = (2\sinh(2x))^{m/2} \exp\left\{\tfrac{1}{2}(\gamma_1 + \gamma_3 + \cdots + \gamma_{2m-1})\right\} . \tag{5.61a}$$

Die Größen γ_k sind dabei aus den Gleichungen

$$\cosh \gamma_k = \cosh(2x)\coth(2x) - \cos(\pi k/m) \tag{5.61b}$$

zu entnehmen. Die freie Energie pro Spin wird damit zu

$$
\begin{aligned}
-\frac{f}{kT} &= \lim_{m\to\infty} \frac{1}{m} \ln \lambda_1 \\
&= \frac{1}{2}\ln\left[2\sinh(2x)\right] + \lim_{m\to\infty} \frac{1}{2m} \sum_{l=0}^{m-1} \gamma_{2l+1} ,
\end{aligned} \tag{5.62}
$$

deren zweiter Summand im Grenzfall $m \to \infty$ in ein Integral übergeht,

$$\lim_{m\to\infty} \frac{1}{2m} \sum_{l=0}^{m-1} \gamma_{2l+1} = \frac{1}{2\pi} \int_0^\pi d\theta \; \cosh^{-1}\left[\cosh(2x)\coth(2x) - \cos\theta\right] .$$

Macht man hier Gebrauch von der Identität

$$\cosh^{-1}(|u|) = \frac{1}{\pi} \int_0^\pi d\theta' \; \ln\left[2(u - \cos\theta')\right] ,$$

so geht die freie Energie pro Spin über in

$$
\begin{aligned}
-\frac{f}{kT} = {}& \frac{1}{2}\ln\left[2\sinh(2x)\right] + \frac{1}{2}\ln 2 \\
& + \frac{1}{2\pi^2} \int_0^\pi\!\!\int_0^\pi d\theta\, d\theta' \; \ln\left[\cosh(2x)\coth(2x) - \cos\theta - \cos\theta'\right] .
\end{aligned} \tag{5.63a}
$$

Diese Formel nimmt eine in θ und θ' manifest symmetrische Form an, wenn man die Logarithmen teilweise auflöst,

$$
-\frac{f}{kT} = \ln 2 + \frac{1}{2}\ln\left(\sinh(2x)\right)
$$

$$
+\frac{1}{2\pi^2}\int\limits_0^\pi\int\limits_0^\pi d\theta\, d\theta'\, \ln\left\{\cosh^2(2x) - \sinh(2x)\left[\cos\theta + \cos\theta'\right]\right\}
$$

$$
-\frac{1}{2\pi^2}\ln\left(\sinh(2x)\right)\int\limits_0^\pi\int\limits_0^\pi d\theta\, d\theta'
$$

$$
= \ln 2 + \frac{1}{2\pi^2}\int\limits_0^\pi\int\limits_0^\pi d\theta\, d\theta'\, \ln\left\{\cosh^2(2x) - \sinh(2x)\left[\cos\theta + \cos\theta'\right]\right\}\ .
$$

$$(5.63b)$$

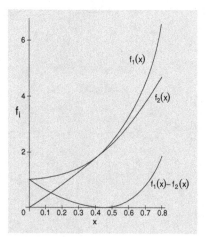

Abb. 5.18. Graphen der Funktionen (5.64a)–(5.64c) über der Variablen $x = \beta J$

In Abb. 5.18 sind die Kurven

$$
f_1(x) = \cosh^2(2x) = \frac{1}{4}\left(e^{4x} + 2 + e^{-4x}\right)\ , \tag{5.64a}
$$

$$
f_2(x) = 2\sinh(2x) = e^{2x} - e^{-2x}\ , \tag{5.64b}
$$

$$
d(x) := f_1(x) - f_2(x) = (1 - \sinh(2x))^2 \tag{5.64c}
$$

aufgetragen. Wie man an den Ausdrücken (5.64a) und (5.64b) sowie an der Abbildung sieht, berühren f_1 und f_2 sich, wenn $\sinh(2x_c) = 1$ ist, d. h. bei

$$
x_c = \frac{J}{(kT_c)} \simeq 0{,}44013\ , \tag{5.65}
$$

überall sonst liegt f_2 unterhalb von f_1 (s. Aufgabe 5.4). Das Argument des Logarithmus im Integranden von (5.63b) kann nur dann (von oben her) in die Nähe von Null geraten, wenn beide Integrationswinkel θ und θ' sich ihrer unteren Integrationsrenze nähern. In der Tat, für $\theta \to 0^+$ und, gleichzeitig, $\theta' \to 0^+$ wird der Integrand auf der rechten Seite von (5.63b)

$$
\ln\left\{d(x) + \sinh(2x)\left[(1 - \cos\theta) + (1 - \cos\theta')\right]\right\} \simeq \ln d(x)
$$

mit $d(x)$ aus (5.64c), einer Funktion, die bei x_c, (5.65), den Wert Null annimmt. Für alle anderen Werte von x, von θ und θ' ist das Argument des Logarithmus positiv.

Dass in dieser speziellen Konstellation tatsächlich eine Singularität vorliegt, sieht man aus der ersten Ableitung der freien Energie nach x. Man berechnet z. B. die innere Energie aus der Ableitung der freien Energie pro

Spin nach der Temperatur,

$$
\begin{aligned}
E = kT^2 \frac{\partial}{\partial T}\left(\frac{f}{kT}\right) &= J\frac{\partial}{\partial x}\left(\frac{f}{kT}\right) \\
&= -J\coth(2x)\left\{1 + \left(\sinh^2(2x)-1\right)\right. \\
&\quad \left. \cdot \frac{1}{\pi^2}\int\limits_0^\pi\int\limits_0^\pi d\theta\,d\theta'\,\frac{1}{d(x)+\sinh(2x)\left[(1-\cos\theta)+(1-\cos\theta')\right]}\right\}.
\end{aligned}
\tag{5.66}
$$

Wählt man x sehr nahe an der Nullstelle x_c von $d(x)$, so wird $d(x) \simeq \varepsilon$ mit $\varepsilon \ll 1$, das Integral in (5.66) zeigt eine logarithmische Singularität in der Nähe von $(\theta = 0, \theta' = 0)$. In der Aufgabe 5.5 zeigt man, dass das Integral in (5.66) dann proportional zu $\ln\varepsilon$ wird,

$$
\int\limits_0^\pi\int\limits_0^\pi d\theta\,d\theta'\,\frac{1}{d(x)+\sinh(2x)\left[(1-\cos\theta)+(1-\cos\theta')\right]}
$$
$$
\simeq -\frac{2}{\pi\sinh(2x)}\ln\varepsilon .
$$

In der Formel (5.66) wird dieses Integral aber mit dem Faktor $(\sinh^2(2x)-1)$ multipliziert, der bei $x = x_c$ eine Nullstelle hat. Die innere Energie ist daher an dieser Stelle stetig, in der unmittelbaren Nachbarschaft von x_c hat sie die Form

$$
E \simeq -J\coth(2x)\left\{1 + C(x-x_c)\ln|x-x_c|\right\} ,
\tag{5.67}
$$

wo C eine Konstante ist. Berechnet man daraus die spezifische Wärme (2.18),

$$
C_V = \frac{\partial E}{\partial T} \simeq \text{const.}\ln|x-x_c| ,
\tag{5.68}
$$

so sieht man, dass diese beim kritischen Wert x_c logarithmisch divergiert. Die wesentliche Schlussfolgerung ist die folgende:

Während das Ising-Modell in einer Dimension keinen Phasenübergang aufweist, gibt es bereits in Dimension Zwei einen Phasenübergang bei T_c, (5.65), der in der spezifischen Wärme und anderen physikalischen Größen des Modells sichtbar wird.

Analytische Lösungen desselben Modells in zwei Dimensionen *mit* Magnetfeld, oder in drei Dimensionen, ohne oder mit Feld, sind nicht bekannt. Das hier beschriebene Modell – in Dimension Zwei und ohne Magnetfeld – hat jedoch eine Reihe von Anwendungen und Erweiterungen, die man z. B. in [Thompson 1979] ausgeführt findet.

In diesem schematischen Modell bleibt zunächst offen, welche mikroskopischen Phänomene für das Auftreten von Phasenübergängen verantwortlich sind. Ein Zugang, der es erlaubt diese Frage teilweise zu beantworten, besteht darin, die Zwei-Teilchen-Korrelationsfunktionen

$$\langle \mu_i \mu_k \rangle = \frac{1}{Z_{\text{kan.}}^{(N)}} \sum_{\{\mu\}} \mu_i \mu_k \, \mathrm{e}^{-\beta E(\{\mu\})} \tag{5.69}$$

des magnetischen Gittermodells zu berechnen und zu analysieren. Phasenübergänge sind oft mit einer qualitativen Änderung der Korrelationsfunktionen verbunden, so zum Beispiel mit dem Auftreten von langreichweitigen Effekten in der Nähe des kritischen Punktes. Es würde aber den Rahmen dieses Buches sprengen, dies hier weiter auszuarbeiten.

5.5 Stabilität der Materie

Dieser letzte Abschnitt behandelt eine zentral wichtige Frage der Physik, deren Lösung in einer schönen Synthese aus Quantentheorie, Thermodynamik und Statistischer Physik liegt:

Warum ist die kondensierte Materie auf unseren gewohnten, makroskopischen Skalen stabil? Oder umgekehrt, unter welchen Voraussetzungen würde Materie dazu neigen, zu explodieren oder zu implodieren?

Diese für unser Leben, insbesondere für unser Forschen und Experimentieren wesentliche Frage wurde erst sehr spät in befriedigender Weise bearbeitet [Dyson, Lenard 1967], also etwa vierzig Jahre nach Entdeckung der Quantenmechanik und des Pauli'schen Ausschließungsprinzips! Seit den Pionierarbeiten von F. J. Dyson und A. Lenard, die dieses Problem in gebotener mathematischer Strenge gelöst haben, sind eine Reihe von weiteren Arbeiten erschienen, die viele Teilaspekte dieses bedeutenden Problems behandeln und für die wir stellvertretend das Buch [Lieb 2004] zitieren. Die hier folgende, stark vereinfachte Darstellung, die weitgehend auf dem schönen Übersichtsartikel [Thirring 1986] aufbaut, gibt ein heuristisches Verständnis der wichtigsten Resultate der genannten mathematisch-physikalischen Resultate.

5.5.1 Voraussetzungen und erste Überlegungen

Für die Frage nach ihrer Stabilität genügt es, die makroskopische Materie als System aus Elektronen und punktförmigen Atomkernen zu modellieren. Die endliche Ausdehnung der Kerne spielt nur eine untergeordnete Rolle, obwohl das elektrostatische Potential eines realistischen Kerns, im Gegensatz zum Coulomb-Potential des Punktkerns, keine Singularität bei $r = 0$ hat. In einem ersten Zugang genügt es auch, nichtrelativistische Kinematik zu verwenden. Relativistische Korrekturen geben unter normalen Umständen nur kleine Verfeinerungen der Abschätzungen.

Intuitiv erwartet man, dass die *Heisenberg'sche Unschärferelation* und das *Pauli'sche Ausschließungsprinzip* eine wichtige Rolle für die Stabilität spielen. Auch die Tatsache, dass die elektrostatische Wechselwirkung, je nach Vorzeichen der elektrischen Ladungen sowohl attraktiv als auch repulsiv sein kann, mag das Zusammenfallen von Materie verhindern helfen. Was aber ist die Rolle der gravitativen Kräfte, die ja immer *attraktiv* sind? Während man in der Beschreibung von mikroskopischer Physik die Gravitation oft vernachlässigen kann, ist dies in makroskopischen Systemen sicher nicht zulässig, an denen eine sehr große Zahl von Teilchen beteiligt sind. Sowohl die elektrostatische als auch die gravitative Wechselwirkung sind langreichweitig. Im Gegensatz hierzu sind die schwachen und starken Wechselwirkungen extrem kurzreichweitig und spielen für die Stabilität der Materie keine Rolle. Es ist also gerechtfertigt, die zugrunde liegende Wechselwirkung zwischen den Bausteinen makroskopischer Materie durch folgendes Potential zu beschreiben:

$$U = \sum_{i>j} \frac{\kappa_C q_i q_j - G_N m_i m_j}{|\boldsymbol{x}_i - \boldsymbol{x}_j|} \, . \tag{5.70}$$

In diesem Ausdruck sind q_i und q_j die elektrischen Ladungen der zwei Teilchen, m_i bzw. m_j sind ihre Massen, G_N ist die Newton'sche Konstante. Der Faktor κ_C hängt vom gewählten Maßsystem ab. Im Gauß'schen System ist er gleich 1 (siehe z. B. Band 3, Abschn. 1.4.4).

Wenn nichtrelativistische Kinematik für die Beschreibung der kondensierten Materie ausreicht, so ist die zuständige Bewegungsgleichung die Schrödinger-Gleichung

$$\mathrm{i}\hbar\dot{\Psi}(\boldsymbol{x}_1, \ldots, \boldsymbol{x}_N) = H\Psi(\boldsymbol{x}_1, \ldots, \boldsymbol{x}_N) \, , \tag{5.71}$$

mit dem Viel-Teilchen Hamiltonoperator

$$H = \sum_{i=1}^{N} \frac{\boldsymbol{p}_i^2}{2m_i} + \sum_{i>j} \frac{q_i q_j - G_N m_i m_j}{|\boldsymbol{x}_i - \boldsymbol{x}_j|} \, , \quad (\kappa_C = 1) \, . \tag{5.72}$$

In der Frage nach der Stabilität eines Systems aus N Atomkernen und Elektronen ist das eigentliche Ziel herauszufinden, in welcher Weise die Grundzustandsenergie von der Teilchenzahl N abhängt. Wenn Materie stabil ist, erwartet man, dass die Energie des tiefsten Zustands eine homogene Funktion vom Grade 1 der Teilchenzahl ist, d. h.

$$E_0 = E_0(N, V, S) \propto -N \, . \tag{5.73a}$$

Außerdem sollte das vom System eingenommene Volumen mit der Teilchenzahl N wachsen, seine charakteristische lineare Dimension somit mit der dritten Wurzel daraus,

$$R_{\min} \propto N^{1/3} \, , \tag{5.73b}$$

zunehmen. Jede höhere Potenz von N würde bedeuten, dass das System Tendenz zur Explosion zeigt, jede kleinere Potenz dagegen, dass es zur Implosion neigt.

Die Heisenberg'sche Unschärferelation ist dafür verantwortlich, dass gebundene Quantensysteme stabil sind und nicht räumlich in sich zusammenstürzen. Als Beispiel hierfür sei der eindimensionale Oszillator zitiert, für den

$$(\Delta q)(\Delta p) \geq \frac{\hbar}{2} \quad \text{mit} \quad (\Delta q)^2 = \langle q^2 \rangle \,, \ (\Delta p)^2 = \langle p^2 \rangle$$

gilt. Der Erwartungswert der Energie,

$$E = \langle H \rangle = \frac{1}{2m} \langle p^2 \rangle + \frac{1}{2} m \omega^2 \langle q^2 \rangle \,,$$

wird nach unten durch das Minimum abgeschätzt, das gerade noch mit der Unschärferelation verträglich ist. Für Einzelheiten siehe Band 2, Abschn. 1.2.3. Diese Abschätzung liefert die untere Schranke $E \geq (1/2)\hbar\omega$. In diesem Fall ist dies genau die Energie des Grundzustands des harmonischen Oszillators.

Als einfachste Abschätzung, die von der Unschärferelation für Ort und Impuls Gebrauch macht, kann man auf die qualitative Analyse des Wasserstoffatoms aus Band 2 zurückgreifen. Die Unschärferelation für den Radialimpuls p_r und die Radialkoordinate r, $(\Delta p_r)(\Delta r) \geq \hbar/2$, liefert eine untere Schranke für das Energiespektrum des Hamiltonoperators

$$H = \frac{p_r^2}{2m} + \frac{\ell^2}{2mr^2} - \frac{e^2}{r}$$

mit $\ell = 0$. Man findet das Minimum von $\langle H \rangle$ bei $(\Delta r) = \hbar^2/(4me^2)$ und daraus die Schranke

$$E = \langle H \rangle > -\frac{2me^4}{\hbar^2} \,.$$

(Das ist das Vierfache der Bindungsenergie des Wasserstoffatoms.) Diese einfache Abschätzung könnte man mit folgender Überlegung auf das N-Teilchensystem übertragen. Man schreibt den Hamiltonoperator (5.72) als Summe über effektive Ein-Teilchen Systeme,

$$H^{(N)} = \sum_{i=1}^{N} \sum_{j \neq i} \left\{ \frac{p_i^2}{2m_i(N-1)} + \frac{q_i q_j - G_N m_i m_j}{2|x_i - x_j|} \right\}$$

$$= \sum_{i=1}^{N} \sum_{j \neq i} H^{(1)}(x_i, x_j) \,. \tag{5.74a}$$

Der Operator $H^{(1)}$ hat die Form des Hamiltonoperators des Wasserstoffatoms, vorausgesetzt man ersetzt

$$m_i \quad \text{durch} \quad \mu \equiv m_i(N-1) \,,$$

$$e^2 \quad \text{durch} \quad \alpha \equiv -\frac{1}{2}\left(q_i q_j - G_N m_i m_j\right) \,.$$

Mit $\langle p_r^2 \rangle \geq (\Delta p_r)^2$ und mit der Unschärferelation ist

$$E^{(i)} = \langle H^{(1)} \rangle > \frac{\hbar^2}{8\mu(\Delta r)^2} - \frac{\alpha}{(\Delta r)} \,.$$

Das Minimum der rechten Seite liegt bei

$$(\Delta r) = \frac{\hbar^2}{4\mu\alpha} = \frac{\hbar^2}{4m_i(N-1)\alpha} \; .$$

In $H^{(1)}$ eingesetzt ergibt dies die untere Schranke für $\langle H^{(1)} \rangle$

$$\langle H^{(1)} \rangle > -\frac{2\mu\alpha^2}{\hbar^2} = -\frac{2m_i(N-1)\alpha^2}{\hbar^2} \; . \tag{5.74b}$$

Die Doppelsumme in (5.74a) versieht diese Abschätzung mit einem weiteren Faktor $N(N-1)$, so dass man die untere Schranke

$$\langle H^{(N)} \rangle > -c\,N(N-1)^2 \quad \text{mit} \quad c > 0 \tag{5.74c}$$

erhält. Wenn aber die Grundzustandsenergie tatsächlich proportional zu $-cN^3$ ist, kann Materie nicht stabil sein. Im Folgenden wird es darum gehen, diese noch sehr grobe Abschätzung zu verbessern und zu verfeinern.

5.5.2 Kinetische und potentielle Energien

Die Überlegungen des vorhergehenden Abschnitts zeigen, dass die Unschärferelation zwar die Stabilität des einzelnen Atoms sichert, aber dass sie bei weitem nicht ausreicht, um ein makroskopisches Stück Materie stabil zu halten. Um die noch grobe Abschätzung (5.74c) zu verbessern, nehmen wir an, dass die N Teilchen sich in einem vorgegebenen Volumen

$$V = \text{const. } R^3$$

verteilen, wobei R für die räumliche Ausdehnung des betrachteten Systems charakteristisch sein soll. Wenn die Teilchenzahl N vorgegeben ist, wie stellt sich dieser Radius R ein? Ist er endlich, oder strebt er nach Unendlich, oder nach Null? Zur Beantwortung dieser Fragen geht man folgendermaßen vor: Man schätzt sowohl die kinetische Energie als auch die potentielle Energie des N-Teilchen-Systems als Funktionen von R und von N ab und bestimmt das Minimum der Gesamtenergie

$$\langle H^{(N)} \rangle = \langle T_{\text{kin}} \rangle + \langle U \rangle \; . \tag{5.75}$$

Der Einfachheit halber wählen wir physikalische Einheiten so, dass $\hbar = 1$ ist. Die *kinetische* Energie schätzt man mithilfe der Unschärferelation zwischen Ort und Impuls ab, die mit der Konvention $\hbar = 1$ die Form

$$(\Delta p)\,(\Delta q) \geq \frac{1}{2} \tag{5.76}$$

annimmt. Beachtet man die Definitionen

$$(\Delta p)^2 = \langle p^2 \rangle - \langle p \rangle^2 \, , \quad (\Delta q)^2 = \langle q^2 \rangle - \langle q \rangle^2 \, ,$$

so sieht man, dass $\langle p^2 \rangle \geq (\Delta p)^2$ ist. Im Fall von *Bosonen* kann die Unschärfe in der Koordinate maximal $(\Delta q) = R$ sein. Daraus erhält man

$$\langle p^2 \rangle \geq (\Delta p)^2 \geq \frac{1}{4R^2} \; .$$

Die kinetische Energie des N-Teilchen-Systems geht daher wie

$$\langle T_{\text{kin}} \rangle = \left\langle \sum_{i=1}^{N} \frac{\boldsymbol{p}_i^2}{2m_i} \right\rangle \sim \frac{N}{R^2} \quad \text{(Bosonen)} \quad . \tag{5.77a}$$

Handelt es sich dagegen um *Fermionen*, so kann man das Pauli-Prinzip pauschal dadurch berücksichtigen, dass man das Volumen V in N Zellen einteilt und jedem der N Fermionen eine solche Zelle zuordnet. Die Unschärfe in einer Komponente der Ortsvariablen kann dann maximal nur

$$(\Delta q) = \frac{R}{N^{1/3}}$$

sein. Diese Beschränkung verändert die Abhängigkeit der kinetischen Energie von N. Man erhält die Abschätzung

$$\langle T_{\text{kin}} \rangle \sim \frac{N^{5/3}}{R^2} \quad \text{(Fermionen)} \quad . \tag{5.77b}$$

Es ist auch nicht schwer die *potentielle* Energie abzuschätzen. Wenn nur gravitative Kräfte vorhanden sind, so ziehen sich alle Paare von Teilchen an. Daher erwartet man das Verhalten

$$\langle U \rangle \sim -\kappa \frac{N^2}{R} \quad \text{mit} \quad \kappa = G_{\text{N}} m_i m_j \,. \tag{5.78a}$$

Ist nur elektrostatische Wechselwirkung zu berücksichtigen und besteht das System aus etwa gleich viel positiv geladenen wie negativ geladenen Partnern, so kann man wie folgt argumentieren. Ein herausgegriffenes Teilchen spürt im Wesentlichen nur seine unmittelbare Nachbarschaft. Weiter entfernte Ladungen sind abgeschirmt. Charakterisiert man die Nachbarschaft durch den Radius $R/N^{1/3}$ und summiert über alle N Teilchen, so bekommt man die Abschätzung

$$\langle U \rangle \sim -N \left(\frac{\alpha}{R/N^{1/3}} \right) = -\alpha \frac{N^{4/3}}{R} \,, \quad \text{mit} \quad \alpha = -q_i q_j \,. \tag{5.78b}$$

Fasst man zusammen, so wird der Erwartungswert der Gesamtenergie in der allgemeinen Form

$$\left\langle H^{(N)} \right\rangle = \langle T_{\text{kin}} \rangle + \langle U \rangle = c_{\text{kin}} \frac{N^k}{R^2} - c_{\text{pot}} \frac{N^p}{R} \tag{5.79}$$

abgeschätzt, wobei die Exponenten k für die kinetische Energie und p für die potentielle Energie den Formeln weiter oben zu entnehmen sind.

Das Minimum des Erwartungswertes (5.79) bezüglich des Radius' R liegt bei $R_{\text{min}} \propto N^{k-p}$ und ist gleich

$$\left\langle H^{(N)} \right\rangle_{\text{min}} = -\frac{c_{\text{pot}}^2}{4c_{\text{kin}}} N^{2p-k} \quad \text{bei} \quad R_{\text{min}} = \frac{2c_{\text{kin}}}{c_{\text{pot}}} N^{k-p} \,. \tag{5.80}$$

Wir diskutieren die verschiedenen Fälle für Bosonen und Fermionen nacheinander.

1. Für *Bosonen* ist $k = 1$ und $\langle T_{\text{kin}} \rangle = N/R^2$.

- Bei ausschließlich elektrostatischer Wechselwirkung ist $p = 4/3$, die potentielle Energie wird durch (5.78b) abgeschätzt. Gleichung (5.80) ergibt dann

$$R_{\min} \sim N^{-1/3}, \quad E \equiv \langle H^{(N)} \rangle_{\min} \sim -N^{5/3}. \tag{5.81}$$

- Bei rein gravitativer Wechselwirkung ist $p = 2$, die potentielle Energie wird durch (5.78a) abgeschätzt. Aus (5.80) folgt

$$R_{\min} \sim N^{-1}, \quad E \equiv \langle H^{(N)} \rangle_{\min} \sim -N^3. \tag{5.82}$$

2. Für *Fermionen* ist $k = 5/3$, die kinetische Energie ist $\langle T_{\text{kin}} \rangle = N^{5/3}/R^2$.

- Mit elektrostatischer Wechselwirkung ist wie für Bosonen $p = 4/3$, die potentielle Energie wird ebenfalls durch (5.78b) geschätzt. Man erhält somit aus (5.80)

$$R_{\min} \sim N^{+1/3}, \quad E \equiv \langle H^{(N)} \rangle_{\min} \sim -N. \tag{5.83}$$

- Mit gravitativer Wechselwirkung ist wie bei Bosonen $p = 2$. Die potentielle Energie wird durch dieselbe Formel (5.78a) abgeschätzt. Aus (5.80) schließt man daher

$$R_{\min} \sim N^{-1/3}, \quad E \equiv \langle H^{(N)} \rangle_{\min} \sim -N^{7/3}. \tag{5.84}$$

Die ersten beiden Ergebnisse (5.81) und (5.82) zeigen, dass Materie, die nur aus Bosonen besteht, in keinem Fall stabil sein kann. Die Ergebnisse (5.83) und (5.84) zeigen dagegen, dass Materie für Fermionen und mit elektrischer Wechselwirkung stabil werden kann. Alle anderen Fälle neigen zur Implosion. Stabilität scheint also die Ausnahme zu sein, Instabilität dagegen die Regel.

Bemerkungen

1. Es ist bemerkenswert, dass es die kinetische Energie der Fermionen ist, die im Fall (5.83) die Stabilität überhaupt erst ermöglicht.
2. Allerdings geht auch die Form des elektrostatischen Potentials in die Abschätzungen ein und entscheidet über Stabilität oder Instabilität. Wenn man zum Beispiel das Coulomb-Potential bei kleinen Abständen so modifiziert, dass $v(|x_i - x_j|)$ bei Null endlich bleibt, dann gilt

$$\sum_{i>j} q_i q_j v(|x_i - x_j|) = \frac{1}{2} \sum_i \sum_j q_i q_j v(|x_i - x_j|) - \frac{1}{2} v(\mathbf{0}) \sum_i q_i^2.$$

Der erste Term hiervon ist die gesamte elektrostatische Energie aller Ladungen und ist daher positiv. Daher gilt

$$\sum_{i>j} q_i q_j v(|x_i - x_j|) > -\frac{1}{2} v(\mathbf{0}) \sum_i q_i^2.$$

Die individuellen Ladungen q_i sind sicherlich nach oben beschränkt, $|q_i| \leq Z_{max}e$ mit e der Elementarladung. Dann schließt man auf die untere Schranke

$$\langle H^{(N)} \rangle \geq -\frac{1}{2} N v(\mathbf{0}) Z_{max}^2 e^2 \;.$$

Ein solches System ist sowohl für Fermionen als auch für Bosonen stabil.

3. Ersetzt man die elektrostatische Wechselwirkung durch kurzreichweitige anziehende Kräfte, die aus einem bei Abstand Null nichtsingulären Potential folgen, dann ergibt sich in jedem Fall Instabilität, auch für Fermionen. Dies soll man in Aufgabe 5.6 zeigen.

5.5.3 Relativistische Korrekturen

Wenn ein System instabil ist und mit wachsendem N implodiert, dann werden Impulse irgendwann so groß, dass der nichtrelativistische Ausdruck $T_{kin}^{n.r.}$ durch

$$T_{kin}^{rel} = \sqrt{\mathbf{p}^2 + m^2} - m \tag{5.85}$$

ersetzt werden muss. Für Abschätzungen genügt es, hiervon nur den ersten Term zu berücksichtigen, $\sqrt{\mathbf{p}^2 + m^2}$, der zweite liefert lediglich eine Konstante, die nicht wichtig ist. Schätzt man $\mathbf{p}^2$ wie in Abschn. 5.5.2 durch $(\Delta p)^2$ und über die Unschärferelation durch $1/(\Delta q)^2$ ab, so folgt

$$\langle H^{(N)} \rangle \simeq N \sqrt{m^2 + \frac{N^{k-1}}{R^2}} - c_{pot} \frac{N^p}{R} \;. \tag{5.86}$$

Die Exponenten k und p, sowie die Konstante c_{pot} haben dieselbe Bedeutung wie in (5.79). Das Minimum dieser Funktion als Funktion des Radius R ist leicht zu bestimmen. Man findet

$$R = R_{min} = \frac{1}{mc_{pot}} N^{k-p} \sqrt{1 - c_{pot}^2 N^{2p-k-1}} \;, \tag{5.87a}$$

$$\langle H^{(N)} \rangle_{min} = Nm \sqrt{1 - c_{pot}^2 N^{2p-k-1}} \;. \tag{5.87b}$$

Wenn der Radikand positiv ist, $1 - c_{pot}^2 N^{2p-k-1} > 0$, so ist R_{min} der Minimalradius des Systems. Ist er aber kleiner als oder gleich Null, $1 - c_{pot}^2 N^{2p-k-1} \leq 0$, dann ist $R_{min} = 0$, das Minimum der Energie (5.86) geht nach minus Unendlich.

Als ein Beispiel betrachte man bosonische Materie mit elektrostatischer Wechselwirkung. Aus (5.77a) bzw. aus (5.78b) hat man $k = 1$ und $p = 4/3$. Der Radikand in (5.87a) ist $(1 - c_{pot}^2 N^{2/3})$ und wird negativ, sobald N größer als $1/c_{pot}^3$ wird. Die Länge R hat daher als Genzwert den Wert $R_{min} = 0$, womit $E_{min} = -\infty$ wird.

Für Bosonen bzw. Fermionen findet man mit relativistischer Kinematik:

1. Für bosonische Materie und rein elektrostatische Wechselwirkung ist $k = 1$, $p = 4/3$ und man hat

$$\langle T_{\text{kin}} \rangle = N \sqrt{m^2 + \frac{1}{R^2}}, \quad \langle U \rangle_{\text{e.m.}} = -\alpha \frac{N^{4/3}}{R}. \tag{5.88a}$$

Die Formel (5.87a) für R zeigt, dass der Radikand für $N = \alpha^{-3}$ gleich Null wird. Für $N > \alpha^{-3}$ liegt das Minimum bei $R_{\min} = 0$, gleichzeitig strebt die Energie (5.86) nach minus Unendlich.

Die analoge Analyse für rein gravitative Wechselwirkung, wo

$$\langle U \rangle_{\text{grav.}} = -\kappa \frac{N^2}{R} \tag{5.88b}$$

gilt, zeigt, dass R nach $R_{\min} = 0$ strebt, sobald $N > \kappa^{-1}$ ist.

2. Im Fall von Fermionen mit rein elektrostatischer Wechselwirkung ist $p = 4/3$ und man hat

$$\langle T_{\text{kin}} \rangle = N \sqrt{m^2 + \frac{N^{2/3}}{R^2}}, \quad \langle U \rangle_{\text{e.m.}} = -\alpha \frac{N^{4/3}}{R}. \tag{5.89a}$$

Solange $|\alpha|$ kleiner als Eins bleibt, gibt es in diesem Fall tatsächlich eine kleinste Ausdehnung, verbunden mit einem tiefsten Energiewert,

$$R_{\min} = \frac{N^{1/3}}{m\alpha} \sqrt{1 - \alpha^2}, \quad \langle H_{\min} \rangle = Nm \sqrt{1 - \alpha^2}. \tag{5.89b}$$

(Man beachte, dass dies wirklich ein gebundener Zustand ist. Der zweite Wert in (5.89b) enthält die Ruhemassen!)

Für rein gravitative Wechselwirkung ist $k = 5/3$, $p = 2$. Für die potentielle Energie gilt wieder (5.88b) und man schließt, dass das System auf Null zusammenfällt und seine Energie nach minus Unendlich strebt sobald N größer wird als $\kappa^{-3/2}$.

Bemerkungen

1. Als ein numerisches Beispiel betrachten wir ein System, das aus N Protonen besteht und berücksichtigen nur die Gravitationskraft. Mit den Zahlenwerten

$$G_{\text{N}} = 6{,}672 \cdot 10^{-11} \, \text{m}^3 \text{kg}^{-1} \text{s}^{-2} \cong 6{,}707 \cdot 10^{-39} \, \text{GeV}^{-2}$$

$$m_p = 0{,}9383 \, \text{GeV}$$

$$\text{folgt } \kappa = G_{\text{N}} m_p^2 = 5{,}9 \cdot 10^{-39}.$$

Protonen sind Fermionen, deshalb ist der kritische Wert von N gleich $\kappa^{-3/2}$. Das System würde spätestens für $N > 2 \cdot 10^{57}$ kollabieren.

2. Es ist instruktiv, die Rolle der Masse(n) in den Abschätzungen zu betrachten. Man zeigt leicht die folgenden Ungleichungen

$$\sqrt{p^2 + m^2} - 2m \leq |p| - m \leq \sqrt{p^2 + m^2} - m \leq \frac{p^2}{2m}, \qquad (5.90a)$$

$$Nm + \sum_{i=1}^{N} |p_i| \geq \sum_{i=1}^{N} \sqrt{p_i^2 + m^2} \geq \sum_{i=1}^{N} |p_i|$$

$$\geq -Nm + \sum_{i=1}^{N} \sqrt{p_i^2 + m^2}. \qquad (5.90b)$$

Aus der ersten Ungleichung (5.90a) folgert man, dass es nicht von der Masse m abhängt, ob Stabilität auftritt. Die zweite sagt aus, dass das Minimum der Energie $E_{\min}(m \neq 0)$ im massiven Fall und das Minimum $E_{\min}(m = 0)$ für masselose Teilchen sich höchstens um Terme Nm unterscheiden. Im masselosen Fall folgt aus (5.86), dass die Energie des Grundzustands proportional zu R^{-1} ist,

$$\langle H^{(N)} \rangle = \frac{C}{R}. \qquad (5.91)$$

Wenn also C negativ ist, so strebt $\langle H^{(N)} \rangle$ für $R \to 0$ nach minus Unendlich. Beachtet man noch die Ungleichung

$$\sum_{i=1}^{N} \sqrt{p_i^2 + m^2} \leq \frac{p_i^2}{2m} + Nm,$$

so sieht man, dass aus Instabilität bei nichtrelativistischer Kinematik die Aussage $\langle H^{(N)} \rangle^{\text{rel.}}(m \neq 0) < 0$ folgt. Dann ist aber auch $\langle H^{(N)} \rangle^{\text{rel.}}(m = 0)$ negativ und strebt wegen (5.91) nach $-\infty$. Dies wiederum bedeutet, dass auch

$$\langle H^{(N)} \rangle^{\text{rel.}}(m \neq 0) \longrightarrow -\infty.$$

Eine Umkehrung dieser Argumente gilt allerdings nicht: Wenn ein System mit nichtrelativistischer Kinematik stabil ist, so kann man daraus nicht auf Stabilität bei relativistischer Kinematik schließen. Zum Beispiel ist ein fermionisches System mit elektrostatischer Wechselwirkung nichtrelativistisch für alle α stabil, dasselbe System ist aber relativistisch nur für $|\alpha| < 1$ stabil.

3. Es ist instruktiv ein Gas aus Fermionen mit elektrostatischer Wechselwirkung zu betrachten und einige der Zustandsgrößen hierfür zu berechnen. Bezeichnet man die Energiedichte und die Materiedichte mit

$$\varepsilon = \frac{E}{V} \quad \text{bzw.} \quad \varrho = \frac{N}{V},$$

so folgt aus (5.79), (5.77b) und (5.78b), sowie mit $V \propto R^3$

$$E = \langle H^{(N)} \rangle = N \left(\frac{N^{2/3}}{R^2} - \alpha \frac{N^{1/3}}{R} \right)$$

$$= N \left(\left(\frac{N}{V} \right)^{2/3} - \alpha \left(\frac{N}{V} \right)^{1/3} \right) . \tag{5.92a}$$

Anders geschrieben gilt für die Dichten

$$\varepsilon = \varrho^{5/3} - \alpha \varrho^{4/3} . \tag{5.92b}$$

Die Energie ist homogen, Teilgebiete mit derselben Dichte haben auch gleiche Energiedichten. Es ist $E = \varepsilon V = \varepsilon (V_1 + V_2) = E_1 + E_2$. Berechnet man hieraus den Druck, (2.3a), so findet man

$$p = -\frac{\partial E}{\partial V} = -\varepsilon + \varrho \frac{\partial \varepsilon}{\partial \varrho}$$

$$= \frac{2}{3} \varrho^{5/3} - \frac{1}{3} \alpha \varrho^{4/3} . \tag{5.93}$$

Diese Formel zeigt, dass der Druck im Intervall $0 < \varrho < \alpha^3/8$ *negativ* wird. Auch der Graph von $\varepsilon(\varrho)$, der in Abb. 5.19 aufgetragen ist, zeigt ein unerwartetes Verhalten in diesem Bereich. Um diese Beobachtung zu untermauern, berechnet man die isotherme Kompressibilität (2.20)

$$\kappa_T = -\frac{1}{V} \frac{\partial V}{\partial p} = -\frac{1}{V} \left(\frac{\partial p}{\partial V} \right)^{-1} = \left(\varrho \frac{\partial p}{\partial \varrho} \right)^{-1}$$

$$= \left(\varrho^2 \frac{\partial^2 \varepsilon}{\partial \varrho^2} \right)^{-1} = \frac{9}{2} \varrho^{-4/3} \left(5 \varrho^{1/3} - 2\alpha \right)^{-1} . \tag{5.94}$$

Diese Funktion wird für alle $\varrho < 8\alpha^3/125$ negativ. Man schließt daraus, dass der Anteil der Kurve $\varepsilon(\varrho)$, der zwischen $\varrho = 0$ und $\varrho = \alpha^3/8$ liegt, unphysikalisch ist. Die Funktion $\varepsilon(\varrho)$ ist konkav, was man an Abb. 5.19a marginal, an Abb. 5.19b aber gut erkennen kann. (Die erste zeigt den unrealistischen Fall $\alpha = 1$, die zweite gilt für $\alpha = 0,0073$.) Dies kann man so verstehen: Das betrachtete System kann man in eine Linearkombination aus Teilsystemen mit Dichten ϱ_i und Energien $\varepsilon(\varrho_i)$ zerlegen. Die Energie muss eine konvexe Kombination aus den Energien der Teile sein, d. h. im Sinne der Definition 5.2

$$\varepsilon \left(\sum_i t_i \varrho_i \right) \leq \sum_i t_i \varepsilon(\varrho_i) , \quad (t_i > 0, \sum_i t_i = 1) . \tag{5.95a}$$

Insbesondere wenn das Volumen V in Teilvolumina V_i zerlegt ist, $V = \sum_i V_i$, wenn man $t_i = V_i/V$ setzt, dann muss für die Energie (5.92a) die Ungleichung

$$\langle H^{(N)} \rangle (V) \leq \sum_i \langle H^{(N_i)} \rangle (V_i) \tag{5.95b}$$

gelten. Ist dagegen $\varepsilon(\varrho)$ konkav, so gilt (5.95b) mit dem $\geq$-Zeichen. Setzt man also N_i Teilchen in das Teilvolumen V_i, so verringert sich die

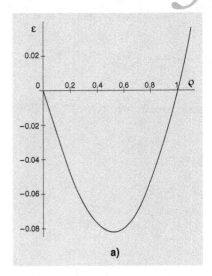

a)

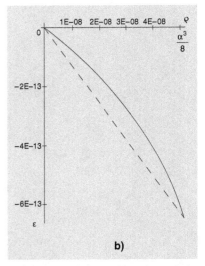

b)

Abb. 5.19. (a): Graph der Funktion $\varepsilon(\varrho)$ für den (unrealistischen) Fall $\alpha = 1$; **(b):** Die Funktion $\varepsilon(\varrho)$, hier für $\alpha = 0,0073$ gezeichnet, ist im Bereich zwischen 0 und $\varrho = (\alpha/2)^3$ konkav und daher unphysikalisch. Sie muss in diesem Bereich durch ihre konvexe Hülle, die Gerade (5.96) ersetzt werden

Energie insgesamt. Die oben berechnete Größe E entspricht nicht dem Grundzustand. Diese Überlegung zeigt, dass die Funktion ε im Intervall $(0, \alpha^3/8)$ durch ihre konvexe Hülle ersetzt werden muss. Diese ist die Gerade

$$\varepsilon = \varrho \frac{\partial \varepsilon}{\partial \varrho} , \qquad (5.96)$$

die in Abb. 5.19 gestrichelt eingezeichnet ist. Gleichung (5.93) zeigt, dass entlang dieser Geraden der Druck gleich Null ist. Offenbar zerfällt das System in Teile, in denen der Druck gleich Null ist, $p = 0$, und in solche, wo die Dichte gleich Null ist, $\varrho = 0$, d. h. wo keine Teilchen anzutreffen sind.

4. Man kann die analoge Analyse auch für die anderen betrachteten Fälle (5.80) durchführen. Man findet dieselben qualitativen Resultate für Druck und Kompressibilität. Allerdings zerlegt das System bei Instabilität sich nicht in Teilsysteme, sondern kontrahiert zu einem einzigen.

5.5.4 Materie bei positiven Temperaturen

Bis zu diesem Punkt haben wir im Wesentlichen nur von der quantentheoretischen Nullpunktsenergie und der Ununterscheidbarkeit von Bosonen und Fermionen Gebrauch gemacht. Wenn die Temperatur eines makroskopischen Systems steigt und endliche positive Werte annimmt, dann setzt sich seine Gesamtenergie aus der quantenmechanischen Energie und der thermodynamischen Energie zusammen. Für die Letztere benutzen wir die Variablen S (Entropie), V (Volumen) und N (Teilchenzahl), und die Funktion $E^{\text{thermo}}(S, V, N)$. Setzt man die Boltzmann'sche Konstante k ebenso wie die Planck'sche Konstante gleich 1, benutzt die Definition (1.10) und die Formel $S = k \ln \Omega \equiv \ln \Omega$, so gilt

$$\Omega = e^S = \frac{1}{N!} \int d^{3N}q \int d^{3N}p \, \Theta \left(E^{\text{thermo}} - \sum \boldsymbol{p}_i^2/(2m_i) \right) . \qquad (5.97)$$

In dieser Formel ist Θ die Stufenfunktion, $\Theta(x) = 1$ für $x > 0$, $\Theta(x) = 0$ für $x \leq 0$. Wir berechnen die Größe Ω im Grenzfall großer Teilchenzahl und für eine Teilchensorte mit der Masse $m_i = m$.

Das Integral über die Koordinaten gibt einen Faktor V^N. Das Integral über die Impulse berechnet man am einfachsten in sphärischen Polarkoordinaten in Dimension $M \equiv 3N$. Für das Volumenelement gilt

$$\int d^M x \cdots = \frac{2\pi^{M/2}}{\Gamma(M/2)} \int\limits_0^\infty r^{M-1} dr \cdots . \qquad (5.98a)$$

Dies folgt aus den Formeln in Abschn. 1.2, alternativ kann man (5.98a) auch wie folgt erhalten. Man berechnet das Integral mit dem Integranden e^{-r^2} auf zwei verschiedene Weisen, einmal als Produkt von M eindimensionalen Integralen,

$$\int d^M x \ e^{-r^2} = \prod_{k=1}^{M} \left(\int_{-\infty}^{+\infty} dx_k \ e^{-x_k^2} \right) = \pi^{M/2} \,, \tag{5.98b}$$

das andere Mal in Polarkoordinaten,

$$\int d^M x \ e^{-r^2} = X \int_0^\infty r^{M-1} dr \ e^{-r^2} = X \cdot \frac{1}{2} \Gamma(\tfrac{M}{2}) \,. \tag{5.98c}$$

Aus dem Vergleich der Ergebnisse (5.98b) und (5.98c) folgt

$$X = \frac{2\pi^{M/2}}{\Gamma(M/2)} \,. \tag{5.98d}$$

Damit kann man den Ausdruck (5.97) berechnen und seine asymptotische Form bei $N \to \infty$ ermitteln. Wir setzen $x_i^2 := p_i^2/(2m)$, setzen die Formeln oben ein und erhalten

$$\Omega = \frac{V^N}{N!} \frac{(\pi 2m E^{\mathrm{thermo}})^{3N/2}}{\Gamma(3N/2+1)} \tag{5.99}$$

Die Asymptotik hiervon erhält man mithilfe der Stirling'schen Formel für die Γ-Funktionen des Nenners,

$$N! \Gamma\left(\frac{3N}{2}+1\right) = \Gamma(N+1)\Gamma\left(\frac{3N}{2}+1\right)$$
$$\sim 2\pi \left(\tfrac{3}{2}\right)^{3N/2} N^{(5N+3)/2} e^{-5N/2} \,.$$

Bis auf eine multiplikative Konstante erhält man hieraus

$$\Omega \sim \frac{V^N (2m E^{\mathrm{thermo}})^{3N/2} e^{5N/2}}{(3/2)^{3N/2} N^{5N/2} N^{3/2}} = \frac{V^N}{N^N} \left(\frac{4m E^{\mathrm{thermo}} e}{3N}\right)^{3N/2} N^{-3/2} e^N \,.$$

Für große Werte von N gibt die Auflösung der Formel (5.97) nach der Energie bis auf einen konstanten positiven Faktor

$$E^{\mathrm{thermo}}(S, N, V) \simeq c_0 N \left(\frac{N}{V}\right)^{2/3} e^{2S/(3N)} \,. \tag{5.100}$$

Für Fermionen hat die Gesamtenergie mit (5.78b) und mit $R = V^{1/3}$ die Form

$$E(S, V, N) \simeq \frac{N^{5/3}}{V^{2/3}} \left(1 + c\, e^{2S/(3N)}\right) - \alpha \frac{N^{4/3}}{V^{1/3}} \,. \tag{5.101a}$$

Schreibt man dies auf die Energiedichte $\varepsilon = E/V$ um, als Funktion der Dichte $\varrho = N/V$ und der Entropie pro Volumeneinheit $\sigma = S/V$, so lautet diese

$$\varepsilon(\sigma, \varrho) = \varrho^{5/3} \left(1 + c\, e^{2\sigma/(3\varrho)}\right) - \alpha \varrho^{4/3} \,. \tag{5.101b}$$

Berechnet man den Druck aus der Ableitung $p = -\partial E/\partial V$, so ist dieser

$$p = \frac{2}{3}\varrho^{4/3}\left\{\varrho^{1/3}\left(1 + c\,e^{2\sigma/(3\varrho)}\right) - \frac{\alpha}{2}\right\} \tag{5.102a}$$

und man stellt fest, dass dieser gleich Null wird, wenn ϱ und σ über die Relation

$$\varrho^{1/3} = \frac{\alpha}{2}\left[1 + c\,e^{2\sigma/(3\varrho)}\right]^{-1} \tag{5.102b}$$

verknüpft sind. Diese Gleichung kann man nach dem entsprechenden Wert σ_c der Entropiedichte auflösen und erhält

$$\sigma_c = \frac{3}{2}\varrho \ln\left\{\frac{1}{c}\left(\frac{\alpha}{2\varrho^{1/3}} - 1\right)\right\}. \tag{5.103}$$

Da c positiv ist, ist $\varrho_0 = \alpha^3/8$ der Wert oberhalb dessen die Nullstelle von p nicht auftritt. Falls aber $\varrho < \varrho_0$ ist, dann muss man den Ausdruck (5.101b) bei $\sigma < \sigma_c$ durch $\varepsilon(\sigma, \varrho_c)$ ersetzen, d. h. für $\varrho < \alpha^3/8$

$$\sigma > \sigma_c: \quad \varepsilon = \varrho^{5/3}\left(1 + c\,e^{2\sigma/(3\varrho)}\right) - \alpha\varrho^{4/3}, \tag{5.104a}$$

$$\sigma < \sigma_c: \quad \varepsilon = -\varrho\frac{\alpha^2}{4}\left(1 + c\,e^{2\sigma/(3\varrho)}\right)^{-1}. \tag{5.104b}$$

Jetzt kann man die spezifische Wärme und andere thermodynamischen Größen ausrechnen. Für die spezifische Wärme (2.17a) gilt

$$C_V = T\frac{\partial S}{\partial T} = T\left(\frac{\partial^2\varepsilon}{\partial\sigma^2}\right)^{-1} \tag{5.105a}$$

und somit aus (5.104a) und (5.104b)

$$\sigma > \sigma_c: \quad \frac{T}{C_V} = \frac{4c}{9}\varrho^{-1/3}e^{2\sigma/(3\varrho)}, \tag{5.105b}$$

$$\sigma < \sigma_c: \quad \frac{T}{C_V} = \frac{\alpha^2 c}{9\varrho}e^{2\sigma/(3\varrho)}\frac{1 - c\,e^{2\sigma/(3\varrho)}}{(1 + c\,e^{2\sigma/(3\varrho)})^3}. \tag{5.105c}$$

Die spezifische Wärme selbst bekommt man, wenn man die Temperatur getrennt aus (2.1a) berechnet. Man findet

$$\sigma > \sigma_c: \quad T = \frac{\partial\varepsilon}{\partial\sigma} = \frac{2c}{3}\varrho^{2/3}e^{2\sigma/(3\varrho)}, \tag{5.106a}$$

$$\sigma < \sigma_c: \quad T = \frac{\alpha^2 c}{6}\frac{e^{2\sigma/(3\varrho)}}{(1 + c\,e^{2\sigma/(3\varrho)})^2}. \tag{5.106b}$$

Die Temperatur ist offensichtlich immer positiv. Wenn aber $\varrho < \alpha^3/8$ ist, dann zeigt (5.105c), dass C_V im Intervall

$$\frac{3\varrho}{2}\ln\left(\frac{1}{c}\right) < \sigma < \sigma_c \tag{5.107}$$

negativ wird. Gleichung (5.105a) zeigt, dass die Energiedichte ε, als Funktion von σ aufgefasst, in diesem Intervall *konkav* ist. Wenn nur elektrostatische Wechselwirkung berücksichtigt werden muss, dann kann das System, wie wir gesehen haben, sich in Teilsysteme mit unterschiedlichen Eigenschaften zerlegen. In einem zerlegbaren System wirkt jedes Teilgebiet wie ein Wärmereservoir für die anderen Teile. Wenn also in einem Teil $C_V < 0$ ist, dann gibt dieses Energie ab und heizt sich dabei solange auf, bis die spezifische Wärme wieder positiv wird. Da die Energie homogen ist, wird der tiefste Zustand als Minimum von

$$E = \sum_i E(S_i, V_i, N_i) \tag{5.108a}$$

mit den Nebenbedingungen

$$\sum_i S_i = S , \quad \sum_i N_i = N , \quad \sum_i V_i = V \tag{5.108b}$$

erreicht. Dies ist gleichbedeutend damit, dass die Funktion $\varepsilon(\sigma, \varrho)$ durch

$$\bar{\varepsilon}(\sigma, \varrho) = \inf \sum_i \alpha_i \varepsilon(\sigma_i, \varrho_i) \quad (\alpha_i = \tfrac{V_i}{V}) \tag{5.109}$$

$$\text{mit} \quad \sum_i \alpha_i = 1 , \ \sum_i \alpha_i \sigma_i = \sigma \quad \text{und} \quad \sum_i \alpha_i \varrho_i = \varrho$$

ersetzt wird. Der Bereich, in dem ε konkav ist, wird durch seine konvexe Hülle ersetzt. Physikalisch bedeutet dies folgendes: Das System, das als isoliert angenommen ist, zerlegt sich in ein Gemisch von unterschiedlichen Phasen. Die scheinbare Instabilität, die man am Verhalten der ursprünglichen Funktion $\varepsilon(\sigma, \varrho)$ feststellt, wird durch Phasenübergänge neutralisiert.

Bemerkungen

1. Von besonderem Interesse ist die Anwendung dieser Überlegungen auf die von der gravitativen Wechselwirkung dominierte Physik der Sterne. Wenn die elektrostatische Wechselwirkung durch die gravitative ersetzt wird, dann bedeutet dies, dass der Faktor α im zweiten Term $-\alpha \varrho^{4/3}$ auf der rechten Seite von (5.101b) durch $\kappa N^{2/3}$ ersetzt werden muss. Dies folgt aus (5.79) mit dem Exponenten $p = 2$. Die Energie ist dann keine homogene Funktion vom Grade 1. Das System zerlegt sich nicht. Das Phänomen der negativen spezifischen Wärme tritt jetzt wirklich auf: Beim Absturz in ein Zentrum heizen die Teilchen sich auf, die Temperatur steigt, obwohl die Energie abnimmt.

   Natürlich will man wissen, in welchem Bereich dies relevant ist. Die Gravitation dominiert über die elektrostatische Wechselwirkung, wenn $\kappa N^{2/3} > e^2$ ist. Das numerische Beispiel in Abschn. 5.5.3, erste Bemerkung, sowie die dimensionslosen Kopplungsstärken

   $$\alpha_G = \frac{G_N m_p^2}{\hbar c} = 5{,}9 \cdot 10^{-39} ,$$

   $$\alpha_S = \frac{e^2}{\hbar c} = \frac{1}{137{,}036} \quad \text{(Sommerfeld'sche Konstante)} ,$$

   zeigen, dass diese Bedingung eine Teilchenzahl (hier: Protonen) von der Größenordnung $1{,}4 \cdot 10^{54}$ liefert. Die Masse des Planeten Jupiter entspricht etwa der von $1 \cdot 10^{54}$ Protonen. Man kann also grob sagen, dass bei Systemen mit vergleichsweise kleinen Teilchenzahlen Stabilität herrscht, bei solchen mit sehr großen Teilchenzahlen dagegen Instabilität vorherrscht. Eine heuristische Diskussion einiger Konsequenzen findet man bei [Thirring 1986].

2. Im Zusammenhang mit der Frage nach der Stabilität der Materie ist der Satz 5.1 von entscheidender Bedeutung. Wir verwenden ihn hier in Form eines Korrolars, das offensichtlich ist:

Eine Funktion $f(X)$ heißt homogen vom Grade 1, wenn sie

$$f(\mu X) = \mu f(X) \,. \tag{5.110a}$$

erfüllt. (Dies ist dieselbe Eigenschaft wie in (5.4a).)

Eine Funktion heißt *subadditiv*, wenn sie die Ungleichung

$$f(X_2 + X_1) \le f(X_2) + f(X_1) \tag{5.110b}$$

erfüllt. (Dies ist das Gegenstück zur Superadditivität (5.4b).)

Sie ist *konvex*, wenn sie der Ungleichung

$$f\left(t X_2 + (1-t) X_1\right) \le t f(X_2) + (1-t) f(X_1) \tag{5.110c}$$

genügt. (Dies ist das Komplement zu (5.4c).)

Die Aussage von Satz 5.1 bleibt dieselbe: Wenn eine Funktion je zwei dieser Eigenschaften besitzt, dann besitzt sie auch die jeweils dritte.

Falls man bereits weiß, dass die Energie sich mit der Teilchenzahl wie $E \sim -N^\alpha$ verhält, so ist die Frage, ob der Grenzwert

$$E_\infty(S; N; V) = \lim_{\mu \to \infty} \mu^{-\alpha} E\left(\mu S, \mu N, \mu V\right)$$

existiert. Nehmen wir an, dies sei so und α sei gleich 1. Wir setzen $X = (S, N, V)$ und $f(X) \equiv E_\infty(S, N, V)$. Man kann zeigen, wenn $E \sim -N$ gilt, dass das Volumen linear mit N wächst, $V \sim N$. Die Eigenschaft (5.110a) kann als Kriterium für Stabilität gegen *Implosion* interpretiert werden.

Die Konvexität der Energiefunktion, Eigenschaft (5.110c), ist gleichbedeutend mit der *thermodynamischen* Stabilität des Systems.

Die Subadditivität (5.110b) sagt aus, dass es energetisch ungünstig ist, das System in separate Teile zu trennen. Sie drückt also Stabilität gegen *Explosion* aus. Der Satz 5.1, in der hier angepassten Form, verknüpft die drei Stabilitätskriterien. Wenn etwa die Subadditivität generell gilt, hat dies zur Konsequenz, dass die thermodynamisch stabilen Systeme genau diejenigen sind, deren Energie extensiv, d. h. eine homogene Funktion ersten Grades ist. Im Licht dieser Schlussfolgerung erscheint das Phänomen einer negativen spezifischen Wärme jetzt vielleicht etwas weniger überraschend.

Angesichts der großen technischen Schwierigkeiten des Problems der Stabilität der Materie haben wir diese Diskussion weitgehend heuristisch geführt. Die Resultate, die nur von einfachen Abschätzungen Gebrauch machen, sind in ihren wesentlichen Zügen richtig und sehr interessant, zeigen sie doch, unter Anderem, dass Stabilität unserer Lebenswelt ein sehr subtiles Gleichgewicht voraussetzt. Materie, wenn sie in sehr großen Einheiten auftritt, ist intrinsisch nicht stabil. Im Großen dominiert die Gravitation über alle anderen Wechselwirkungen. Beide Eigenschaften, Stabilität im Kleinen, Instabilität im Großen, sind Voraussetzungen dafür, dass es im Universum Leben gibt und dass wir diese Frage überhaupt angehen können. Methodisch gesehen wird man bemerken, dass die Stabilität der Materie eine wunderschöne Synthese aus klassischer Mechanik, Quantentheorie und Thermodynamik darstellt. Insofern mag es gerechtfertigt erscheinen, dieses wichtige Problem als krönenden Abschluss an das Ende einer Lehrbuchreihe zur Theoretischen Physik zu setzen.

Literatur

Balian, R.: *From Microphysics to Macrophysics – Methods and Applications of Statistical Physics*, Vols. I and II, (Springer-Verlag, Berlin Heidelberg 2007)

Bamberg, P., Sternberg, S.: *A course in mathematics for students of physics*, Vol. 2, Chap. 22 (Cambridge University Press, Cambridge 1990)

Becker, R.: *Theorie der Wärme* (Springer-Verlag, Heidelberg 1966)

Binder, K., Landau, D. P.: *Simulations in Statistical Physics* (Cambridge University Press, Cambridge 2005)

Brenig, W.: *Statistische Theorie der Wärme – Gleichgewichtsphänomene* (Springer-Verlag, Heidelberg 1992)

Callen, H. B.: *Thermodynamics* (John Wiley & Sons, New York 1960)

Dyson, F. J., Lenard, A.: J. Math. Phys. **8** (1967) 423; **9** (1968) 698

Falk, G., Ruppel, W.: *Energie und Entropie* (Springer-Verlag, Heidelberg 1976)

Fischer, H., Kaul, H.: *Mathematik für Physiker 1–3* (Teubner, Stuttgart 2003)

Honerkamp, J., Römer, H.: *Grundlagen der Klassischen Theoretischen Physik* (Springer-Verlag, Heidelberg 1986)

Huang, K.: *Statistische Mechanik*, I – III (Hochschultaschenbücher, BI Bände 68–70), 3. Auflage

Jelitto, R.: *Theoretische Physik*, Band 6, *Thermodynamik und Statistik*, (Aula-Verlag, Wiesbaden 1989)

Landau, L., Lifshitz, E. M.: *Lehrbuch der Theoretischen Physik*, Band 5, (Akademie-Verlag, Berlin 1990)

Lieb, E. H.: *The Stability of Matter: From Atoms to Stars* (Springer-Verlag, Berlin, Heidelberg 2004)

Nolting, W.: *Grundkurs Theoretische Physik 6: Statistische Physik* (Springer-Verlag, Heidelberg 2004)

Römer, H., Filk, Th.: *Statistische Mechanik* (VHC-Konzepte der Theoretischen Physik, Weinheim 1994)

Scheck, F.: *Theoretische Physik,* Bände 1–4 (Springer-Verlag, Heidelberg 2007, 2006, 2006, 2007)

Straumann, N.: *Thermodynamik* (Lecture Notes in Physics, Springer-Verlag, Heidelberg 1986)

Thompson, C. J.: *Mathematical Statistical Physics* (Princeton University Press, Princeton 1979)

Toda, M., Kubo, R., Saitô: *Statistical Physics I* (Springer-Verlag, Berlin, Heidelberg 1995)

Kubo, R., Toda, M., Hashitsume, N.: *Statistical Physics II* (Springer-Verlag, Berlin, Heidelberg 1995)

Thirring, W.: *Stabilität der Materie* Naturwissenschaften **73** (1986) 605–613

Thirring, W.: *Lehrbuch der Mathematischen Physik, Band 4: Quantenmechanik großer Systeme* (Springer-Verlag, Wien New York 1990)

Wightman, A. S.: *Convexity and the Notion of Equilibrium State in Thermodynamics and Statistical Mechanics*, Einführung zur Monografie Israel, R. B.: *Convexity in the Theory of Lattice Gases* (Princeton University Press, Princeton 1979)

Aufgaben, Hinweise
und ausgewählte Lösungen

1.1 Man soll mittels Vollständiger Induktion die Formel (1.8a), d. h.

$$\int d^n x = \int_0^{+\infty} dr\, r^{n-1} \int_0^{2\pi} d\phi \prod_{k=1}^{n-2} \int_0^{\pi} d\theta_k \sin^k(\theta_k) \qquad (A.1)$$

beweisen.

Hinweis: Man weiß, dass die Formel für die Dimensionen $n = 1$, $n = 2$ und $n = 3$ gilt. Man nimmt an, dass sie für ein beliebiges $n \geq 3$ gilt, und beweist sie daraus für die Dimension $(n + 1)$, indem man $\tilde{r} = r \sin \theta_{n-1}$ und $x^{n+1} = r \cos \theta_{n-1}$ setzt.

1.2 Ein Schwarm von Teilchen werde durch die Hamiltonfunktion

$$H(q, p) = \frac{p^2}{2m} + \frac{1}{2} m \omega^2 q^2 \equiv \frac{1}{2}\left(P^2 + Q^2\right)$$

$$\text{mit} \quad P = \frac{p}{\sqrt{m}}, \quad Q = \sqrt{m \omega^2 q^2}$$

beschrieben. Man berechne das Volumen des Phasenraums für das Intervall $(E - \Delta, E)$ der Energie und bestimme die Dichtefunktion der mikrokanonischen Gesamtheit. Mit dem Ergebnis berechne man die Mittelwerte $\langle T \rangle$ der kinetischen und $\langle U \rangle$ der potentiellen Energien.

Hinweis: Für ein einzelnes Teilchen ist das Volumen des Phasenraums – in den Variablen (Q, P) – der Ring zwischen den Kreisen mit Radien $R_1 = \sqrt{2(E - \Delta)}$ und $R_2 = \sqrt{2E}$. Für einen Schwarm von N Teilchen ist es die Kugelschale zwischen $S_{R_1}^{2N-1}$ und $S_{R_2}^{2N-1}$. Damit lässt sich Ω in Analogie zu Abschn. 1.2 berechnen.

1.3 Man soll das Gauß'sche Grundintegral herleiten,

$$\int_{-\infty}^{+\infty} dx\, e^{-x^2} = \sqrt{\pi}, \qquad (A.2)$$

indem man zunächst sein Quadrat unter Verwendung von ebenen Polarkoordinaten ausrechnet. Mit seiner Hilfe berechne man das allgemeinere Integral

$$\int_0^{+\infty} dx\, x^{2n}\, e^{-x^2}$$

sowie die im Text nach (1.53c) angegebenen Spezialfälle.
Hinweis: Siehe Band 2, Abschn. 1.3.3.

1.4   Die Energie E eines Teilchens, das sich im Potential des harmonischen Oszillators bewegt, sei vorgegeben. Betrachtet man die allgemeinste Lösung zu fester Energie, so zeigt man, dass der Oszillator die Ergodenhypothese erfüllt.

1.5   Eine Integraldarstellung der Gammafunktion, die für positives Argument gilt, lautet

$$\Gamma(z) = \int\limits_0^\infty dt\, t^{z-1}\, e^{-t} \quad (z > 0) . \tag{A.3}$$

1. Beweisen Sie die Funktionalgleichung $\Gamma(z+1) = z\Gamma(z)$ und daraus die Form für ganzzahliges Argument $n! = \Gamma(n+1)$. Bestimmen Sie $\Gamma(\tfrac{1}{2})$.
2. Mithilfe der Substitution $v = \ln t/z$ leiten Sie den führenden Term der Asymptotik der Gammafunktion her,

$$\Gamma(z) \sim \sqrt{2\pi}\, z^{z-1/2}\, e^{-z} \quad \text{(Stirling'sche Formel)}. \tag{A.4}$$

Hinweis: Aus $t = e^{vz}$ folgt $dt = z\, e^{vz}\, dv = zt\, dv$ und

$$\Gamma(z) = z \int\limits_{-\infty}^{+\infty} dv\, e^{f(v)} \quad \text{mit} \quad f(v) = vz^2 - e^{vz} .$$

Eine Abschätzung für große z bekommt man, wenn man $f(v)$ durch sein Maximum ersetzt, d.h. $f'(\bar v) = 0$ setzt. Aus

$$\frac{d\, f(v)}{d\, v} = z\left(z - e^{vz}\right) = 0 \quad \text{folgt} \quad \bar v = \frac{\ln z}{z} .$$

Ersetzt man die Variable v durch $y := v - \ln z/z$, so erhält man

$$\Gamma(z) = z^{z+1}\, e^{-z} \int\limits_{-\infty}^{+\infty} dy\, e^{-\left[\frac{1}{2} z^3 y^2 + \dots\right]} .$$

Mit der Gauß'schen Formel aus Aufgabe 1.3 ist $\int_{-\infty}^{+\infty} dx\, e^{-\lambda x^2} = \sqrt{\pi/\lambda}$ und es folgt die behauptete Asymptotik (A.4).

1.6   Ein Beispiel für symplektische Geometrie auf dem Phasenraum: Man berechne und skizziere das Hamilton'sche Vektorfeld X_H für den eindimensionalen harmonischen Oszillator. Vergleichen Sie dieses mit dem Gradientenfeld $\sum_i (\nabla H)^i \partial_i$. Welche Form haben die Bahnen im Phasenraum?

1.7   Die barometrische Höhenformel beschreibt die Abnahme des Luftdrucks bzw. der Teilchendichte mit der Höhe z, wobei im Gleichgewicht überall dieselbe Temperatur herrscht. Indem man annimmt, dass Luft als Ideales Gas behandelt werden kann, stellt man die Bilanz für den Druckgradienten bei der Höhe z auf und leitet daraus die barometrische Höhenformel ab. Leiten Sie dieselbe Formel auf der Basis der Wahrscheinlichkeitsdichte der kanonischen Gesamtheit her.

Lösung: 1. Bezeichnet z die Höhe über dem Erdboden, $n(z)$ die Teilchendichte bei z und m die Masse der Luftmoleküle, so ist die Massendichte $\varrho(z) = mn(z)$. Der Druckgradient ist gleich der Schwerkraft bezogen auf eine Volumeneinheit,

$$\frac{\mathrm{d}\,p(z)}{\mathrm{d}\,z} = -\varrho(z)g \,.$$

Für die Luft als Ideales Gas gilt $p = nkT$, s. (1.31). Setzt man dies ein, so folgt

$$\varrho(z) = \varrho_0\,\mathrm{e}^{-mgz/(kT)} = \varrho_0\,\mathrm{e}^{-U(z)\beta} \,,$$

worin $U(z)$ die potentielle Energie bezeichnet. Das Ergebnis ist zugleich proportional zur Wahrscheinlichkeit $\varrho(z)\,\mathrm{d}z$, ein Luftmolekül im Intervall $(z, z + \mathrm{d}z)$ zu finden.

2. Wenn dafür gesorgt ist, dass die Temperatur überall gleich ist und konstant bleibt, so kann man die Luft als kanonische Gesamtheit behandeln. Die Dichtefunktion einer solchen Gesamtheit ist in (1.39) angegeben, hier mit

$$H = \sum_{i=1}^{N} \left(\frac{\boldsymbol{p}^{(i)\,2}}{2m} + m\boldsymbol{g}\cdot\boldsymbol{q}^{(i)} \right) \quad \text{mit} \quad \boldsymbol{g} = (0, 0, -g)^T \,.$$

Ähnlich wie in Beispiel 1.7 integriert man über alle Variablen bis auf diejenige, deren Verteilung man berechnen möchte, nämlich die Höhe im Ortsraum. Gleichung (1.39) zeigt, dass die Wahrscheinlichkeit, ein Teilchen im Intervall $(z, z + \mathrm{d}z)$ der Höhe zu finden, proportional zu $\exp\{-mgh(z)/(kT)\}\,\mathrm{d}z = \exp\{-\beta U(z)\}$ ist.

1.8 Maxwell hat die nach ihm benannte Geschwindigkeitsverteilung (1.53d) wie folgt berechnet. Man gehe von den folgenden Annahmen aus:

1. Die Wahrscheinlichkeit dafür, dass die i-te Komponente der Geschwindigkeit zwischen v_i und $v_i + \mathrm{d}v_i$ liegt, ist $\varrho(v_i)\,\mathrm{d}v_i$.
2. Die Verteilung hängt nur vom Betrag der Geschwindigkeit ab, d. h. es gilt

$$\varrho(v_1^2)\varrho(v_2^2)\varrho(v_3^2) \,\mathrm{d}v_1\,\mathrm{d}v_2\,\mathrm{d}v_3 = \varphi(v_1^2 + v_2^2 + v_3^2) \,\mathrm{d}v_1\,\mathrm{d}v_2\,\mathrm{d}v_3 \,.$$

Damit zeigte er, dass ϱ folgende Form haben muss

$$\varrho(v_i^2) = C\,\mathrm{e}^{-Bv_i^2} \,.$$

Lösung: Setzt man zunächst $v_2 = v_3 = 0$, so sieht man, dass $\varrho(x^2)$ bis auf den Faktor $(\varrho(0))^2$ dieselbe Funktion wie $\varphi(x^2)$ ist. Mit $z \equiv x^2$ gilt dann $\ln \varphi(z) = \ln \varrho(z) + 2 \ln \varrho(0)$. Setzt man andererseits $v_1^2 = v_2^2 = v_3^2 \equiv z$, so folgt

$$\ln \varphi(3z) = 3 \ln \varrho(z) = \ln \varrho(3z) + 2 \ln \varrho(0), \quad \text{oder}$$
$$\ln \varrho(3z) = 3 \ln \varrho(z) - 2 \ln \varrho(0).$$

Eine Funktion $f(z)$, die die Beziehung $f(3z) = 3f(z) - 2f(0)$ oder, anders geschrieben,

$$f(z) - f(0) = \frac{1}{3} [f(3z) - f(0)]$$

erfüllt, muss linear in z sein. Hier folgt somit $\ln \varrho(z) = az + b$ und daraus $\varrho(v^2) = C e^{av^2}$ mit $C = e^b$. Die Konstante a muss negativ sein, wie man an folgendem Argument sieht: Der Mittelwert von v^2 berechnet sich aus

$$\langle v^2 \rangle = \int d^3 v \, v^2 \varrho(v^2) = \frac{d}{da} \ln \left(\int d^3 v \, e^{av^2} \right).$$

Das rechts stehende Integral ist proportional zu $a^{-3/2}$, seine logarithmische Ableitung gibt $\langle v^2 \rangle = -3/(2a)$.

1.9 Wenn bekannt ist, dass die Maxwell'sche Verteilung auf eins normiert ist und dass der Mittelwert der kinetischen Energie gleich $3kT/2$ ist, bestimmen Sie die Konstanten C und B der vorhergehenden Aufgabe 1.8.

1.10 Ein Teilchen mit der Energie E bewege sich mit relativistischer Geschwindigkeit frei in einem Kasten, dessen Volumen V ist. Man berechne das Volumen $\Phi(E)$ des zur Verfügung stehenden Phasenraums.
Lösung: Das Volumen ist $V 4\pi R^2$ mit $R^2 = (E/c)^2 - (mc)^2$. Wenn die Bewegung nur schwach relativistisch ist, so ist $E \simeq mc^2 + E_{\text{n.r}}$ und $R^2 \simeq 2m E_{\text{n.r}}$.

1.11 Man bestimme die Legendre-Transformation der Funktion $f(x) = x^\alpha / \alpha$. Aus dem Ergebnis folgt die Ungleichung

$$x \cdot z \leq \frac{x^\alpha}{\alpha} + \frac{z^\beta}{\beta},$$

die für alle positiven x und z sowie für alle Paare (α, β) gilt, die folgende Bedingungen erfüllen:

$$\alpha > 1, \quad \beta > 1 \quad \text{und} \quad \frac{1}{\alpha} + \frac{1}{\beta} = 1.$$

Lösung: 1. Die Legendre-Transformierte von $f(x) = (1/\alpha)x^\alpha$, mit $z = f'(x)$, lautet

$$\Phi(z) = x(z)z - f(x(z)) = z^{1/(\alpha-1)} z - \frac{1}{\alpha} z^{\alpha/(\alpha-1)}$$
$$= \frac{\alpha-1}{\alpha} z^{\alpha/(\alpha-1)} \equiv \frac{1}{\beta} z^\beta \quad \text{mit} \quad \frac{1}{\alpha} + \frac{1}{\beta} = 1.$$

2. Bildet man die „hybride" Funktion $F(x, z) = xz - f(x)$ und vergleicht die Graphen der Funktion $y = f(x)$ und der Geraden $y = zx$ über x (bei festem z), so liefert die Bedingung $\partial F(x, z)/\partial x = 0$ denjenigen Punkt $x(z)$, an dem der vertikale Abstand der beiden Graphen maximal ist. An diesem Punkt ist $x(z)z - f(x(z)) = \Phi(z)$. An allen anderen Punkten ist $xz - f(x) < \Phi(z)$ ($f(x)$ ist konvex!). Unter den gegebenen Voraussetzungen gilt also allgemein

$$xz \leq f(x) + \Phi(z) \, .$$

Illustrationen hierzu findet man in Band 1, in Aufgabe 2.14 und ihrer Lösung.

1.12 Zwei Ideale Gase mit den vorgegebenen Teilchenzahlen N_1 bzw. N_2 und festen Volumina V_1 bzw. V_2 werden in Kontakt gebracht. Anfänglich haben diese mikrokanonischen Systeme die Energien E_1 bzw. E_2. Nachdem sich Gleichgewicht eingestellt hat, sind die Temperaturen gleich, $T^0 = T_1 = T_2$, die Energien sind $E_i^0 = (E_1 + E_2)N_i/(N_1 + N_2)$. Das vereinigte System ist wieder mikrokanonisch. Nehmen Sie an, die Teilchenzahlen seien von der Größenordnung 10^{23}. Schätzen Sie ab, wie groß typische Schwankungen Δ um die Mittelwerte sind (normiert auf die Energie). *Hinweis:* Berechnen Sie die Entropien S_1 bzw. S_2 für $E_1 = E_1^0 + \Delta$ (und somit $E_2 = E_2^0 - \Delta$) mit $\Delta \ll E_i^0$, bzw. den Koeffizienten in

$$\Omega_i = (\Omega_i)_{(\text{max})} \, e^{-\alpha \Delta^2} \, , \quad i = 1, 2 \, .$$

1.13 Man führe dieselbe Abschätzung wie in Aufgabe 1.12 für das Ideale Gas als kanonische Gesamtheit durch, d. h. für ein Ideales Gas im Wärmebad. Zu zeigen ist, dass die Wahrscheinlichkeit

$$w = \frac{1}{Z} e^{-\beta(E - TS)} \, ,$$

das Gas mit der zur Temperatur T gehörenden Gleichgewichtsenergie E^0 zu finden, praktisch gleich eins ist.

1.14 Die Atome eines Gases in einem Kasten mögen sich gemäß der Maxwell'schen Geschwindigkeitsverteilung bewegen. Wieviele Atome schlagen pro Sekunde auf eine Einheitsfläche auf?

Aufgaben: Kapitel 2

2.1 Im Zusammenhang mit der Definition der Entropie ist folgende Übung interessant: Man zeige, dass die Funktionalgleichung

$$\sigma(x \cdot y) = \sigma(x) + \sigma(y) \tag{A.5a}$$

als einzige differenzierbare Lösung

$$\sigma(x) = c \ln x \quad \text{mit} \quad c \quad \text{einer Konstanten}$$

zulässt. Man kann sogar folgendes zeigen: Wenn für alle x_i und alle y_k, deren Summen auf eins normiert sind, die Funktionalgleichung

$$\sum_{i,k} x_i y_k \sigma(x_i \cdot y_k) = \sum_i x_i \sigma(x_i) + \sum_k y_k \sigma(y_k) \qquad (A.5b)$$

gilt, so ist $\sigma(x)$ proportional zu $\ln x$.

Lösung: (a) Es ist offensichtlich, dass $\sigma(x) = c \ln x$ die Funktionalgleichung (A.5a) erfüllt. Umgekehrt, nimmt man die Ableitung von (A.5a) nach x an der Stelle $x = 1$, so folgt die Differentialgleichung

$$y \sigma'(y) = \sigma'(1) = c \,,$$

deren Lösung $\sigma(y) = c \ln y$ ist. (b) Die Nebenbedingung $\sum_k y_k = 1$ berücksichtigt man, indem man den ersten Term auf der rechten Seite von (A.5b) damit multipliziert. Ebenso führt man die Nebenbedingung $\sum_i x_i = 1$ als Faktor des zweiten Terms auf der rechten Seite dieser Gleichung mit. Somit entsteht die Gleichung

$$\sum_{i,k} x_i y_k [\sigma(x_i y_k) - \sigma(x_i) - \sigma(y_k)] = 0 \,.$$

Nun zeigt man, dass dieser Ausdruck termweise gleich Null ist. Damit folgt die Gleichung (A.5a) für x_i und y_k, die Aufgabe ist auf den ersten Teil zurückgeführt.

2.2 Es sei eine beliebige Temperaturskala Θ ausgewählt, die Funktionen $\partial p / \partial \Theta|_V$ und $T \, \partial S / \partial V|_\Theta$ seien gegeben.
1. Es ist $dS = (dE + p \, dV)/T$, T und V sind unabhängige Variable. Man zeige

$$T \frac{\partial p}{\partial T} = \frac{\partial E}{\partial V} + p \quad \text{sowie} \quad T(\Theta) = T_0 \, e^{I(\Theta)} \quad \text{mit}$$

$$I(\Theta) = \int_{\Theta_0}^{\Theta} d\Theta \, \frac{\partial p / \partial \Theta'|_V}{\partial E / \partial V|_{\Theta'} + p} \,.$$

2. Der Nenner des Integranden kann alternativ als $T \, \partial S / \partial V|_\Theta$ geschrieben werden. Zeigen Sie, dass

$$T = (T_1 - T_0) \frac{e^I}{e^{I_1} - 1} \,. \qquad (A.6)$$

Wie muss man $(T_1 - T_0)$ wählen, das dem Intervall $(\Theta_1 - \Theta_0) = 100°$ entsprechen soll, um die Kelvin-Skala festzulegen?

Lösung: 1. Es gilt $T \, dS = dE + p \, dV$ (erster Hauptsatz) und daraus für die Ableitungen nach V bei konstanter Temperatur

$$T \left. \frac{\partial S}{\partial V} \right|_T = \left. \frac{\partial E}{\partial V} \right|_T + p \,.$$

Verwendet man zum Beispiel ein großkanonisches Potential (2.7b), so folgt aus den Gleichungen (2.8a) und (2.8b) die Maxwell-Relation

$$\left.\frac{\partial S}{\partial V}\right|_T = \left.\frac{\partial p}{\partial T}\right|_V$$

und somit die Beziehung

$$T\left.\frac{\partial p}{\partial T}\right|_V = \left.\frac{\partial E}{\partial V}\right|_T + p\,.$$

Ersetzt man T durch eine anders definierte Temperatur Θ, so gilt in derselben Weise

$$T\left.\frac{\partial p}{\partial \Theta}\right|_V = \left.\frac{\partial E}{\partial V}\right|_\Theta + p\,.$$

Wenn Θ fest ist, so ist auch T fest und umgekehrt. Die aus (2.8a) und (2.8b) folgende Maxwell-Relation ist dann ähnlich wie oben

$$\left.\frac{\partial S}{\partial V}\right|_\Theta = -\left.\frac{\partial^2 K}{\partial T\partial V}\right|_\Theta = \left.\frac{\partial p}{\partial T}\right|_V\,.$$

Man schreibt die Ableitung auf der rechten Seite um in

$$\left.\frac{\partial p}{\partial T}\right|_V = \left.\frac{\partial p}{\partial \Theta}\right|_V\left.\frac{\partial \Theta}{\partial T}\right|_V = \left.\frac{\partial p}{\partial \Theta}\right|_V\frac{\mathrm{d}\Theta}{\mathrm{d}T}\,,$$

und erhält die Differentialgleichung

$$\frac{\mathrm{d}T}{\mathrm{d}\Theta} = T\frac{\partial p/\partial \Theta|_V}{\partial E/\partial V|_\Theta + p}\,,$$

die zur angegebenen Formel integriert wird.

2. Mit $T(\Theta) = T_0\,\mathrm{e}^{I(\Theta)}$ und $T_1 > T_0$ einer beliebigen Referenztemperatur, sowie mit $I_0 \equiv I(\Theta_0) = 0$, $I_1 = I(\Theta_1)$ folgt die Formel (A.6). Die Anpassung der Temperatur an die Kelvin-Skala ist im Haupttext, in Abschn. 1.4, behandelt.

2.3 Alternative Formulierungen des zweiten Hauptsatzes sind die folgenden:

(C) Es kann nie Wärme aus einem kälteren in einen wärmeren Körper übergehen, wenn nicht gleichzeitig eine andere damit zusammenhängende Änderung eintritt.
(Nach Rudolf Clausius)

(P) Es kann keine periodisch arbeitende Maschine geben, die nichts weiter bewirkt als die Hebung einer Last und die Abkühlung eines Wärmereservoirs, d. h. es gibt kein *perpetuum mobile* zweiter Art.
(Nach Max Planck)

Beweisen Sie folgendermaßen, dass diese äquivalent sind: Nehmen Sie an, (P) gälte nicht und zeigen Sie, dass dann auch (C) nicht gilt. Für die Umkehrung, d. h. für die Aussage: wenn (C) falsch ist, so muss auch (P) falsch sein, betrachten Sie eine thermodynamische Maschine, die dem wärmeren

Körper die Wärmemenge Q_1 entnimmt, an den kälteren die Menge Q_2 abgibt und dabei die Arbeit $A = Q_1 - Q_2$ leistet. (Siehe auch die Diskussion in [Straumann 1986].)

2.4   Ein Ideales Gas hat die molare spezifische Wärme c_V bei konstantem Volumen. Diese hängt nicht von der Temperatur ab. Das Verhältnis der spezifischen Wärmen bei konstantem Druck bzw. konstantem Volumen wird mit $\gamma = c_p/c_V$ bezeichnet. Das Gas ist thermisch isoliert und expandiert quasistatisch vom Anfangsvolumen V_i bei der Temperatur T_i zum Endvolumen V_f.
1. Man bestimme die Endtemperatur mithilfe der Beziehung $pV^\gamma = \text{const.}$
2. Man benutze die Konstanz der Entropie bei diesem Prozess, um die Temperatur T_f im Endzustand zu berechnen.

2.5   Ein als ideal angenommenes Gas befindet sich in in einem vertikal aufgestellten, zylindrischen Gefäß mit Schnittfläche A. Der atmophärische Druck ist p_0. Die Gassäule trägt einen frei beweglichen Kolben mit derselben Querschnittsfläche und der Masse m, der sich im Gleichgewicht befindet (Schwerkraft und Gasdruck). In diesem Zustand sei das Volumen des Gases V_0. Wird der Kolben geringfügig aus der Gleichgewichtslage ausgelenkt, so führt er kleine Schwingungen mit der Frequenz ν um diese Lage aus. (Diese Schwingungen sind langsam, so dass das Gas immer im Gleichgewicht bleibt, dennoch schnell genug, dass das Gas keine Wärme mit dem Außenraum austauscht.) Alle Änderungen von Druck und Volumen geschehen quasistatisch und adiabatisch.
Man berechne γ als Funktion von m, g, p_0, A, V_0 und ν. Dieses Experiment kann zur Messung von γ dienen.

Lösung: Der Gasdruck wirkt in positiver z-Richtung und hat den Betrag pA, der Druck der Atmosphäre wirkt in negativer z-Richtung mit Betrag p_0A, ebenso wie die Schwerkraft mit Betrag mg. Die Bewegungsgleichung lautet somit

$$m\ddot{z} = (p - p_0)A - mg\,.$$

Als adiabatischer Prozess erfüllt er die Beziehung $pV^\gamma = \text{const.}$ und Gleichgewicht herrscht, wenn $V = V_0$ und $p^{(0)} = p_0 + mg/A$ sind. Daraus folgt

$$pV^\gamma = \left(p_0 + \frac{mg}{A}\right) V_0^\gamma\,.$$

Mit $z = (V - V_0)/A$ folgt

$$m\ddot{z} = (Ap_0 + mg)\left(\frac{V_0}{V_0 + zA}\right)^\gamma - (Ap_0 + mg)\,.$$

Kleine Schwingungen liegen vor, wenn die Bedingung $|(V - V_0)/V_0| \ll 1$, d. h. wenn $|zA| \ll V_0$ erfüllt ist. Dann kann man wie folgt nähern

$$\left(\frac{V_0}{V_0 + zA}\right)^\gamma = \left(1 + \frac{zA}{V_0}\right)^{-\gamma} \simeq 1 - \gamma \frac{zA}{V_0} \, .$$

Die Bewegungsgleichung vereinfacht sich zur Differentialgleichung eines harmonischen Oszillators,

$$m\ddot{z} \simeq -\frac{\gamma A}{V_0}(A p_0 + mg)\, z = -m\omega^2 z \, ,$$

dessen Frequenz durch

$$\nu = \frac{1}{2\pi}\sqrt{(p_0 A + mg)\frac{\gamma A}{m V_0}}$$

gegeben ist. Hieraus erschließt man den Exponenten γ zu

$$\gamma = \frac{4\pi^2 \nu^2 m V_0}{(p_0 A + mg) A} \, .$$

2.6 Die periodische Bewegung in einem Motor soll näherungsweise durch den idealisierten Kreisprozess $a \to b \to c \to d$ in der (V, p)-Ebene der Abb. A.1 beschrieben werden. Der Zweig $a \to b$ stellt die adiabatische Kompression des Benzin-Luftgemisches dar, der Zweig $b \to c$ das durch die Explosion bewirkte Ansteigen des Drucks bei konstantem Volumen, der Zweig $c \to d$ die adiabatische Expansion des Gemisches während der Motor mechanische Arbeit leistet, und der Zweig $d \to a$ schließlich das Abkühlen des Gases bei konstantem Volumen. Wir nehmen an, dass dieser Kreisprozess mit einer gegebenen Menge Gases quasistatisch durchgeführt wird.

Man berechne den Wirkungsgrad des Motors und drücke das Ergebnis durch V_1, V_2 und $\gamma = c_p/c_V$ aus.

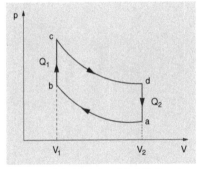

Abb. A.1. Schematisches Modell für einen Motor, s. Aufgabe 2.6

Lösung: Auf den Zweigen $a \to b$ und $c \to d$ wird keine Wärme aufgenommen oder abgegeben, d. h. $\mathrm{d}E = -p\,\mathrm{d}V$. Da für ein Ideales Gas $E = c_V T$ ist, sind die auf diesen Zweigen abgegebenen oder aufgenommenen Arbeiten A_{ab} und A_{cd} durch die Temperaturdifferenzen $T_b - T_a$ bzw. $T_d - T_c$ bestimmt, die man mittels $pV^{\gamma-1} = \text{const.}$ auf die Volumina V_1 und V_2 umrechnen kann. Die auf dem Zweig $b \to c$ aufgenommene Wärmemenge ist $Q_1 = E_c - E_b$ und ist daher proportional zu $T_c - T_b$. Der Wirkungsgrad ist

$$\eta = \frac{A_{ab} + A_{cd}}{Q_1} = 1 - \left(\frac{V_2}{V_1}\right)^{\gamma-1} \, .$$

2.7 Ein Gas, das so stark verdünnt ist, dass die Wechselwirkung der Gasatome untereinander vernachlässigt werden kann, verhält sich wie ein Ideales Gas. In dieser Aufgabe soll gezeigt werden, dass man dieses System als großkanonische Gesamtheit mit veränderlicher Teilchenzahl N beschreiben kann. Die Zustandssumme ist

$$Y(T, V, \mu_C) = \sum_N Z(T, V, N) \, e^{\mu_C N/(kT)} \,, \tag{A.7}$$

wobei $Z(T, V, N)$ die Zustandssumme der kanonischen Verteilung von N Teilchen im Volumen V bei der Temperatur T ist.

1. Zu zeigen ist, dass Y nach N entwickelt gleich

$$Y(T, V, \mu_C) = 1 + Z(T, V, 1) \, e^{\mu_C/(kT)} + Z(T, V, 2) \, e^{2\mu_C/(kT)} + \dots$$

ist und dass $e^{\mu_C/(kT)} \ll 1$ ist, so dass man sich bei

$$\ln Y = Z(T, V, 1) \, e^{\mu_C/(kT)} + \dots$$

auf den ersten Term beschränken kann. Dazu berechne man $Z(T, V, 1)$ und N durch Differentiation der Funktion $\ln Y$. Man zeige, dass

$$N = \frac{V}{\lambda^3} e^{\mu_C/(kT)} \quad \text{mit} \quad \lambda = \frac{2\pi\hbar}{\sqrt{2\pi m k T}} \tag{A.8}$$

gilt. Die Größe λ wird thermische de Broglie-Wellenlänge genannt.

2. Für das großkanonische Potential $K = -kT \ln Y$ gilt bekanntlich

$$dK = -S\,dT - p\,dV - N\,d\mu_C \,.$$

Berechnen Sie daraus die Entropie S, den Druck p und die Teilchenzahl N. Schreiben Sie die Entropie und das chemische Potential als Funktionen von T, V und N.

Vergleichen Sie die thermische de Broglie-Wellenlänge mit dem mittleren Abstand $(V/N)^{1/3}$ der Teilchen. Berechnen Sie den zweiten Term in der Entwicklung von $\ln Y$. Das für ein bzw. zwei Teilchen erhaltene Resultat reicht offenbar aus, um ein System mit $N \gg 1$ zu beschreiben.

Hinweis: Siehe die Diskussion in [Brenig 1992], Abschnitt 23.

2.8 1. Ein Mol eines Idealen Gases wird von der Temperatur T_1 und dem Molvolumen V_1 auf die Temperatur T_2 und das Volumen V_2 gebracht. Zeigen Sie, dass die Entropie sich dabei wie folgt ändert,

$$\Delta S = c_V \ln \left(\frac{T_2}{T_1} \right) + R \ln \left(\frac{V_2}{V_1} \right) \,.$$

2. Das Gas durchlaufe den folgenden dreistufigen Kreisprozess im (V, p)-Diagramm: (i) Adiabatische Expansion von $A = (V_1, p_1)$ nach $B = (V_2, p_2)$; (ii) Kompression entlang der Isobaren $p_2 = \text{const.}$ von B nach $C = (V_1, p_2)$; (iii) Erhöhung des Drucks bei konstantem Volumen V_1 von C zurück nach A.

Zeichnen Sie diesen Prozess in der (V, p)-Ebene und berechnen Sie die auf den Wegen $A \to B$ und $B \to C$ geleistete Arbeit sowie die auf dem Weg $C \to A$ zugeführte Wärme. Zeigen Sie, dass der Wirkungsgrad

$$\eta = 1 - \gamma \, \frac{V_2/V_1 - 1}{p_1/p_2 - 1}$$

ist. Dabei ist γ das Verhältnis von c_p zu c_V.

Lösung: 1. Für das Ideale Gas gilt $pV = RT$. Aus der Gleichung $dS = (dE + pdV)/T$ folgt die Formel für die Entropieänderung.

2. Die auf dem Adiabatenstück $A \to B$ und auf dem Isobarenstück $B \to C$ abgegebene Arbeit ist

$$A = \int_A^B dV\, p + p_2(V_1 - V_2)\,.$$

Einsetzen der Beziehungen $pV = RT$ und $c_p = c_V + R$ des Idealen Gases gibt für den ersten Term

$$\int_A^B dV\, p = -\int_A^B dT\, c_V = -c_V(T_2 - T_1)$$

$$= \frac{1}{1 - \gamma}\,(p_2 V_2 - p_1 V_1)\,,$$

mit $\gamma = c_p/c_V$, und somit für die gesamte Arbeit

$$A = \frac{1}{1 - \gamma}\,[\gamma p_2\,(V_2 - V_1) + V_1\,(p_2 - p_1)]\,.$$

Die zugeführte Wärmemenge ist

$$Q = \int_C^A dS\, T = \int_C^A dT\, c_V = c_V(T_1 - T_2)$$

$$= \frac{1}{1 - \gamma}\,V_1\,(p_2 - p_1)\,.$$

Aus dem Verhältnis $\eta = A/Q$ ergibt sich die behauptete Formel.

2.9 Beweisen Sie die Formeln (2.28a) und (2.28b) mit der Methode der Jacobi-Determinanten.

Lösung: 1. Die allgemeine Formel, die wir hier benutzen, ist in Gleichung (2.27) angegeben. Damit ist

$$\frac{\partial(p, S)}{\partial(V, S)} = \left\{ \frac{\partial(p, S)/\partial(p, T)}{\partial(V, S)/\partial(V, T)} \right\} \frac{\partial(p, T)}{\partial(V, T)}\,.$$

Setzt man die Definitionen von c_p und c_V ein, die unter der Formel (2.27) stehen, sowie die Formeln

$$\kappa_S = -\frac{1}{V}\,\frac{\partial V}{\partial p}\bigg|_S = -\frac{1}{V}\,\frac{\partial(V, S)}{\partial(p, S)}\,,$$

$$\kappa_T = -\frac{1}{V}\,\frac{\partial V}{\partial p}\bigg|_T = -\frac{1}{V}\,\frac{\partial(V, T)}{\partial(p, T)}\,,$$

so ist

$$\frac{\kappa_T}{\kappa_S} = \frac{\partial(p, S)/\partial(V, S)}{\partial(p, T)/\partial(V, T)}\,.$$

Der Ausdruck in geschweiften Klammern der ersten Gleichung ist aber das Verhältnis der spezifischen Wärmen, so dass folgt $\kappa_T/\kappa_S = c_p/c_V$.

2. Die spezifische Wärme c_V kann man umschreiben

$$c_V = T\frac{\partial(S,V)/\partial(T,p)}{\partial(T,V)/\partial(T,p)}$$

$$= \frac{T}{\partial V/\partial p|_T}\left[\left.\frac{\partial S}{\partial T}\right|_p \left.\frac{\partial V}{\partial p}\right|_T - \left.\frac{\partial S}{\partial p}\right|_T \left.\frac{\partial V}{\partial T}\right|_p\right].$$

Bildet man die Differenz $c_p - c_V$ und benutzt die Maxwell-Relation

$$\left.\frac{\partial S}{\partial p}\right|_T = \left.\frac{\partial V}{\partial T}\right|_p,$$

die sich aus den zweiten gemischten Ableitungen der freien Enthalpie (2.5c) ergibt, und setzt die Definitionen (2.20) und (2.21) ein, dann folgt die Beziehung (2.28b).

Aufgaben: Kapitel 3

3.1 Gegeben ein Hamilton'sches System mit einem Freiheitsgrad, $f = 1$, mit der Hamiltonfunktion $H(q,p)$. Der Phasenraum $\mathbb{P}$ wird mittels Koordinaten q und p beschrieben. Es sei

$$\theta = p\,\mathrm{d}q.\qquad\qquad(A.9)$$

1. Man werte die Form (A.9) auf der allgemeinen Lösung der Bewegungsgleichungen zu $H = (p^2 + q^2)/2$ aus.

2. Man berechne die Zweiform

$$\omega = -\,\mathrm{d}\theta.\qquad\qquad(A.10)$$

Das Hamilton'sche Vektorfeld ist

$$X_H = \begin{pmatrix} \partial H/\partial p \\ -\partial H/\partial q \end{pmatrix}.\qquad\qquad(A.11)$$

Man werte $\omega(X_H, \cdot)$ aus und vergleiche dies mit der äußeren Ableitung $\mathrm{d}H$ von H. (Der Punkt bedeutet eine Leerstelle.)

3. Mit $f(q,p)$ und $g(q,p)$ zwei glatten Funktionen auf dem Phasenraum $\mathbb{P}$ bilde man die Vektorfelder

$$V^{(f)} = \begin{pmatrix} \partial f(q,p)/\partial p \\ -\partial f(q,p)/\partial q \end{pmatrix}, \quad V^{(g)} = \begin{pmatrix} \partial g(q,p)/\partial p \\ -\partial g(q,p)/\partial q \end{pmatrix}.$$

Werten Sie $\omega(V^{(f)}, V^{(g)})$ aus. Welche Funktion entsteht dabei? Beispiele: $f(q,p) = H(q,p)$ und $g(q,p) = q$ bzw. $g(q,p) = p$.

Lösung: 1. Die allgemeinste Lösung ist

$$q(t) = a\cos(t+\varphi), \quad p(t) = -a\sin(t+\varphi).$$

Damit gibt die Auswertung der Einsform auf dem Vektor $(q(t), p(t))$:
$\theta(q(t), p(t)) = p^2(t) = a^2 \sin^2(t + \varphi)$.

2. Es ist $\omega = -\mathrm{d}p \wedge \mathrm{d}q = \mathrm{d}q \wedge \mathrm{d}p$ und $\omega(X_H, \cdot) = p\,\mathrm{d}p + q\,\mathrm{d}q = \mathrm{d}H$.

3. $\omega(V^{(f)}, V^{(g)}) = \mathrm{d}q(V^{(f)})\,\mathrm{d}p(V^{(g)}) - \mathrm{d}q(V^{(g)})\,\mathrm{d}p(V^{(f)}) = \{g, f\}$, die Poisson-Klammer in der Definition von Band 1. Die Beispiele geben mit $f = H(q, p)$

$$\omega(H, q) = \{q, H\} = -\frac{\partial H}{\partial p}, \quad \omega(H, p) = \{p, H\} = \frac{\partial H}{\partial q}.$$

3.2 Es seien v und w zwei Vektorfelder auf der Mannigfaltigkeit Σ. Zeigen Sie, dass der Kommutator $vw - wv =: z$ wieder ein Vektorfeld auf Σ ist.

Hinweis: Der Schlüssel zu dieser Aufgabe liegt in der Leibniz-Regel für Vektorfelder,

Mit v einem Vektorfeld, f und g zwei Funktionen und $x \in \Sigma$:

$$v(f \cdot g)(x) = v(f)(x)g(x) + f(x)v(g)(x).$$

Man prüft nach, dass das Produkt vw diese Regel nicht erfüllt, wohl aber der Kommutator $vw - wv$.

3.3 Bei den folgenden Einsformen soll entschieden werden, ob sie exakt sind oder nicht.

$$\omega_1 = \frac{-y}{x^2 + y^2}\,\mathrm{d}x + \frac{x}{x^2 + y^2}\,\mathrm{d}y,$$
$$\omega_2 = (y - x^2)\,\mathrm{d}x + (x + y^2)\,\mathrm{d}y,$$
$$\omega_3 = (2y^2 - 3x)\,\mathrm{d}x + 4xy\,\mathrm{d}y.$$

Wenn eine dieser Formen exakt ist, so gebe man die Funktion $f(x, y)$ an, für die $\omega = \mathrm{d}f$ gilt.

Lösung: Mit $\omega = f(x, y)\,\mathrm{d}x + g(x, y)\,\mathrm{d}y$ ist bekanntlich

$$\mathrm{d}\omega = \frac{\partial f(x, y)}{\partial y}\,\mathrm{d}y \wedge \mathrm{d}x + \frac{\partial f(x, y)}{\partial x}\,\mathrm{d}x \wedge \mathrm{d}y$$
$$= \left(\frac{\partial f(x, y)}{\partial x} - \frac{\partial f(x, y)}{\partial y}\right)\mathrm{d}x \wedge \mathrm{d}y$$

womit für die drei Formen folgendes gilt,

$$\mathrm{d}\omega_1 = \frac{y^2 - x^2}{(x^2 + y^2)^2}\,\mathrm{d}y \wedge \mathrm{d}x + \frac{y^2 - x^2}{(x^2 + y^2)^2}\,\mathrm{d}x \wedge \mathrm{d}y = 0,$$
$$\mathrm{d}\omega_2 = \mathrm{d}y \wedge \mathrm{d}x + \mathrm{d}x \wedge \mathrm{d}y = 0,$$
$$\mathrm{d}\omega_3 = 4y\,(\mathrm{d}y \wedge \mathrm{d}x + \mathrm{d}x \wedge \mathrm{d}y) = 0.$$

Da die Ebene einfach zusammenhängt, steht im Fall der Formen ω_2 und ω_3 dem Poincaré'schen Lemma nichts im Wege. Diese beiden Formen sind nicht nur geschlossen, sondern auch exakt. Es gilt

$$\omega_i = \mathrm{d}f_i = \frac{\partial f_i}{\partial x}\,\mathrm{d}x + \frac{\partial f_i}{\partial y}\,\mathrm{d}y \, , \ i = 1, 2 \, ,$$

$$\text{mit } f_2 = xy - \tfrac{1}{3}(x^3 - y^3) + C_2 \, ,$$

$$\text{und } f_3 = 2xy^2 - \tfrac{3}{2}x^2 + C_3 \, .$$

Die erste Form ω_1 lässt sich zwar auch als totales Differential $\omega_1 = \mathrm{d}f_1(x, y)$ mit $f_1 = -\arctan(x/y) + C_1$ schreiben, das Poincaré'sche Lemma kann aber nur auf Sternbereiche angewandt werden, die die Gerade $y = 0$ nicht enthalten.

3.4 Ein zweidimensionales System Σ werde entweder durch die Zustandsvariablen (V, T) oder durch (p, T) beschrieben. Die Wärme-Einsform ist somit

$$\alpha = \Lambda_V\,\mathrm{d}V + c_V\,\mathrm{d}T \quad \text{bzw.} \quad \alpha = \Lambda_p\,\mathrm{d}p + c_p\,\mathrm{d}V \, . \tag{A.12}$$

1. Das Gradientenfeld einer Funktion f ist $\boldsymbol{\nabla} f = (\partial_1 f, \partial_2 f)^T$; Tangential- und Normalvektoren an eine Kurve $S = \text{konst.}$ sind proportional zu

$$\boldsymbol{v} \propto (-\partial_2 S, \partial_1 S) \quad \text{bzw.} \quad \boldsymbol{n} \propto (\partial_1 S, \partial_2 S) \, .$$

Zu zeigen: Für $\alpha = T\,\mathrm{d}S$ und zwei glatte Funktionen f und g gilt

$$\frac{\alpha \wedge \mathrm{d}f}{\alpha \wedge \mathrm{d}g} = \left.\frac{\mathrm{d}f}{\mathrm{d}g}\right|_S \, .$$

2. Es gilt auch $(\mathrm{d}T \wedge \mathrm{d}p)/(\mathrm{d}T \wedge \mathrm{d}V) = \mathrm{d}p/\mathrm{d}V|_T$. Man beweise die Beziehung

$$\left.\frac{\mathrm{d}p}{\mathrm{d}V}\right|_{\text{adiabatisch}} = \left.\frac{\mathrm{d}p}{\mathrm{d}V}\right|_T \, .$$

Man beweise die Formel

$$\left.\frac{\mathrm{d}p}{\mathrm{d}V}\right|_{\text{adiabatisch}} = \gamma \left.\frac{\mathrm{d}p}{\mathrm{d}V}\right|_{\text{isotherm}} \, ,$$

ausgehend von (A.12).

3.5 Ein thermodynamisches System Σ mit $\dim \Sigma = 2$, werde durch die Variablen T und V beschrieben.
1. Beweisen Sie unter Verwendung der Relation $\mathrm{d}T \wedge \mathrm{d}S = \mathrm{d}p \wedge \mathrm{d}V$

$$\left.\frac{\partial T}{\partial V}\right|_{\text{adiabatisch}} = -\left.\frac{\partial p}{\partial S}\right|_V \quad \text{und} \quad \left.\frac{\partial S}{\partial V}\right|_{\text{isotherm}} = \left.\frac{\partial p}{\partial T}\right|_V \, .$$

2. Die isotherme Kompressibilität κ_T und der isobare Ausdehnungskoeffizient α sind in den Formeln

$$\mathrm{d}V \wedge \mathrm{d}T = \kappa_T\,\mathrm{d}T \wedge \mathrm{d}p \quad \text{und} \quad \mathrm{d}V \wedge \mathrm{d}p = \alpha\,\mathrm{d}T \wedge \mathrm{d}p$$

enthalten. Man beweise die Relation

$$c_p = c_V + VT \frac{\alpha^2}{\kappa_T} \, .$$

Lösung: 1. Wertet man $dT \wedge dS = dp \wedge dV$ auf Basisfeldern ∂_T und ∂_V aus, so folgt unmittelbar

$$(dT \wedge dS)(\partial_T, \partial_V) = dS(\partial_V) = \left. \frac{\partial S}{\partial V} \right|_{T,N} \, ,$$

$$(dp \wedge dV)(\partial_T, \partial_V) = dp(\partial_T) = \left. \frac{\partial p}{\partial T} \right|_{V,N} \, .$$

Dies gibt die zweite der beiden Beziehungen. Die erste folgt aus

$$(dT \wedge dS)(\partial_V, \partial_S) = dT(\partial_V) = \left. \frac{\partial T}{\partial V} \right|_{S,N} \, ,$$

$$(dp \wedge dV)(\partial_V, \partial_S) = -dp(\partial_S) = - \left. \frac{\partial p}{\partial S} \right|_{V,N} \, .$$

2. Dies ist im Wesentlichen die Lösung von Aufgabe 2.9, hier noch konsequenter in der Sprache der Jacobi-Determinanten. Man geht von

$$c_p = T \frac{dS \wedge dp}{dT \wedge dp} \, , \quad c_V = T \frac{dS \wedge dV}{dT \wedge dV} \, ,$$

aus und berechnet hieraus

$$\frac{1}{T}(c_p - c_V) = \frac{dS \wedge dp}{dT \wedge dp} - \frac{dS \wedge dV}{dT \wedge dV}$$

$$= - \frac{dT \wedge dV}{dT \wedge dp} \frac{dS \wedge dT}{dV \wedge dT} \frac{dp \wedge dV}{dT \wedge dV} \, .$$

An dieser Stelle verwendet man die Maxwell-Relation (s. Teil 1)

$$\left. \frac{\partial S}{\partial V} \right|_T = \frac{dS \wedge dT}{dV \wedge dT} = \left. \frac{\partial p}{\partial T} \right|_V = \frac{dp \wedge dV}{dT \wedge dV} \, ,$$

sowie mehrfach Relationen wie die folgende,

$$\frac{dp \wedge dV}{dT \wedge dV} = \frac{dp \wedge dV}{dp \wedge dT} \frac{dp \wedge dT}{dT \wedge dV} \, ,$$

und erhält hieraus

$$\frac{1}{T}(c_p - c_V) = \frac{(dp \wedge dV)^2}{(dT \wedge dp)^2} \frac{dT \wedge dp}{dV \wedge dT} \, .$$

Der erste Faktor auf der rechten Seite wird verglichen mit (2.21) und gibt $V^2 \alpha^2$. Der zweite Faktor ist proportional zum Kehrwert von (2.20) und gibt somit $1/(V\kappa_T)$. Damit folgt die behauptete Relation.

3.6 Wenn für die Einsform α weder $d\alpha = 0$ noch $\alpha \wedge d\alpha = 0$ gilt, dann lässt sich jeder Punkt p mit jedem anderen Punkt q durch eine Nullkurve verbinden, vgl. Definition 3.6. Man zeige dies durch geeignete Wahl eines Weges zwischen $p = (0,0,0)^T$ und $q = (a,b,c)^T$.

Lösung: O.B.d.A. wählt man die Standardform $\alpha = x^1 \, dx^2 + dx^3$. Den Weg von p nach q zerlegt man in gerade Strecken wie folgt:

(a) Wenn $b \neq 0$: Von $q = (0, 0, 0)^T$ nach $q_1 = (-c/b, 0, 0)^T$ entlang der x^1-Achse, dann von q_1 nach $q_2 = (-c/b, b, c)^T$ mittels

$$q(t) = \begin{pmatrix} -c/b \\ 0 \\ 0 \end{pmatrix} + (t-1) \begin{pmatrix} 0 \\ b \\ c \end{pmatrix}, \quad 1 \leq t \leq 2.$$

Von q_2 geht man nach $p = (a, b, c)^T$ mittels

$$q(t) = \begin{pmatrix} -c/b \\ b \\ c \end{pmatrix} + (t-2) \begin{pmatrix} a+c/b \\ 0 \\ 0 \end{pmatrix}, \quad 2 \leq t \leq 3.$$

Alle Wegintegrale geben Null.

(b) Wenn $b = 0$ ist, geht man von $(0, 0, 0)^T$ nach $(1, c, 0)^T$ in drei Schritten wie oben, dann nach $(1, 0, c)^T$ und schließlich entlang der x^1-Achse nach $(a, 0, c)^T$.

(c) Wenn sowohl $b = 0$ als auch $c = 0$ sind, läuft man ausschließlich entlang der x^1-Achse. In allen Fällen ist das Wegintegral gleich Null.

3.7 Für alle Einsformen α, die nicht in die Klassen (a) oder (b) von Abschn. 3.2.4 fallen, können je zwei Punkte p und q durch eine Nullkurve verbunden werden. Man zeige dies für $\mathbb{R}^6$.

Lösung: Im $\mathbb{R}^6$ gibt es folgende Fallunterscheidungen und Standardformen für α

(a) $\alpha \neq 0$ und $d\alpha = 0$: Standardform $\alpha = dx^3$.
(b) $d\alpha \neq 0$ und $\alpha \wedge d\alpha = 0$: Standardform $\alpha = x^1 \, dx^2$.
(c) $\alpha \wedge d\alpha \neq 0$ und $d\alpha \wedge d\alpha = 0$: Standardform $\alpha = x^1 \, dx^2 + dx^3$.
(d) $d\alpha \wedge d\alpha \neq 0$ und $\alpha \wedge d\alpha \wedge d\alpha = 0$: Standardform $\alpha = x^1 \, dx^2 + x^4 \, dx^5$.
(e) $\alpha \wedge d\alpha \wedge d\alpha \neq 0$ und $d\alpha \wedge d\alpha \wedge d\alpha = 0$: Standardform $\alpha = x^1 \, dx^2 + x^4 \, dx^5 + dx^3$.
(f) $d\alpha \wedge d\alpha \wedge d\alpha \neq 0$: Standardform $\alpha = x^1 \, dx^2 + x^4 \, dx^5 + x^6 \, dx^3$.

Bei (c) bis (f) ist es immer möglich, zwei beliebige Punkte $p = (0, 0, 0, 0, 0, 0)^T$ und $q = (x^1, x^2, x^3, x^4, x^5, x^6)^T$ durch eine Nullkurve zu verbinden, die aus geeignet gewählten geraden Strecken besteht. Standardform (c): Man bleibt im Unterraum $x^4 = x^5 = x^6 = 0$ und geht von p zum Punkt $(x^1, x^2, x^3, 0, 0, 0)^T$. Dann bei konstanten x^1, x^2 und x^3 entlang einer Geraden nach q. Standardform (e): Im ersten Schritt wie oben vorgehen, dann x^1 und x^2 konstant halten, x^4 und x^5 anpassen. Entlang jeder Kurve $x^2 = $ const. hat α dieselben Werte wie $x^4 \, dx^5 + dx^3$ (vgl. mit dem Fall des $\mathbb{R}^3$). Dann passt man x^6 an, während alle anderen Koordinaten konstant gehalten werden. Standardform (f): Angenommen $x^6 \equiv r \neq 0$. Dann geht man zunächst im Unterraum $x^1 = x^2 = x^3 = x^4 = x^5 = 0$ nach

$p_1 = (0, 0, 0, 0, 0, r)^T$, bleibt dann in der Hyperebene $x^6 = r$. Dann ist

$$\alpha' = x^1 \, dx^2 + x^4 \, dx^5 + r \, dx^3 \equiv x^1 \, dx^2 + x^4 \, dx^5 + dx'^3 \quad \text{mit} \quad x'^3 = r x^3$$

und man fährt weiter wie oben. Wenn $x^1 \neq 0$ oder $x^4 \neq 0$ ist, so geht man analog vor. Wenn q im Unterraum $x^1 = x^4 = x^6 = 0$ liegt, so ist jede Kurve von p nach q Nullkurve von α, solange sie ganz in diesem Unterraum liegt. Die Standardform (d) wird analog behandelt. ([Bamberg, Sternberg 1990]).

Aufgaben: Kapitel 4

4.1 Gegeben ein System von N untereinander nicht wechselwirkenden halbklassischen Spins, $s_3^{(i)} = \pm\frac{1}{2}$, $i = 1, 2, \ldots, N$, in einem äußeren Magnetfeld $\boldsymbol{B} = B\hat{\boldsymbol{e}}_3$, die alle das magnetische Moment μ tragen.
1. Berechnen Sie die Energieniveaus und deren Entartungsgrad $\Omega(E)$.
Hinweis: $H = -\mu B \sum_i s_3^{(i)}$.
2. Mithilfe der Stirling'schen Formel (A.3) bestimme man $\Omega(E)$ im Grenzfall $N \gg 1$ und $|E| \ll N\mu B$.

Lösung: 1. Die Eigenzustände des Hamiltonoperators sind die Produktzustände $|\lambda_1, \ldots, \lambda_N\rangle$ mit $\lambda_i = \pm 1/2$. Es gilt

$$s_3^{(i)} |\lambda_1, \ldots, \lambda_N\rangle = \lambda_i |\lambda_1, \ldots, \lambda_N\rangle \, ,$$

$$H |\boldsymbol{\lambda}\rangle = E_\lambda |\boldsymbol{\lambda}\rangle \, , \quad E_\lambda = -\mu B \sum_{i=1}^{N} \lambda_i = -\tfrac{1}{2}\mu B \, (N_+ - N_-) \, ,$$

wo N_+ die Zahl der „Spins nach oben" $\uparrow$, N_- die Zahl der „Spins nach unten" $\downarrow$ sind. Mit $N_+ + N_- = N$, bzw. $N_- = N - N_+$ hat man

$$E_\lambda = -\mu B \, (2N_+ - N) \, ,$$

$$N_+ = \frac{1}{2} N \left(1 - \frac{E_\lambda}{\mu B N}\right) \, , \quad N_- = \frac{1}{2} N \left(1 + \frac{E_\lambda}{\mu B N}\right) \, .$$

Der Entartungsgrad ergibt sich aus der Frage, auf wieviele Arten eine gegebene Zahl N_+ von $\uparrow$-Spins auf die N Möglichkeiten verteilt sind, d. h.

$$\Omega(E_\lambda) = \binom{N}{N_+} = \frac{N!}{N_+! \, N_-!} \, .$$

2. Mit der Stirling'schen Formel findet man

$$\Omega \simeq \frac{1}{\sqrt{2\pi}} \frac{N^{N+1/2}}{N_+^{N_++1/2} (N - N_+)^{N-N_++1/2}} \, .$$

Für $N \gg 1$ und $N \gg N_+$ vereinfacht sich dies zu

$$\Omega(E_\lambda) \simeq \frac{1}{\sqrt{2\pi N_+} \, N_+^{N_+}} \, .$$

4.2 Unter Verwendung der in Aufgabe 4.1 erhaltenen Näherung für $\Omega(E)$ im Grenzfall ($N \gg 1$, $|E| \ll N\mu B$) berechnet man die Entropie dieses Systems. Man gebe den Zusammenhang zwischen der Energie E des Systems und seiner Temperatur T an. Wann wird T negativ? Das Ergebnis für die Entropie verwendet man, um das magnetische Moment $M = \mu \sum_i s_3^{(i)}$ als Funktion von N, B und T anzugeben.

Lösung: Die Entropie ist mit dem Ergebnis von Aufgabe 4.1 und mit der Näherung $\ln(N!) \simeq N(\ln N - 1) + \mathcal{O}(\ln N)$

$$S = k \ln \Omega = k \left(\ln(N!) - \ln(N_+!) - \ln(N_-!) \right)$$
$$\simeq k \left(N_+ \ln \frac{N}{N_+} + N_- \ln \frac{N}{N_-} \right) \ .$$

Setzt man $\Delta = N_+ - N_-$, so ist

$$S \simeq \frac{1}{2} \left[(N+\Delta) \ln \left(\frac{2N}{N+\Delta} \right) + (N-\Delta) \ln \left(\frac{2N}{N-\Delta} \right) \right] \ .$$

Die Temperatur bekommt man aus (1.26), d. h. aus der Gleichung $1/T = \partial S/\partial E = (\partial S/\partial \Delta)(\partial \Delta/\partial E)$, und mit $E = -\mu B \Delta$

$$\frac{1}{T} = -\frac{k}{\mu B} \frac{\partial S}{\partial \Delta} = \frac{k}{2\mu B} \ln \left(\frac{N+\Delta}{N-\Delta} \right)$$
$$= \frac{k}{2\mu B} \ln \left(\frac{1 - E/(\mu B N)}{1 + E/(\mu B N)} \right) \ .$$

Hieraus erschließt man die Energie

$$E_\lambda = -N\mu B \tanh \left(\frac{\mu B}{kT} \right) \ .$$

Wenn $|E| \ll \mu B N$, so geht $T \to 0$. Die Temperatur wird *negativ*, wenn $N_+ < N_-$ ist. Dies sieht man auch, wenn man die Funktion $\sigma := 2S/N$ über der Variablen $\varepsilon := E_\lambda/N\mu B$ aufträgt. Mit $\Delta = -E_\lambda/(\mu B) = -N\varepsilon$ ist

$$\sigma = (1-\varepsilon) \ln \left(\frac{2}{2-\varepsilon} \right) + (1+\varepsilon) \ln \left(\frac{2}{2+\varepsilon} \right) \ .$$

Diese Funktion ist in Abb. A.2 aufgetragen. Für positive Werte von ε (bzw. der Energie) ist ihre Ableitung negativ. Zur physikalischen Interpretation dieses merkwürdigen Phänomens siehe [Brenig 1992], Abschn. 36. Für das gesamte magnetische Moment findet man

$$M = \frac{1}{2}\mu\Delta = -\frac{E_\lambda}{2B} = \frac{1}{2}N\mu \tanh \left(\frac{\mu B}{kT} \right) \ .$$

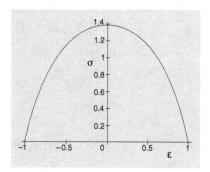

Abb. A.2. Die Funktion $\sigma(\varepsilon)$ aus Aufgabe 4.2

4.3 Mit klassisch-mechanischer Dynamik ist der Erwartungswert einer Observablen $A(q, p)$

$$\langle A \rangle = \frac{1}{Z} \iint \mathrm{d}p\,\mathrm{d}q\, A(q, p)\, \mathrm{e}^{-\beta H(q,p)} \ , \tag{A.13}$$

wo Z die kanonische Zustandssumme und H die Hamiltonfunktion der kanonischen Gesamtheit ist. Man zeige:

$$\langle H^2 \rangle - \langle H \rangle^2 = kT^2 c_V \; . \tag{A.14}$$

Leiten Sie daraus die Aussage $c_V \geq 0$ her.

4.4 Es seien zwei identische Teilchen gegeben, denen drei Zustände mit Energien

$$E_n = n E_0 \quad \text{mit} \quad n = 0, 1, 2 \tag{A.15}$$

zur Verfügung stehen. Der energetisch tiefste Zustand sei zweifach ausgeartet, die beiden anderen Zustände seien dagegen nicht entartet. Das thermodynamische System, das entsteht, wenn man die Teilchen auf die Zustände (A.14) verteilt, sei bei Temperatur T im Gleichgewicht (d. h. ein kanonisches System).
1. Berechnen Sie Zustandssumme und Energie für den Fall, dass die Teilchen der Fermi-Dirac-Statistik genügen. Man skizziere die sechs möglichen Konfigurationen. (Es ist hilfreich, die Entartung im Grundzustand durch Symbole $\uparrow$ und $\downarrow$ darzustellen.)
2. Wieviele Zustände gibt es und welches sind deren Energien, wenn die Teilchen Bosonen sind? Berechnen Sie Zustandssumme und Energien.
3. Wenn die Teilchen unterscheidbar sind, d. h. wenn sie der Maxwell Boltzmann-Statistik genügen, dann gibt es 16 Zustände. Stellen Sie diese zeichnerisch dar und geben Sie an, welche davon energetisch ausgeartet sind, Berechnen Sie Zustandssumme und Energie.
Falls $kT \gg E_0$ ist, können sowohl Bosonen als auch Fermionen als unterscheidbare Teilchen angesehen werden, die Energie wird gleich $(3/2)E_0$.

4.5 Wenn ein System nur diskrete, nicht ausgeartete Energieniveaus E_n hat und wenn das Maß auf jedem Zustand den Wert 1 annimmt, dann ist die Zustandssumme

$$Z = \sum_{n=0}^{\infty} \mathrm{e}^{-\beta E_n} \; . \tag{A.16}$$

1. Wie lautet der Mittelwert $\langle E \rangle$, wenn er als Ableitung nach β oder nach der Temperatur T ausgedrückt wird?
2. Man studiere das Beispiel des eindimensionalen harmonischen Oszillators, $E_n = (n + 1/2)\hbar\omega$, in thermischem Gleichgewicht mit einem Wärmebad der Temperatur T. Man zeige, dass

$$Z = \frac{2}{\sinh(\beta\hbar\omega/2)}$$

und berechne den Mittelwert $\langle E \rangle$ und die Schwankung $\sqrt{(\langle E \rangle)^2}$.
3. Man gebe die Grenzwerte dieser Größen in den Fällen $kT \ll \hbar\omega$ und $kT \gg \hbar\omega$ an.

Hinweis: Man schreibe den inversen hyperbolischen Sinus als geometrische Reihe.

4.6 Im Beispiel 4.9 und mit $W = \ln Z$ wie in (4.18a) definiert, zeige man, dass

$$\frac{\partial W}{\partial V}\, \mathrm{d}V = -\beta \omega$$

ist, wobei $\omega = -p\,\mathrm{d}V$ die Arbeits-Einsform ist.

4.7 Wenn ein Teilchen sich in einem Quader mit den Seitenlängen a_1, a_2 und a_3 und Volumen $V = a_1 a_2 a_3$ befindet, dann bietet sich als natürliches, normiertes Basissystem die Menge der Eigenfunktionen des Impulsoperators an,

$$\varphi(\boldsymbol{p}, \boldsymbol{x}) = \frac{1}{\sqrt{V}}\, \mathrm{e}^{\mathrm{i}\boldsymbol{p}\cdot\boldsymbol{x}/\hbar} \quad \text{mit} \quad \boldsymbol{p} = 2\pi\hbar \left(\frac{n_1}{a_1}, \frac{n_2}{a_2}, \frac{n_3}{a_3} \right).$$

Das elementare Volumen im Impulsraum,

$$\widetilde{V}_p = \frac{(2\pi\hbar)^3}{a_1 a_2 a_3} = \frac{h^3}{V}$$

enthält genau einen Eigenzustand des Impulses. Ist $\underline{f}(\underline{q}, \underline{p})$ ein Operator, bei dem alle Impulsoperatoren rechts von den Ortsoperatoren stehen, so zeige man, dass seine Spur durch

$$\mathrm{Sp}\, \underline{f}(\underline{q}, \underline{p}) = \frac{1}{V} \sum_{\boldsymbol{p}} \int \mathrm{d}^3 q \; f(\boldsymbol{q}, \boldsymbol{p})$$

gegeben ist. Im klassischen Limes gilt $\sum_{\boldsymbol{p}} \widetilde{V} \to \int \mathrm{d}^3 p$ und es gilt die Ersetzung (4.74).

4.8 Ein stark verdünntes Gas von N zweiatomigen Molekülen sei ins Volumen V eingeschlossen und habe die Temperatur T. Die zwei Atome eines Moleküls innerhalb des Volumens werden durch die Hamiltonfunktion

$$H(\boldsymbol{x}_1, \boldsymbol{x}_2, \boldsymbol{p}_1, \boldsymbol{p}_2) = \frac{1}{2m} \left(\boldsymbol{p}_1^2 + \boldsymbol{p}_2^2 \right) + \tfrac{1}{2}\alpha\, |\boldsymbol{x}_1 - \boldsymbol{x}_2|^2$$

mit $\alpha > 0$ beschrieben.

1. Man berechne die klassische, kanonische Zustandssumme und stelle die Zustandsgleichung in (p, V, T) auf.

2. Man berechne die spezifische Wärme c_V und den mittleren quadratischen Moleküldurchmesser.

Lösung: 1. Da keine Wechselwirkung zwischen verschiedenen Molekülen auftritt, ist

$$Z_N(T, V) = \frac{1}{\hbar^{6N}(2N)!}\, \mathit{l}^N \quad \text{mit}$$

$$\mathit{l} = \iiiint \mathrm{d}^3 p_1\, \mathrm{d}^3 p_3\, \mathrm{d}^3 x_1\, \mathrm{d}^3 x_2\; \mathrm{e}^{-\beta H}.$$

Im Integral $\mathscr{I}$ treten die folgenden Integrale im Impuls- bzw. dem Koordinatenraum auf:

$$I^{(p)} := \int d^3 p \; e^{-\beta p^2/(2m)} , \quad I^{(x)} := \iint d^3 x_1 \, d^3 x_2 \, e^{-\beta\alpha|x_1-x_2|^2} .$$

Das erste hiervon ist gleich $I^{(p)} = (2\pi mkT)^{3/2}$. Das zweite berechnet man in Schwerpunkts- und Relativkoordinaten $R = (x_1 + x_2)/2$ und $r = x_1 - x_2$, wobei zwar $\int d^3 R \cdots$ den Faktor V liefert, das Integral über $r \equiv |x_1 - x_2|$ aber wegen des exponentiell abklingenden Integranden bis Unendlich genommen werden kann. Damit ist

$$I^{(x)} = V 4\pi \int\limits_0^\infty r^2 \, dr \; e^{-\beta\alpha r^2/2} = V \left(\frac{2\pi}{\beta\alpha}\right)^{3/2} .$$

Die Zustandssumme ist gleich

$$Z_N(T, V) = C(N) V^N (kT)^{9N/2} \quad \text{mit} \quad C(N) = \frac{(2\pi\sqrt{2\pi}m)^{3N}}{\hbar^{6N}(2N)!\alpha^{3N/2}} .$$

Die freie Energie ist gemäß (1.51) $F(T, N, V) = -kT \ln Z_N(T, V)$. Aus dieser berechnet man nach (2.2b)

$$p = -\left.\frac{\partial F}{\partial V}\right|_T = kT \frac{N}{V} .$$

Das verdünnte Gas verhält sich wie ein Ideales Gas.

2. Dies wird auch durch den Wert der spezifischen Wärme bestätigt, die aus der (inneren) Energie

$$E = -\frac{\partial}{\partial \beta} \ln Z_N(T, V) = \frac{9}{2} NkT$$

gemäß Formel (2.18) berechnet wird,

$$c_V = \left.\frac{\partial E}{\partial T}\right|_V = \frac{9}{2} NkT .$$

Den mittleren quadratischen Abstand erhält man aus dem mit der Zustandsfunktion gewichteten Mittel

$$\langle r^2 \rangle = \frac{\iint d^3 x_1 \, d^3 x_2 \, |x_1 - x_2|^2 \exp\{-(\alpha\beta/2)|x_1-x_2|^2\}}{\iint d^3 x_1 \, d^3 x_2 \, \exp\{-(\alpha\beta/2)|x_1-x_2|^2\}}$$

$$= -\frac{2}{\alpha} \frac{\partial}{\partial \beta} \ln I^{(x)} = \frac{3}{\alpha\beta} = \frac{3}{\alpha} kT ,$$

wobei wir $dE = T \, dS$ benutzt haben, da $dV = 0 = dN$.

Aufgaben: Kapitel 5

5.1 Man betrachte eine lineare Kette mit N Gliedern, mit $N \gg 1$, an der jedes Kettenglied genau zwei mögliche Zustände annehmen kann: Entweder entlang der Kette ausgerichtet, wobei es die Länge a hat, oder senkrecht dazu, wobei es die Länge 0 hat. Die beiden Enden der Kette haben den Abstand Nx.

1. Stellen Sie die Entropie $S(x)$ als Funktion von x auf.

2. Bei gegebener Temperatur T wird die Kette einer Spannung F ausgesetzt derart, dass die Länge Nx gehalten wird. Die Energiedifferenz eines Kettengliedes zwischen der zur Kette senkrechten und der parallelen Position ist Fa. Man gebe die mittlere Länge ℓ eines Kettengliedes bei der Temperatur T an. Daraus bekommt man eine Gleichung, die die Länge $L = N\ell$ mit F und T verknüpft.

3. In welchem Grenzfall folgt aus dem Ergebnis das Hooke'sche Gesetz?

Lösung: 1. Wenn die augenblickliche Länge der Kette Nx ist, so liegen $M = Nx/a$ Kettenglieder entlang der Kette, $N - M$ liegen senkrecht zu ihr. Die Zahl der Mikrozustände ist

$$\Omega = \frac{N!}{M!(N-M)!} \, .$$

Die Entropie ist somit

$$S = k \ln \Omega = k \ln \left(\frac{N!}{(Nx/a)!(N - Nx/a)!} \right) \, .$$

2. Die Kettenglieder können nur zwei Stellungen annehmen, senkrecht zur Kette mit Energie $-Fa$, parallel zur Kette mit Energie Null. Die Zustandssumme ist

$$Z = 1 + \exp\{e^{\beta Fa}\} \, ,$$

(vgl. Beispiel 4.5 und (4.44c)). Bei der Temperatur T ist die mittlere Länge eines Kettengliedes gleich

$$\ell = \frac{a\,e^{Fa/(kT)}}{1 + e^{Fa/(kT)}} \, ,$$

womit der Zusammenhang zwischen Länge der Kette und Temperatur durch $L = N\ell$ gegeben ist.

3. Bei hohen Werten der Temperatur kann man L entwickeln,

$$L \simeq \frac{1}{2} Na \left(1 + \frac{Fa}{kT} \right) \, .$$

Dies ist das Hooke'sche Gesetz.

5.2 Man soll die folgenden Fälle durch die jeweils zutreffenden Maxwell'schen Relationen ergänzen:

1. Die Energie $E(S, N, V)$ als thermodynamisches Potential, mit

$$dE = T\,dS - p\,dV + \mu_C\,dN \, ,$$

$$T = \frac{\partial E}{\partial S} \, , \quad p = -\frac{\partial E}{\partial V} \, , \quad \mu_C = \frac{\partial E}{\partial N} \, ;$$

2. Die freie Energie $F(T, N, V) = E - TS$, mit

$$dF = -S \, dT - p \, dV + \mu_C \, dN \, ;$$

3. Die Enthalpie $H(S, N, p) = E + pV$, mit

$$dH = T \, dS + V \, dp + \mu_C \, dN \, ;$$

4. Die freie Enthalpie $G(T, N, p) = E - TS + pV$, mit

$$dG = -S \, dT + V \, dp + \mu_C \, dN \, ;$$

5. Das großkanonische Potential $K(T, \mu_C, V) = E - TS - \mu_c N$, mit

$$dK = -S \, dT - p \, dV - N \, d\mu_C \, .$$

5.3   Gegeben sei ein System, das die kritische Temperatur T_c besitzt, das (V, T)-Diagramm für diese Substanz sei bekannt und habe qualitativ die in Abb. A.3 skizzierte Form. Setzt man zwei nichtwechselwirkende Kopien derselben Substanz zusammen, so nehmen diese im Gleichgewicht dieselbe Temperatur an. Wie sieht das (V_1, V_2, T)-Diagramm des kombinierten Systems aus? Die koexistierenden reinen Phasen $(T, V^{(a)}(T))$ und $(T, V^{(b)}(T))$ mit $T < T_c$ mögen dieselbe freie Energie haben. Gilt die Gibbs'sche Phasenregel?

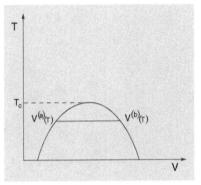

Abb. A.3. Qualitatives (V, T)-Diagramm einer einzelnen Substanz (Aufgabe 5.3)

5.4   Man bestimme die Nullstelle der Funktion (5.64c)

$$d(x) = (1 - \sinh(2x))^2$$

mittels einer numerischen Methode.
Hinweis: Eine Möglichkeit, diese Aufgabe zu lösen, bietet das Newton'sche Verfahren. Man wählt einen Versuchswert x_0 für die Nullstelle, berechnet $d(x_0)$ und $d'(x_0)$. Die Tangente im Punkt $(x_0, d(x_0))$ schneidet die x-Achse im Punkt x_1. Diesen Punkt benutzt man für die nächste Iteration und setzt das Verfahren fort, bis die Näherungen x_n und x_{n+1} sich um weniger als ein vorgebbares ε unterscheiden. Die Iterationsgleichung ist

$$x_{n+1} = x_n - \frac{d(x_n)}{d'(x_n)} \, .$$

Das Verfahren konvergiert, solange $|d'(x)| < 1$ bleibt. (Im vorliegenden Beispiel ist etwas Vorsicht geboten, da $d'(x)$ an der Nullstelle selbst verschwindet.) Die Antwort ist in (5.65) angegeben.

5.5   Man untersucht das Integral (5.66) in der Nähe der Singularität.

5.6   Sind die Kräfte zwischen Fermionen beim Abstand Null nichtsingulär, kurzreichweitig und immer anziehend, so geht die potentielle Energie mit $-N^2$, das System kollabiert. Man mache diese Aussage plausibel.

Sachverzeichnis